KB107061

부모의 말,
아이의 뇌

데이나 서스킨드 Dana Suskind

시카고대학교병원 소아 외과 교수로, 이 병원의 소아 청력 상실 및 인공와우 프로그램 책임자다. 또한 시카고대학교 조기 학습+공중 보건 TMW 센터의 설립자이자 공동 소장이다. 미주리캔자스시티대학교 의과대학에서 의학 박사 학위를 받았으며, 펜실베이니아대학교병원에서 이비인후과 두경부 수술 레지던트를, 워싱턴대학교 의과대학 부설 어린이병원에서 소아 이비인후과 펠로십을 마쳤다. 이후 2002년부터 시카고대학교병원에서 소아 이비인후과 의사로 일해 왔다. 전문 분야는 유아 발달, 특히 빈곤한 환경에서 태어난 0세부터 3세까지 어린이의 기초 두뇌 발달을 이끄는 부모와 보호자의 능력에 대한 연구다. 2010년 이 연구 성과에 기초해 아동의 조기 학습 성과 향상을 위한 부모 중심 개입을 시험, 개발하는 프로그램인 "3000만 단어 이니셔티브Thirty Million Words Initiative"를 설립했다. 2013년에는 백악관 과학기술정책실과 협력해 "3000만 단어 격차 메우기Bridging the Thirty Million Word Gap" 콘퍼런스를 조직했다. 2015년 그간의 연구와 실험 결과를 총망라해 《부모의 말, 아이의 뇌Thirty Million Words》를 출간했다. 유아 두뇌 발달과 학습 능력 향상의 새 장을 연 것으로 평가받는 이 책은 전 세계에서 약 100만 부가 팔리며 부모와 교육자에게 필독서가 되었다. 2022년 출간한 《페어런트 네이션Parent Nation》 역시 《뉴욕타임스》《월스트리트저널》《USA투데이》 베스트셀러에 올랐다.

베스 서스킨드 Beth Suskind

"3000만 단어 이니셔티브"의 공동 책임자로, 복잡한 과학 이론을 커리큘럼으로 변환하는 일에서 필수 역할을 맡고 있다.

레슬리 르윈터-서스킨드 Leslie Lewinter-Suskind

LSU 의과대학 정신의학 및 소아과, 국제 프로그램 책임자를 지냈다.

부모의 말, 아이의 뇌

데이나 서스킨드 지음
최다인 옮김

두뇌 발달과
학습 능력을 결정짓는
3천만 단어의 힘

부·키

옮긴이 **최다인**

연세대학교 영문과를 졸업하고 7년간 UI 디자이너로 일하다 글밥 아카데미 수료 후 바른번역 소속 번역가로 활동 중이다. 옮긴 책으로 《사랑은 어떻게 예술이 되는가》《좀비 육아》《대학의 배신》《아이는 자유로울 때 자라난다》《말이 아이의 운명을 결정한다》《엄마, 내 마음을 읽어주세요》《아이의 감정이 우선입니다》《당신의 아이는 잘못이 없다》《행복을 부르는 지구 언어》《세계의 기호와 상징 사전》《필로소피 랩》등이 있다.

부모의 말, 아이의 뇌

2022년 11월 25일 초판 1쇄 발행 | 2023년 11월 22일 초판 5쇄 발행

지은이 데이나 서스킨드, 베스 서스킨드, 레슬리 르윈터-서스킨드
옮긴이 최다인
발행인 박윤우
편집 김송은 김유진 성한경 장미숙
마케팅 박서연 이건희 이영섭 정미진
디자인 서혜진 이세연
저작권 백은영 유은지
경영지원 이지영 주진호

발행처 부키(주)
출판신고 2012년 9월 27일
주소 서울시 마포구 양화로 125 경남관광빌딩 7층
전화 02-325-0846
팩스 02-325-0841
이메일 webmaster@bookie.co.kr
ISBN 978-89-6051-955-8 03590

만든 사람들
편집 성한경
디자인 엄혜리

아멜리, 애셔, 제너비브에게 이 책을 바칩니다.
—데이나 서스킨드

릴리, 카터, 마이클에게 이 책을 바칩니다.
—베스 서스킨드

밥과 우리 멋진 가족에게 이 책을 바칩니다.
—레슬리 르윈터-서스킨드

이임숙

맑은숲아동청소년상담센터 소장
한국독서치료학회 이사, EBS 육아 멘토
《엄마의 말 공부》《4~7세보다 중요한 시기는 없습니다》 저자

이유가 무엇일까요?

똑같이 훌륭한 잠재력을 타고났지만 귀가 전혀 들리지 않는 심한 난청으로 태어난 두 아기가 있었습니다. 다행히 최첨단 과학 기술인 인공와우 수술을 받아 청력을 얻을 수 있었고 이제 건강하고 똘똘하게 자랄 일만 남았습니다. 하지만 이후 두 아이의 성장 모습은 완전히 달랐습니다. 한 아이는 활기찬 모습으로 지적 능력을 발휘하며 자랍니다. 그런데 또 다른 아이는 소리는 들을 수 있으나 의미를 이해하지 못해 말하는 법을 배우기 어렵다는 것을 인정할 수밖에 없었습니다. 이런 차이의 숨겨진 이유는 대체 무엇이었을까요?

인공와우 수술의 대가인 저자가 소리를 듣게 되면 모든 게 해결될 거라는 믿음이 깨지고, 그 원인과 문제 해결을 위해 열정적으로 파고드는 모습에 가슴이 두근거렸습니다. 저 또한 아이의 심리적 문제가 정서에만 원인이 있는 것이 아니라 인지 발달에 어려움을 겪으며 더 큰 정서 문제로 악순환되는 모습에서 그 원인과 명쾌한 해결책을 갈구하고 있었기 때문입니다.

좋은 부모의 말이 아이 심리를 안정시키고 자존감을 높여 준다는 건 누구나 알고 있었습니다. 하지만 아이가 태어나서 3년, "언어 학습을 위한 뇌 신경망이 형성되는 시기"에 부모가 아이에게 하는 "말"이 두뇌 발달에 이토록 강력한 영향을 발휘한다는 사실을 과학적으로 알려 주니 뿌연 안개에 가려진 시야가 선명하게 맑아지는 느낌입니다. 답답함과 궁금증을 풀어 갈 귀중한 열쇠를 찾은

것 같아 반갑고 기뻤습니다.

추천사를 쓰기 위해 PDF로 글을 읽어 갈수록 가슴이 뛰었습니다. 빨리 종이책을 손에 쥐고 밑줄 쳐 가며 읽고, 아이들에게 적용하고, 모든 부모님들께 전해 주고 싶은 마음이 솟구쳐 오릅니다. "부모의 말"에 아이의 정서와 인지를 모두 잘 키우는 핵심 비밀이 숨어 있었다는 사실, 그 중요한 아이의 두뇌 발달이 "부모의 말"로 가능하다는 과학적 증거에 더더욱 고마운 마음이 듭니다.

데이나 서스킨드 박사가 아동 발달과 두뇌에 대해 수많은 과학적 증거들을 연구하며 강력하고 효과적인 대안을 제시하는 이 여정을 꼭 함께하시기 바랍니다. 임신했을 때부터, 그리고 0~3세 자녀를 둔 모든 부모가 필히 읽어야 하는 육아서입니다. 혹시 늦은 건 아닌지 걱정되시는 분도 반드시 읽어 보시기를 권합니다. 지금부터 무엇을 어떻게 해야 할지 큰 힘이 되어 줄 것입니다. "부모의 말"이 가진 심오하고 놀라운 힘과 영향을 꼭 우리 아이와 경험해 보시기 바랍니다. 우리 아이가 눈부시게 성장하는 마법의 길이 열릴 것입니다.

박정은

과학 육아 유튜브 채널
〈베싸TV〉 대표

갓 태어난 어린 아기를 안아 든 부모는 만감이 교차합니다. 이 아이는 커서 무엇이든 될 수 있다는 생각에 마음이 벅차오름과 동시에, 내가 아이를 잘 키울 수 있을까 하는 걱정과 불안도 불쑥 올라옵니다. 벌써부터 사교육비 걱정에 마음이 무겁기도 하지요. 하지만 참 다행입니다. 부모가 아이의 인생에 긍정적인 영향을 미칠 수 있는, 돈 한 푼 들지 않으며 그리 어렵지도 않은 방법에 대한 연구가 많이 이루어져서 이렇게 책 한 권으로 손쉽게 접할 수 있게 되었으니까요.

노벨 경제학상 수상자인 제임스 헤크먼 교수는 백악관에서 대통령과 여러 장관들을 대상으로 한 연설에서 이렇게 말했습니다. "의심의 여지 없이, 가족은 아동의 성공과 사회경제적 계층 이동에 가장 크게 기여하는 요인입니다. 부모가 아이들과 상호작용하는 방식, 부모들이 아이에게 쓰는 시간, 아이에게 지적이고 사회적인 적절한 자극들을 제공하는 데 필요한 자원들은 아이들이 풍요로운 삶을 이끌어 나가기 위한 잠재력에 크게 영향을 줍니다."

그리고 부모들이 아이와 더 양질의 대화를 나눌 수 있도록 부모 교육에 힘쓰는 것이 얼마나 효율적인 투자이며 사회 차원에서 이득인지를 재차 강조했지요. 이외에도 "부모의 말"이 아이에게 미치는 영향력은 정말 강력하다는 것을 수많은 연구 자료들과 그 자료들을 집대성해서 만든 가이드라인들 속에서 공통적으로 발견할 수 있습니다.

저는 이러한 자료들을 읽으며 많은 생각이 들었습니다. 한편으로는 제 아이가 아직 어릴 때 이 사실을 알게 되고, 실천할 기회를 얻게 된 것이 행운이라고 생각했습니다. 하지만 다른 한편으로는 이렇게 중요한 지식이 모든 부모님들께 충분히 알려지지 못하고 있는 현실이 안타까웠습니다. 아이가 자라고 나서 각종 사교육에 돈 들이는 것보다 훨씬 더 비용 효율적이고 과학적으로 명백히 입증된, 아이의 잠재력을 뿌리부터 키워 줄 수 있는 방법이 이렇게 버젓이 있는데 말이지요.

그래서 이 책의 원고를 만났을 때 참 감사했습니다. 육아 콘텐츠를 만들면서, 아이에게 건네는 부모의 말이 그토록 중요하다는 것을 어떻게 더 많은 부모님들께 잘 알릴까 늘 고민이 많았습니다. 대부분의 좋은 자료들이 영어로 되어 있는 탓에 읽어 보시라 추천하기도 참 어려웠는데, 이렇게 훌륭한 자료가 한국어로 번역되어 나오다니 감사한 일이지요.

이 책은 우리나라 육아계에 큰 보탬입니다. 외과 의사였던 서스킨드 교수가 어떻게 "부모의 말"의 중요성을 설파하는 이니셔티브를 이끌게 되었는지에 대한 스토리를 읽으면서 제가 느꼈던 감동을 함께 꼭 느껴 보셨으면 좋겠습니다. 그리고 내 육아에 적용하는 것뿐 아니라, 더 나은 사회를 위해 또 다른 부모님들께 이 책의 메시지를 전달해 주세요. 촛불 하나가 2개가 되고, 3개가 되듯, 그렇게 이로운 지식이 전파되며 우리 사회가 한층 밝아질 거라고 확신합니다.

이 책에 대한 찬사

데이나 서스킨드 박사는 아동 발달에서 생애 초기 언어 노출의 중요성을 과학 연구에 근거해 설명해 주는 열정적이고 매력적인 책을 썼다. 이 책은 부모, 교육자, 어린이의 성공과 복지에 투자하는 모든 사람을 위한 더없이 소중한 "필독서"다.

—제임스 헤크먼James Heckman, 노벨 경제학상 수상자, 시카고대학교 경제학 석좌교수

데이나 서스킨드 박사는 사회 변화를 이끄는 주역 중 한 사람이다. 이 멋진 책에서 그녀는 의사의 지혜에 엄마의 마음을 불어넣었다. 부모, 정책 입안자, 교육자 모두에게 강력 추천한다. 이 책은 당신들을 위한 것이다. 정보와 사랑으로 가득한 이 책에서 서스킨드 박사는 우리의 가장 소중한 자원인 우리 아이들을 풍요롭게 하기 위한 행동에 당장 나서라고 촉구한다.

—캐시 허시-파섹Kathy Hirsh-Pasek, 템플대학교 심리학 교수, 《최고의 교육Becoming Brilliant》 공동 저자

마음을 온통 사로잡는다! 훌륭한 사례와 읽기 쉬우면서도 과학적인 정보로 가득하다. 이 책을 임신 전 부부를 위한 필독서로 삼을 수 없을까?

—로베르타 골린코프Roberta Golinkoff, 델라웨어대학교 교육대학원 교수, 《최고의 교육》 공동 저자

외과 의사가 빈곤 해결과 기회 불평등 개선에 기여할 수 있을까? 데이나 서스킨드 박사가 바로 그런 사람이다. 박사는 단순하지만 효과적인 전략

을 제시한다. 부모가 0세에서 3세 사이의 자녀와 더 복잡한 단어로 더 많은 대화 나누기가 바로 그것이다. 이 명쾌한 책은 영유아의 두뇌 발달 이야기와 이와 관련된 더 많은 이야기가 개인과 사회, 국가를 비약적으로 발전시킬 수 있음을 설득력 있게 입증한다. 이 책을 읽어라. 그리고 이 책대로 해 보라.

—에제키엘 이매뉴얼Ezekiel Emanuel, 펜실베이니아대학교 부총장, 의료윤리건강정책학과 학과장, 《유대인의 형제 교육법Brothers Emanuel》 저자

서스킨드 박사는 외과 의사에서 아이들을 위한 챔피언이 되기까지 자신의 여정을 과학과 멋지게 엮어 낸다. 이를 통해 그녀는 유아에게 하는 말이 얼마나 심오한 힘을 지녔는지 보여 준다. 어릴 때부터 언어가 우리의 존재 형성에 얼마나 지대한 영향을 미치는지 아이들을 돌보는 사람이라면 누구나 깨닫게 될 것이다.

—퍼트리샤 K. 쿨Patricia K. Kuhl, 워싱턴대학교 말하기듣기과학 교수, 학습 뇌과학 연구소 공동 소장, 《아기들은 어떻게 배울까The Scientist in the Crib》 공동 저자

이 책은 모든 어린이가 성장할 수 있는 기회를 제공하려는 경이로운 여성의 사명감과 끊임없는 도전에 대한 이야기를 들려준다. 데이나 서스킨드 박사는 청각 장애 아이들을 치료하는 소아 외과 의사 일을 하면서 말이 어린이의 발달에 미치는 놀라운 힘을 깨닫게 되었다. 그녀는 언어가 두뇌에 미치는 영향에 대한 간단하지만 심오한 이해와 자녀가 비상할 수 있도

록 풍부한 언어 환경을 만드는 방법에 대한 통찰을 제공한다. 따뜻함과 지성으로 가득 넘쳐나는 책이다. 우리 모두 이 책을 함께 나누고 경탄스러운 일을 해내는 일원이 되어 보자.

—스티븐 레빗Steven D. Levitt, 시카고대학교 경제학 교수, 《괴짜 경제학Freakonomics》 공동 저자

한번 잡으면 놓을 수 없는 이 책은 자애로운 외과 의사의 변화 이야기와 의학적 기적의 탄생 이야기다. 서스킨드 박사는 유머와 겸손으로 자신의 여정을 들려준다. 그녀의 놀랍도록 친밀한 목소리는 새로운 길을 열어젖힌다. 의사 작가들인 올리버 색스Oliver Sacks, 아툴 가완디Atul Gawande, 폴 파머Paul Farmer가 그랬듯이 인간의 가능성에 열광하는 모든 독자를 매료시키고 차세대 의사들에게 영감을 불어넣는다.

—조슈아 스패로Joshua Sparrow, 하버드대학교 의과대학, 보스턴아동병원 교수

소아과 의사로서 나는 모든 사람에게 이 훌륭한 책을 읽어 보라고 권한다. 그래서 어린아이들이 성장하면서 건강과 학습이 어떻게 매끄럽게 조화되는지 이해하기를 바란다. 또한 언어와 사랑을 사용해 아기와 어린이의 두뇌에 영양을 공급하는 경이로운 신경과학적 방법과 이 일의 사회적 긴급성을 이해하기를 바란다.

—페리 클래스Perri Klass, 뉴욕대학교 소아과 및 저널리즘 교수

서스킨드 박사는 인공와우 외과 의사 경험을 바탕으로, 설득력 있는 사회 과학 연구에 근거해, 그리고 어린이와 가족에 대한 깊은 헌신에서 영감을 얻어 책을 썼다. 이 책은 영유아와 풍부하고 유쾌하고 적극적으로 의사소통하는 일이 얼마나 중요한지 우리 모두가 이해하도록 돕는다. 모든 유형의 가정과 지역 사회에서 우리는 함께 다음 세대를 위해 언어 환경을 풍요롭게 할 수 있다. 당신이 아는 모든 사람에게 이 책을 읽으라고 권하라! 이 책은 보석이다!

—로널드 F. 퍼거슨Ronald F. Ferguson, 하버드대학교 교육대학원 및 공공정책대학원 교수, 《하버드 부모들은 어떻게 키웠을까The Formula》 공동 저자

아동 발달 연구의 최전선에서 데이나 서스킨드 박사는 아이들의 학습을 돕는 말의 힘에 관해 이야기한다. 술술 읽히고 모든 페이지에서 놀라운 통찰을 제공하는 책이다. 이 책은 부모의 역할을 지금까지와 전혀 다르게 생각하도록 만든다. 아울러 자녀가 최고의 잠재력을 발휘하도록 돕는 효과적인 도구를 제공한다.

—시언 바일록Sian Beilock, 시카고대학교 심리학 교수, 《부동의 심리학Choke》 저자

이 책에서 서스킨드 박사는 부모가 아이와 대화해야 하는 이유, 특정 유형의 의사소통이 다른 의사소통보다 나은 이유를 명료하고 권위 있게 설명한다. 이 책은 모든 부모, 교사, 교육 정책 입안자가 반드시 읽어야 하는 도

서 목록에 포함된다.

—애덤 알터Adam Alter, 뉴욕대학교 스턴경영대학원 교수, 《멈추지 못하는 사람들 Irresistible》 저자

혁명을 준비하자. 이 책은 당신을 울고 웃게 만들고, 인생에서 성공할 기회를 모든 아이에게 주기 위해 우리가 해야 할 일에 대해 깊이 반성하게 만든다. 나는 학자로서 경외감에 사로잡혔고, 교사로서 눈이 부셨고, 아빠로서 이 책의 저자에게 감사했다. 한번 잡으면 절대 놓지 못할 테니 시간 여유를 넉넉히 갖고 독서에 임하기를 바란다. 분명 별 5개짜리다.

—존 리스트John A. List, 시카고대학교 경제학 교수 및 경제학과 학과장, 《무엇이 행동하게 하는가The Why Axis》 공동 저자

데이나 서스킨드는 다른 사람들을 영웅으로 추켜세우지만 그녀야말로 진정한 영웅이다! 그녀는 아이들의 생애 초기 학습에 대한 최고의 연구를 탐구하고, 아이들이 항상 즐겁고 사랑스러운 방식으로 언어를 비롯해 훨씬 더 많은 것을 배우도록 돕기 위해 우리 모두가 해야 할 일에 대한 지극히 건전하고 유용한 사례를 공유한다. 그녀는 이 책에서 흥미진진하고 눈을 뗄 수 없는 여정으로 우리를 데려간다.

—엘런 갤린스키Ellen Galinsky, 베이조스 패밀리 재단Bezos Family Foundation 최고과학책임자, 《내 아이를 위한 7가지 인생 기술Mind in the Making》 저자

아이들을 걱정하는 사람, 나라의 미래를 걱정하는 사람이라면 꼭 읽어야 하는 책이다.

—바버라 보먼Barbara Bowman, 에릭슨 연구소Erikson Institute 공동 설립자, 아동 발달 교수

해결책과 희망의 문을 열어 준 데이나 서스킨드 박사에게 감사한다. 갈수록 증가하는 사회 불평등 문제에 대한 답은 2가지 최고 자원인 아이들과 부모들이다. 이 나라와 이 나라에서 어른으로 살아갈 아이들의 미래를 생각한다면 우리는 서스킨드 박사의 조언을 현실로 만들어야 한다.

—샌드라 구티에레즈Sandra Gutierrez, 아브리엔도 푸에르타스/오프닝 도어스Abriendo Puertas/Opening Doors 설립자

서스킨드 박사의 연구는 우리가 우리 아이들에게 줄 수 있는 가장 큰 선물이 무료라는 것을 보여 준다. 우리가 아이들에게 세상을 살아가는 장점을 갖추어 주려고 할 때 돈이 필요한 것이 아니라 말로 해야 한다는 사실을 알고 나면 얼마나 큰 힘이 되는가? 서스킨드 박사의 연구는 너무나 중요하다. 그녀의 메시지를 대중에게 널리 알리는 것은 우리의 의무이자 책임이다.

—크리스 니Chris Nee, 어린이 TV 시나리오 작가 겸 프로듀서, 〈꼬마의사 맥스터핀스Doc Mcstuffins〉 감독

우리 각자가 우리 아이들의 두뇌 발달을 개인적으로 도울 수 있다니, 우리가 나누는 대화의 질만으로 아이들의 탐구 태도와 건강에 영향을 미칠 수 있다니. 이 사실을 아는 것은 얼마나 큰 힘이 되는가. 서스킨드 박사의 작업을 실제로 적용할 수 있는 일은 무궁무진하다. 아빠로서, 그리고 유아 양육과 발달에 시간과 노력을 쏟는 사람으로서 나는 서스킨드 박사의 연구가 우리를 얼마나 멀리까지 데려갈지 몹시 흥분되고 기대된다.

—스티브 내시Steve Nash, 스티브 내시 아동 재단 설립자 겸 대표, NBA(미국프로농구협회) MVP 2회 수상자

서스킨드 박사의 작업은 힘을 불어넣어 준다. 모든 부모는 자녀가 인생에서 최고의 출발을 할 수 있도록 하는 데 필요한 것을 이미 지니고 있음을 박사는 보여 준다. 이 책은 언어 발달이 어린이의 두뇌 발달에 미치는 놀라운 영향을 알려 주고, 부모, 교육자, 양육자로서 우리가 아이들과 대화하는 간단한 행동을 통해 어떻게 아이들의 삶에 심오한 변화를 일으킬 수 있는지 귀중한 통찰을 제공한다.

—제니퍼 패링턴Jennifer Farrington, 시카고 어린이 뮤지엄Chicago Children's Museum 대표

이 책이 알려 주는 부모의 역할, 방법, 신경가소성에 응원을 보낸다!

—T. 베리 브래젤턴T. Berry Brazelton, 하버드대학교 의과대학 교수

서스킨드 박사는 이 책에서 부모에게 자녀의 잠재력을 최대화하는 데 필요한 도구를 하나하나 제공한다.

— 《임신과신생아Pregnancy and Newborn》

부모, 보호자, 유아 교육자는 이 책에 감동과 영감을 받을 것이다.

— 《라이브러리저널Library Journal》

서스킨드의 비전은 힘을 북돋아 준다. 이 책에서 제시하는 방법은 놀라울 정도로 실행하기 쉬우며, 그 결과는 아이들이 안정되고 공감하는 성인으로 성장하는 사실로 입증되었다. 자녀와 나누는 대화로 얻을 수 있는 엄청난 혜택을 확인시켜 주는 유익하고 흥미로운 새로운 정보가 담겨 있다.

— 《커커스리뷰Kirkus Reviews》

차례

아동의 지적 능력은 고정된 것이 아니라 발전하며, 부모의 말이 자녀의 인지 발달에 중대한 영향을 미치는 요인임이 과학으로 증명되었다. 이에 근거한 두뇌 최적화 실전 프로그램이 바로 3가지 T 대화법이다. 첫 번째 T "주파수 맞추기"는 아이가 무엇에 집중하는지 잘 살피고 그것을 주제로 아이와 이야기 나누는 법, 두 번째 T "더 많이 말하기"는 단어의 숫자만이 아니라 단어의 종류와 단어를 말하는 방식까지 고려하는 법. 세 번째 T "번갈아 하기"는 아이를 서로 주고받는 대화에 참여시키는 법을 알려 준다.

생애 초기 언어 환경의 중요성은 문화의 일부가 되어야 한다. 그리고 모든 아이에게는 아직 개발되지 않은 잠재력이 있으며, 알맞은 프로그램과 지원이 있으면 얼마든지 성공을 거둘 수 있다는 성장 마인드셋을 모든 부모, 모든 사람이 갖추어야 한다. 아울러 육아 프로그램은 부모와 자녀 모두의 삶을 개선하는 양 세대 접근법에 따라야 한다.

7장 퍼뜨리기

좋은 것은 함께 나누어야 한다

모든 아동이 최적의 두뇌 발달을 거치도록 돕기 위해서는 필요한 시점과 상황에 맞춰서 잘 설계된 효율적 지원이 즉각 제공되어야 한다. 이런 일이 가능해지려면 먼저 유아기 언어 환경의 중요성이 대중 차원에서 널리 받아들여져야 한다. 이 단계가 선행되지 않으면 효과적 해결책으로 이어지지 못하고 만다.

1장

결정적 차이

왜 어떤 아이는 성공하고
어떤 아이는 실패할까

나는 보이지 않는 눈 탓에 사물에서 멀어졌고,
들리지 않는 귀 탓에 사람에게서 멀어졌다.

— 헬렌 켈러

세상에서 가장 귀중한 자원, 부모의 말

우리가 사는 세상에서 가장 귀중한 자원은 아마 "부모의 말"이 아닐까 한다.

언어와 문화권, 어휘의 미묘한 차이, 사회경제적 지위가 어떻든 간에 말은 두뇌가 잠재력의 한계까지 발달하도록 도와주는 역할을 한다. 같은 맥락에서 언어 결핍은 두뇌 발달의 적이나 마찬가지다. 청력을 타고났으나 척박한 언어 환경에 놓인 아이는 청력 없이 태어나 수화를 배우기 어려운 환경에 놓인 아이와 다를 바가 없다.

반면 풍부한 언어 환경에서 자라는 아이는 청력을 타고났든 인공 와우(인공 달팽이관) 이식으로 듣는 능력을 얻었든 상관없이 날아오를 수 있다.

내가 아이들의 청력을 치료하는 전문의가 된 까닭

소아 인공와우 이식 수술 전문 외과 의사가 부모의 말이 지닌 힘에 관한 책을 쓴다는 게 아이러니라는 점은 나도 안다. 외과의들은 재주가 많지만 말하기는 거기 속하지 않는다. 우리는 말보다는 손으로, 정교한 수술 솜씨로, 문제를 짚어내고 해결책을 찾는 능력으로 정의되는 사람들이다. 제자리에 딱 들어맞는 퍼즐 조각만큼 외과의를 들뜨게 하는 것은 없으리라.

청각 장애를 안고 태어난 아이에게 청력을 돌려주는 인공와우 이식은 이 모든 요소를 잘 보여 주는 훌륭한 예다.

청각 신경이 시작되는 기관인 와우관(달팽이관)을 두 바퀴 반 감는 형태로 전극을 삽입하면 소리는 열심히 달려가다가 끼익 멈추게 되는 지점인 결함 세포 구간을 무사히 건너뛰어 귀와 뇌를 연결하는 고속도로인 청각 신경으로 바로 진입할 수 있게 된다. 그 결과 침묵 속에 태어난 아이가 비로소 듣고, 말하고, 교육과 사회 측면에서 세상 속에 녹아드는 능력을 얻는 놀라운 일이 벌어진다. 인공와우 이식은 귀가 전혀 들리지 않는 상태인 전롱全聾의 기적적 해결책이자 딱 들어맞는 퍼즐 조각이다.

적어도 나는 그렇게 생각했다.

의대에서 내 관심을 사로잡았던 것은 귀가 아니라 뇌였다. 두뇌는 삶에서 해답이 나오지 않은 모든 질문의 열쇠를 쥔 심오한 수수께끼

같았다. 내 꿈은 신경외과 전문의가 되어 인류가 직면한 가장 중요하고 까다로운 문제 몇 가지를 내 손으로 해결하는 것이었다.

하지만 의대에서 내가 처음 참여했던 신경외과 사례는 그리 잘 풀리지 않았다. 신경외과 과장 R 선생님은 나더러 양성 뇌종양을 제거하는 뇌수막종 절제 수술에 "손 박박 씻고 와"라고 하셨다. 우리는 교과서에서 뇌수막종 절제술이 나오는 장을 집필하는 중이었고, 선생님은 내가 수술을 직접 보면 도움이 되리라 생각하셨다.

내가 수술실에 들어서자 R 선생님은 수술대 가까이 오라고 손짓했다. 머리카락이 깎이고 노란 소독약 베타딘과 붉은 피로 얼룩진 사람 머리가 눈에 들어왔다. 두개골에 뚫린 커다란 구멍 안에서 젤라틴 같은 회색 덩어리가 마치 자기를 가둔 뼈에서 탈출하려는 것처럼 주기적으로 펄떡거렸다. 환자의 몸통은 마술사 조수의 몸처럼 길고 파란 가림막에 가려 전혀 보이지 않았다.

환자 쪽으로 다가가다 보니 갑자기 나 자신의 맥박에 신경이 쓰였다. 이 과하게 응고된 젤라틴 같은 덩어리가 정말로 인간이란 존재의 핵심이란 말인가? 눈부신 조명이 내 시야를 가로질렀고, R 선생님이 하는 말은 거의 귀에 들어오지 않았다. 정신을 차리고 보니 수술 담당 간호사 한 사람이 나를 의자에 앉히고 있었다. 창피했느냐고? 물론!

하지만 내가 뇌 수술 쪽으로 가지 않기로 한 이유는 이 사건이 아니었다. 굳이 따지자면 환상과 현실의 괴리를 느끼고 내린 결정에 가까웠다.

1980년대 신경외과에서는 흔히 "일단 뇌에 공기가 닿으면 원래대로 돌아갈 수 없다"라고들 했다. 당시 뇌 수술을 받은 환자는 살아남더라도 심각한 장애를 겪는 사례가 많았다. 물론 시간이 흐르면서 상황은 훨씬 나아졌지만, 나는 내 경험에 비추어 뇌를 다루는 다른 방식을 생각해 보기로 했다.

멀리 빙 돌아서 내가 찾아낸 방법은 바로 귀였다. 세인트루이스에 있는 워싱턴대학교에서 펠로십 과정을 밟으며 나는 존경하는 멘토 로드 러스크Rod Lusk 박사님의 가르침을 받아 인공와우 이식을 성공적으로 해내는 데 필요한 기술을 배웠다.

내가 보기에 인공와우 이식은 가장 우아하기로 손꼽힐 만한 수술이다. 조그마한 콩알 크기의 내이內耳를 동전 크기로 확대해 주는 고성능 현미경을 통해 진행되는 이 수술에는 섬세하고 정교한 기구와 그에 걸맞은 섬세하고 정교한 손놀림이 필요하다. 나는 조명을 끄고 현미경에서 나오는 한 줄기 밝은 빛만이 이 쇼의 슈퍼스타인 귀를 비추는 상태로 수술한다. 그럴 때면 현미경의 강력한 빛이 환자와 집도의 주변에 로맨틱한 후광을 드리우는 것처럼 보인다고 한다. 덧붙여 음악을 틀어 놓고 수술하는 의사도 많지만, 조용하고 차분한 수술실 분위기를 선호하는 나는 낮게 울리는 드릴 소리만을 배경 삼아 수술 과정에 집중하는 편이 더 좋다.

아동의 머리와 목을 다루는 소아 두경부 외과, 그중에서 인공와우 이식을 전문 분야로 삼겠다는 내 결정에는 행운이 따랐다. 마침 의학계에서 2가지 역사적 사건이 동시에 일어나 선천성 청각 장애 아동에게 새 시대가 열리기 시작한 시기였기 때문이다.

1993년 미국국립보건원은 모든 신생아가 병원을 떠나기 전 청력 검사를 거치도록 하는 신생아 전수 선별 검사를 권고안으로 내놓았다.[1] 보건 당국의 이 현명한 조치 덕에 청각 장애 진단 시기는 생후 3년에서 "3개월"로 크게 앞당겨졌다. 이제 실제로 귀가 들리지 않는 아이를 두고 부모와 소아과 의사가 느긋하게 "얘는 그냥 말이 늦나 봐요"라거나 "얘 오빠가 하도 떠들어서 그런지 얘는 조용하네요" 같은 대화를 나눌 일은 없어졌다.

여기에 신경과학neuroscience 또는 뇌과학brain science의 기적인 인공와우 이식 기술이 등장했다. 이런 기술 발전과 맞물리면서 이 권고 조치의 중요성은 어마어마하게 커졌다. 수많은 청각 장애 아동의 인생을 완전히 바꿀 가능성이 열린 것이다.

아이의 뇌는 3세까지 대부분 완성된다

뇌와 인체의 신경 구조는 대체로 한번 손상되면 되돌리기 어렵다. 뇌성마비나 뇌졸중, 척수 손상, 미식축구 선수에게 흔한 두부 외상 등의 뇌와 신경 손상을 두고 의학계에서는 "고치는" 것이 아니라 "나아지게 하는" 것이 최선이라고들 한다.

그런데 청력 손실은 실제로 뭔가 고치는 조치를 취할 여지가 있는 특별한 사례다.

1984년 일반적으로 생각하는 "듣기"와는 다르지만 소리를 감지하고 목소리를 어느 정도 구분하게 해 주는 단일 채널 인공와우의 성인 대상 이식이 최초로 미국식품의약국FDA 승인을 받았다. 뒤이어 신생아 전수 선별 검사 권고안 발표와 거의 비슷한 시기인 1990년에는 정교한 언어 처리 기능이 탑재된 다채널 인공와우가 아동 대상으로 승인되었다.[2] 덕분에 역사상 최초로 청각 장애를 타고난 아이들이 "언어 학습을 위한 뇌 신경망이 형성되는 시기"에 말을 들을 수 있는 길이 열렸다.

이 두 사건이 겹쳐 일어난 우연이 그렇게나 중요했던 이유를 이해하고 넘어갈 필요가 있다.

3세 끝자락이 되면 뇌와 거기 포함된 1000억 개의 뉴런은 물리적 성장의 85퍼센트를 마치고 사고와 학습의 토대를 상당 부분 완성한다.(이 책에 나오는 연령은 모두 만 나이다-옮긴이) 이는 3년이 지나면 두뇌가 더는 발달하지 않는다는 말이 아니라 해당 3년이 그만큼 중요하다는 뜻이다. 그리고 두뇌 발달은 영유아의 언어 환경과 절대적 상관관계에 있다는 사실이 과학으로 증명되었다. 실제로 아기의 청력 상실 진단은 "신경과학 응급 상황"으로 불린다. 난청이 신생아의 발달에 미치는 부정적 영향이 워낙 크기 때문이다.[3]

신생아 선별 검사와 소아 인공와우 이식의 병행이 얼마나 중요한

지는 이루 말할 수 없을 정도다. 2가지가 동시에 시행되지 않았다면, 이를테면 청각 장애 진단이 늦게 이루어져서 아이가 더 자란 뒤에 인공와우 이식이 이루어졌다면 인공와우는 기껏해야 신기한 기술로 여겨질 뿐 지금처럼 획기적 전환점으로 인식되지 못했을 것이다.

인공와우 이식이 성공하려면 "신경가소성neuroplasticity"이 필요하기 때문이다. 신경가소성이란 두뇌가 새로운 자극을 받아 발달하는 능력을 말한다. 언어 습득을 위한 신경가소성은 어떤 나이대에서든 어느 정도 나타나지만, 태어나서 3~4세까지 어린 뇌에서 집중적으로 발휘된다. 예외가 있다면 말하는 법을 배우고 뇌의 언어 경로가 이미 형성된 뒤에 귀가 들리지 않게 된 사례뿐이다.

청력 없이 태어난 아이가 이 결정적 시기를 놓치고 훨씬 나중에 인공와우 이식 수술을 받으면 소리는 들을 수 있겠지만, 소리의 의미를 이해하는 의사소통 능력을 갖추는 경우는 극히 드물다.

하지만 인공와우가 적절한 시기에 이식되었다고 하더라도 성공을 거두려면 또 다른 중요한 요인이 필요하다는 사실을 나는 곧 깨닫게 되었다.

느린 시작이 가져다준 중요한 통찰

시카고대학교는 시카고의 낙후된 지역인 사우스사이드에 펼쳐진 불평등의 바다에 외로이 떠 있는 섬이다. 내가 이곳에서 인공와우 이식 프로그램을 시작하기 전에는 사우스사이드에서 아이가 청각 장애를 안고 태어나면 그 가족은 이 지역의 심각한 사회경제 문제뿐 아니라 의사소통 장벽 문제까지 추가로 겪어야 했다.

나와 훌륭하고 헌신적인 우리 인공와우 이식팀에 이는 놀라운 기회인 동시에 엄청난 도전이었다. 또한 나중에야 알게 되지만 내 사고와 커리어의 경로를 완전히 바꿔 놓은 경험이었다.

인권 문제로 갈등이 극심했던 1960년대에 사회복지사였던 엄마는 볼티모어 시내에 있던 직장에 아기였던 나를 데리고 출근했다. 나는 엄마 사무실 근처 방에서 잠을 잤고, 내가 깨면 문밖에 앉아 있던 누군가가 엄마를 불러 주었다. 그해 후반 엄마는 페루의 수도 리마를 둘러싼 빈민가인 바리아다스barriadas에 영아 보호 센터를 건립할 가능성을 타진하기 위해 페루에 파견되었다. 그곳에서 엄마는 옆면이 알루미늄인 아기 띠(엄마는 그걸 "인in"이라고 부르셨다)로 나를 등에 업고 언덕을 누볐고, 이런 외국인을 본 적이 없었던 현지인들은 엄마를 의심스러운 눈으로 쳐다보았다.

한참 뒤 엄마는 어디서 어떤 일을 하든 거기서만큼 많은 것을 배운 적은 없었다고 내게 말씀하셨다. 특히 기회를 전혀 얻지 못한 이들이 지닌 개척되지 않은 풍부한 잠재력에 관해서.

내가 환자들을 만나며 했던 경험 역시 이와 같았다. 그때는 몰랐지만 이 여정을 시작한 뒤로 내 일에 가장 큰 영향을 받은 대상은 다름 아닌 나였다.

시카고대학교에서 내 인공와우 이식 프로그램은 느리게 시작되었다. 내 상상과는 달리 환자들은 바겐세일 기간에 쇼핑몰에서처럼 진료실 앞에 줄을 서지는 않았다. 하지만 이런 느린 시작 덕분에 나는 자칫하면 놓쳤을지 모르는 중요한 시각을 얻을 수 있었다.

환자 수가 적었기에 나는 모든 환자를 내 아이처럼 돌보았고, 아이의 모든 발전을, 첫 미소를, 첫걸음마를 부모의 뿌듯함으로 바라보았다. 아이의 인공와우가 켜지고 처음으로 소리가 들리는 인공와우 활성화 순간에도 매번 같이했다. 부모처럼 성공에 기뻐하고, 일이 예상대로 풀리지 않을 때면 함께 괴로워했다.

아이가 처음으로 들은 소리에 반응이 늦거나, 자기 이름을 듣고 반응이 없거나, 첫 단어를 말하거나 처음으로 책을 읽는 것이 늦어지면 나는 애간장이 탔다. 이런 걱정과 더불어 처음에는 서로 아주 비슷해 보였던 아이들이 매우 커다란 차이를 보이는 모습을 목격했다. 그 이유를 알아내려다 보니 결국 나는 청력을 가지고 태어난 아이들의 세상에까지 발을 들이게 되었다.

솔직히 한때 나는 아이들을 보며 알아낸 사실을 비과학적이라고, 기껏해야 흥미로운 일화라고 넘겨 버리려 했다. 다른 수많은 학자처럼 나 또한 뭔가가 참 또는 거짓이라고 증명할 만큼 큰 숫자가, "영향력" 있는 표본이 모여야 "진정한" 과학이 된다고 여겼기 때문이다. 하지만 나는 곧 개별 경험의 중요성을 고려하지 않고 숫자의 영향력만 따지다가는 중요한 통찰을 놓칠 수 있음을 깨달았다.

두 아이 이야기

잭은 내 두 번째 인공와우 이식 환자였고, 미셸은 네 번째였다. 둘 다 태어나자마자 귀가 전혀 들리지 않는 심도 난청 진단을 받았고, 여러 면에서 놀랍도록 비슷했다.

두 아이 모두 비슷한 잠재력을 타고났고, 아이를 사랑하고 아이가 말을 하며 세상을 살아가기를 바란 엄마가 있었고, 최첨단 과학 기술의 혜택을 받았다. 하지만 둘의 닮은 점은 거기까지였다. 잠재력이 같고 같은 수술을 받았지만 결과는 완전히 달랐다.

나는 잭과 미셸에게서 어떤 의학 교과서에도 실려 있지 않은 교훈을 배웠다. 이들과 함께한 경험 덕분에 나는 기술의 한계를 깨닫는 데서 그치지 않고 내가 이미 알고 있었으나 미처 깨닫지 못했던 강력한 힘, 우리 삶 전반에 걸쳐 돌이킬 수 없는 영향을 미치는 힘을 인식하게 되었다.

잭의 성공

우리 팀과 만나는 자리에 부모가 데려왔던 8개월짜리 잭은 잘 보이지 않을 정도로 옅은 머리털이 보송보송 난 땅콩 같았다. 잭은 잘 웃는 아기였다. 잭의 맑은 하늘처럼 파란 눈동자는 우리의 움직임을 일일이 좇았다.

잭의 귀가 들리지 않는다는 사실은 부모에게 큰 충격이었다. 60대가 되어 보청기를 낀 사촌 외에는 친척 중 청력에 문제가 있는 사람은 없었다. 잭보다 두 살 위인, 그림으로 그린 듯한 수다쟁이 누나 에마는 청력이 정상이었다. 하지만 청각 장애인과 아무런 접점이 없었음에도 잭의 부모는 내 진료실을 찾아오기 전부터 원하는 바가 매우 확고했다.

잭의 부모는 이미 많은 정보를 알아본 상태였다. 진지하고 이미 결심이 확고했던 그들은 다양한 의사소통 방식이 있음을 알고 있었고, 아들이 듣고 말하는 세상에서 살아가게 하고 싶다는 의지를 우리에게 명확히 밝혔다.

진단 이후 잭은 거의 내내 보청기를 끼고 있었다. 대개는 아이가 보청기를 빼지 못하게 하느라 부모가 애를 먹지만, 놀랍게도 잭은 아무렇지 않게 보청기를 착용했다. 잭의 조그만 귀는 보청기의 무게로 허리케인에 휩쓸린 야자수처럼 뒤집혀 있었다.

잭의 부모는 다른 면에서도 능동적이었다. 이들은 처음부터 언어치료사를 집으로 불러서 잭의 언어 발달에 도움이 될 만한 기법을 배우려고 노력했다. 심지어 방식이야 어떻든 잭과 의사소통할 방법을 확실히 마련하기 위해 수화까지 배우기 시작했다. 그 결과 잭과 가족은 벌써 어느 정도 수화로 교감하는 상태였다.

애초부터 잭의 부모는 인공와우 이식이라는 선택지를 염두에 두었다. 잭의 경우 문제는 시기였다. 잭이 신생아였을 때 청력을 파악하기 위해 받았던 청성 뇌간 반응auditory brainstem response, ABR 검사 결과는 "반응 없음"이었다. 잭의 검사 기록에는 두뇌가 소리에 반응하고 있음을 보여 주는 뾰족뾰족한 선이 보기 좋게 그려지지 않고 평평한 직선이 이어질 따름이었다. 의무적인 보청기 시험 사용도 실패했다. 이는 잭에게 가장 심각한 유형의 청각 장애가 있다는 뜻이었다. 심지어 보청기를 낀 상태에서 옆을 지나가는 오토바이 소리 같은 90데시벨의 소리에 잭의 뇌가 꿈쩍하지 않는 상황에서 보청기가 도움이 될 가능성은 거의 없었다.

하지만 포기를 모르는 잭의 부모는 잭이 보기 드문 예외라서 효과가 있을지 모른다는 희망을 안고 잭에게 보청기를 달아 주었다. 12개월 이상 아동에게만 이식 수술을 허가한다는 미국식품의약국 지침에 따라 1년을 기다리는 동안 딱히 다른 방법은 없었다.

항상 행동력이 넘쳤던 잭의 엄마는 보청기가 효과가 없다는 사실을 깨닫고 자기 나름대로 답을 찾으려 했다. 아기인 잭이 진동과 소리를 연결할 수 있을지 모른다고 생각한 그녀는 잭을 자기 가슴에 올린 다음 아들의 조그마한 손을 자기 목에 얹고 다정하게 자장가를 불렀다.

해결책을 찾겠다는 일념으로 잭을 데리고 나를 찾아왔을 때 잭의 부모는 이미 인공와우 이식을 받겠다고 단단히 마음먹은 채였다. 그래서 그들은 잭의 첫 생일을 "귀 생일"로 정했다.

사실 이식 수술은 첫 번째 단계일 뿐, 진짜 "귀 생일"은 인공와우 장치가 활성화되는 순간이다. 대개 "아가, 아가, 엄마 말 들리니? 엄마가 정말 많이 사랑해"라는 말로 시작하며, 수술이 성공적이라면 아이의 깜짝 놀란 표정, 미소와 웃음소리, 때로는 눈물이 뒤따르는 매우 극적인 순간이다. 정말 감격스러운 경험이다. 한번 직접 보기를 권한다. 눈시울을 붉힐 준비를 하고 유튜브에서 "인공와우 활성화"를 검색해 보자.

진짜 "귀 생일" 당일에 잭과 부모는 모두 침착하고 느긋했다. 너무 느긋했던 나머지 동영상 찍는 것을 잊어버려서 잭의 엄마는 두고두고 아쉬워했다.

물론 첫 번째 생일이 다 그렇듯이 인공와우를 활성화하는 날은 말하기라는 목표를 향해 나아가는 첫걸음일 뿐이다. 그리고 종종 부모들은 충분한 설명을 들었음에도 활성화에서 아이가 말을 하기까지의 과정이 순풍에 돛 단 듯 순조롭고 며칠이면 끝나리라 생각한다. 그러나 실제로는 그렇지 않다. 귀가 들리는 신생아와 똑같이 새로 인공와우 이식을 받은 아이는 자기 세상의 소리를 받아들이고 이해하는 법을 배우는 데 꼬박 1년을 들여야 한다. 그러므로 그렇게 간단한 일이 아니다.

이식 전에는 오토바이의 굉음조차 듣지 못하던 잭은 이제 아주 작은 속삭임까지 들을 수 있게 되었다. 하지만 소리가 들리는데도 잭의 뇌는 그게 무슨 뜻인지 전혀 이해하지 못했다. 말을 할 수 있게 되려면 잭은, 그리고 인공와우 이식을 받은 모든 아이는 소리의 의미를 배워야 했다.

집에서 잭의 삶은 말하기와 책 읽기, 노래로 채워졌다. 하지만 잭이 훌륭한 진전을 보인다는 부모의 장담에도 나는 확신할 수가 없었다. 진료 시간에는 장난감이나 스티커 등 말을 끌어낼 만한 뇌물을 아무리 제공해 봤자 통하지 않았기 때문이다. 잭이 세 살이던 무렵 재미있는 사건이 벌어진 뒤에야 나는 잭이 정말로 말할 수 있다는 사실을 알게 되었다.

우리 이식팀의 공을 치하하는 뜻에서 시카고 교향악단 단원들은 "소리라는 선물"이라고 이름 붙인 바이올린 연주회를 열어 주었고, 우리 프로그램에 속한 수많은 가족이 그 자리에 참석했다. 병원 로비에 음악이 울려 퍼지는 동안 사람들은 긴 탁자에 높직하게 쌓인 쿠키며 여러 가지 간식을 가져다 먹으면서 이리저리 돌아다녔다. 잭이 말할 수 있다는 확실한 증거가 나온 것은 바로 이 탁자 근처에서였다.

파가니니인지 베토벤인지가 연주되던 중에 갑자기 브라우니와 쿠키 사이 어딘가에서 어린아이의 카랑카랑한 웃음소리와 크고 유쾌한 외침이 들려왔다. "우웩! 아빠 방귀 뿡뿡 뀌었어." 그제야 나는 잭에게 아무 문제가 없으리라고 완벽히 안심할 수 있었다.

잭은 이제 공립 초등학교 일반 학급 3학년이다. 외부에서 받는 교육 지원은 잭의 인공와우 장치가 잘 작동하는지 확인해 주는 청각 전문가의 도움뿐이다. 읽기와 수학을 포함해서 자기 학년 수준에 맞는 공부를 하고, 누나와 아웅다웅하고, 현실적이며 애정을 듬뿍 주는 부모에게서 특별 대우도 받지 않는다. 잭은 지적 능력과 활기, 잠재력을 실현할 가능성을 모두 갖춘 평범한 아홉 살짜리 남자아이일 뿐이다. 잭의 미래는 청각 장애에 제한받지 않는다. 잭은 여러모로 운이 좋았다.

잭이 20년 전에, 그러니까 2005년이 아니라 1985년에 태어났다면 잭의 미래는 청각 장애의 제한을 받았을 게 틀림없다. 청력 없이 행복하고 만족스러운 삶을 누릴 방법은 많다. 그러나 인공와우의 등장이 잭의 교육과 커리어 선택의 폭을 바꿔 놓았음은 분명하다. 듣는 능력은 대개 읽는 능력에, 그리고 결국 배우는 능력에 영향을 미치기 때문이다. 이 도미노 효과는 평생에 걸쳐 뚜렷이 나타난다. 청각 장애가 있어 수화로만 교육받은 성인을 대상으로 한 연구에서 평균 문해력 수준은 초등 4학년 정도로 나타났고, 청각 장애가 있는 성인 가운데 3분의 1은 사실상 문맹이다.[4]

물론 이런 통계는 다행히 가정 내에 원래 또는 능숙하게 수화를 쓰는 사람이 있는 환경에서 자란 청각 장애인에게는 해당하지 않는다. 청각 장애인 가운데 예술에서, 과학에서, 인생에서 멋진 성과를 거둔 사람들도 반영하지 못한다. 하지만 실제로 성취가 부족한 경우 대개 원인은 90퍼센트의 청각 장애 아동이 "아이를 사랑하면서도 수화로 소통하지 못하는 부모에게서 태어나 최적의 신경가소성이 두뇌 발달을 촉진하는 중요한 유아기에 적절치 못한 언어 환경에서 자란다"는 사실과 관련되어 있다.

이를 잭의 사례와 비교해 보자. 잭은 청력 없이 태어났으나 3학년 수준에 맞는 책을 읽으며, 이는 흔히 장기 학업 성취를 예견하는 지표로 활용된다.[5] 이 점을 고려하면 잭은 부모의 적극성, 기술력, 의료 정책의 완벽한 조화를 보여 주는 증거다.

미셸의 실패

풍부한 언어 환경은 "산소와 같다. 충분히 누리지 못하는 누군가를 보기 전까지는 당연하게 여기기 쉽기 때문이다"[6]라고 심리학자 님 토트넘Nim Tottenham은 말했다(멋진 인용문을 마음대로 가져다 쓴 점 님 토트넘에게 양해를 구한다).

완벽히 맞아떨어지는 퍼즐 조각을 보면 가능성의 아름다움이 느껴진다. 반면 퍼즐에서 딱 한 조각만 빠지면 그 자리가 눈에 확 띄기 마련이다. 미셸의 이야기가 시작되고 내 생각이 바뀌는 것은 바로 여기서부터다.

7개월 된 미셸은 꼭 일본 애니메이션 여주인공 같았다. 풍부한 감정과 지성을 담고 반짝이는 파란 눈이 정말 매력적이었다. 잭처럼 미셸도 귀는 들리지 않았으나 무한한 잠재력을 갖추고 태어났다. 미셸에게서 빠진 퍼즐 조각은 아주 미묘해서 처음에 나는 그 존재조차 눈치채지 못했다. 사실 미셸이 잭보다 먼저 찾아왔더라면 나는 진전이 없는 미셸의 상태를 기술의 한계로 받아들이거나 "그냥 효과가 없는" 아이 중 하나라고 생각했을 것이다. 하지만 잭이 이미 기대치를 높여 놓은 뒤였다. 미셸의 인공와우 이식 결과는 마땅히 이러이러해야 한다고 내가 기대했던 수준에 전혀 미치지 못했다.

미셸의 아빠는 보청기로 교정되는 중도 난청이 있었는데, 이는 청각 장애를 비롯한 다양한 증상을 동반하는 유전 질환인 바르덴부르크 증후군Waardenburg syndrome으로 인한 것이었다. 바르덴부르크 증후군이 있는 미셸과 똑같이 아빠도 두 눈 사이 간격이 넓은 푸른 눈과 정상 지능을 지니고 있었다. 우리 팀은 미셸의 엄마인 로라와 시간을 들여 의논했다. 물론 로라는 딸을 사랑했다. 그러나 돈이 거의 없고 실직한 상태에서 장애가 있는 아이 육아까지 해야 하는 삶의 무게를 버거워하는 것이 분명했다.

내가 보기에는 미셸의 청각 장애 정도가 심해 소용이 없을 것 같기는 했지만, 일단은 보청기를 사용해 보는 쪽으로 가닥이 잡혔다. 보청기가 효과가 없다면 인공와우 이식을 시도해야 한다는 데 우리 모두 동의했다. 하지만 미셸이 보청기를 착용한 직후 로라는 이사를 갔고, 미셸의 진료는 그대로 중단되었다. 1년 뒤 돌아온 로라는 보청기로 효과를 보지 못했으며 우리가 처음에 제안했던 대로 인공와우 이식을 받기로 마음을 정했다고 말했다.

나는 두 돌 무렵이었던 미셸의 "귀 생일"을 또렷이 기억한다. 당시 우리는 활성화를 축하하는 뜻에서 환자에게 컵케이크와 알록달록한

풍선을 선물했다. 어쨌거나 축제 같은 날이라고 여겼기 때문이었지만, 미셸의 경우 그리 떠들썩한 분위기는 아니었다. 인공와우가 활성화되었을 때 미셸은 아주 미미한 반응만을 보이면서 계속 컵케이크를 먹었다. 하지만 "아주 미미한 반응"은 "반응 없음"과는 매우 다르다. 미셸은 들을 수 있었고, 이는 곧 말하는 법을 배울 수 있다는 뜻이었으므로 미셸의 엄마와 나는 뛸 듯이 기뻐했다.

이식 이후 미셸의 청력은 정상 범위로 판명되었다. 청력 재활을 담당하는 청능사audiologist와 언어치료사는 자신들의 의도대로 자극에 쉽게 반응을 보이는 미셸이 "스펀지" 같다고 입을 모았다. 하지만 눈에 띄는 사실은 그뿐이 아니었다. 검사실에서 소리에는 반응을 보였지만, 미셸은 말을 사용하지 않았고 이해하는 것 같지도 않았다. 미셸의 엄마 역시 집에서 이 점을 눈치챈 모양이었다. 결국 미셸이 소리를 들을 수는 있으나 의미를 이해하지 못하며 의미를 이해하는 법을 배우지 못할 것 같다는 현실을 인정하지 않을 수 없었다.

언어치료사와 청능사를 포함해서 미셸의 치료를 맡았던 우리 전문가들에게 이 점은 매우 심각한 문제였다. 이식팀 회의에서는 미셸을 수화와 음성 언어에 더 많이 노출해서 언어 발달을 가속하는 방법을 포함해 미셸 모녀를 도울 여러 방안이 논의되었다. 하지만 이런 개입은 전혀 도움이 되지 않았다. 내 앞에서만 입을 다물었던 잭과 달리 미셸은 정말로 말을 하지 않았기에 문제는 훨씬 심각하고 복잡했다.

무엇이 잘못되었을까? 나는 두 아이에게 똑같이 듣는 능력을 제공했다. 말하고 배우고 세상의 일원이 되는 데 그것만으로는 부족했던 이유는 대체 무엇일까? 잭과 미셸의 결과를 갈랐던 현저한 차이점은 무엇일까?

이 질문에 대한 답을 찾으려던 나는 어느새 청각 장애인의 세상에서 인간 전체가 속한 넓은 세상으로 넘어가게 되었다. 잭과 미셸의 학습 능력을 가른 요소는 모든 인간의 학습 잠재력을 끌어내는 데 필요한 요소와 근본적으로 같았기 때문이다.

명백한 차이가 알려 준 새로운 길

초등 3학년 때의 문해력 수준은 아동이 앞으로 거둘 성적을 상당히 정확하게 예측하는 지표다. 3학년인 잭은 자기 학년 수준에 맞게 학습하고 활동한다.

똑같이 3학년인 미셸은 청각 장애아를 위한 "총체적 의사소통" 학급에 속해 있다. 정상 작동하는 인공와우가 있지만 미셸은 음성 언어를 거의 쓰지 않고 기본 수화만 사용한다. 음성만을 이용한 의사소통은 까마득한 꿈이다. 게다가 3학년인 미셸의 문해력은 유치원생 수준이기에 앞으로의 학습 전망이 밝지 않다.

인공와우 이식의 기적 같은 혜택이 그토록 풍부한 잠재력을 지닌 이 똑똑한 여자아이를 비껴가 버린 이유는 무엇일까?

알고 보니 첫 단추가 잘못 끼워져 일이 잘 풀리지 않는 사례는 내가 생각했던 것보다 훨씬 많았다. 우리 환자들이 발을 들일 교육 환경을 더 잘 이해하려고 우리 팀과 내가 시카고 학교의 청각 장애 학급을 방문했을 때 이 점은 놀랄 만큼 명백히 드러났다.

우리가 방문한 학급은 음성 언어를 주요 의사소통 수단으로 사용하는 "구두" 학급, 그리고 이름과는 달리 수화를 주요 의사소통 수단으로 쓰고 약간의 음성 언어를 곁들이는 "총체적 의사소통" 학급으로 나뉘었다. 나는 당연히 내가 영유아기에 집도한 아이들은 모두 구두 학급에 있으리라 확신했다. 하지만 이 예상은 완전히 틀렸다.

총체적 의사소통 학급에는 수화를 하는 선생님을 향해 반원형으로 앉은 9명의 학생이 있었다. 교실 안에는 숨 막히는 정적이 흘렀다. 그러다 나는 파란 눈동자를 보고 한눈에 미셸을 알아보았다. 나는 가까이 다가가 미셸을 안아 주었다. 내가 누구인지 전혀 깨닫지 못한 미셸은 어리둥절하고 수줍은 미소를 지으며 나를 올려다보았다. 이제 내가 처음 만났던 활기찬 아기는 없었고, 반짝이던 생기는 완전히 사라져 버린 듯했다.

그럴 만했다. 담임 선생님은 미셸이 점심 도시락도 없이 더러운 옷을 입고 학교에 오고, 설상가상으로 음성 언어로든 수화로든 제대로 의사소통하지 못해 어려움을 겪고 있다는 얘기를 들려주었다. 미셸의 귀여운 얼굴을 들여다보면 청각 장애나 가난의 그림자가 보인다고 잘라 말하기는 어려웠다. 하지만 낭비된 잠재력이 안타깝게 느꺼진다는 점에는 의심의 여지가 없었다.

두 아기는 아주 비슷한 잠재력을 품은 채 나를 찾아왔지만 매우 다른 결과를 맞이했다. 물론 둘의 사회경제적 환경은 완전히 달랐다. 그러나 사회경제적 지위 탓에 말하는 법 자체를 배우지 못하는 아이는 없었다. "딱 들어맞는" 이 마법 같은 퍼즐 조각을 너무나 굳게 믿었던, 그리고 선천성 청각 장애아에게 열린 황금시대를 극찬했던 외과의로서 나는 큰 충격을 받고 겸허해졌다. 나아가 거기서 멈추지 않고 새롭게 각오를 다졌다.

히포크라테스 선서를 했다는 것은 수술을 마쳤을 때가 아니라 내 환자의 상태가 좋아졌을 때 내 의무가 끝난다는 뜻이었다. 그렇기에 나는 지금이야말로 수술실이라는 편안한 세계를 벗어나 밖으로 나갈 때임을 분명히 깨달았다.

언어 능력은 타고나는 걸까 길러지는 걸까?

시카고대학교에서는 노벨상 수상자를 포함해 여러 뛰어난 의학자와 사회과학자가 이 세상의 가장 까다로운 문제를 해결하려고 애쓰고 있다. 미리 말해 두지만 나는 그중 한 사람이었던 적이 없다. 내 세계는 수술실이었다. 내 궁극 임무는 인공와우를 이식해 청각 장애아에게 청력을 주고, 장치가 잘 작동하는지 확인하고, 포옹과 입맞춤을 해 주며 이제 다 괜찮아지리라 지레짐작하는 것이었다.

하지만 이 짐작은 한참 빗나갔다.

인간이 어떤 환경에서 태어나는지는 순전히 운에 달렸다. 무엇이 자신을 기다리는지 아는 채로 세상에 나오는 아기는 없다. 삶에서 무엇을 기대할 수 있을지 알려 주는 목록도 없고, 이쪽 단에서 하나, 저쪽 단에서 하나를 고르라고 적힌 메뉴판도 없다. 그런데 생애 첫날부터 우리가 통제할 수 없는 이 여러 요인이 인생 전반에 돌이킬 수 없는 영향을 미친다. 더불어 사회경제적 요인은 어린 시절 사랑받을지, 아이가 행복하고 만족스러운 삶을 살길 바라는 부모가 있을지, 풍부한 잠재력을 타고나는지와는 관계가 없지만 학력과 건강 상태, 질병 치료와는 명확한 관계가 있다.

나는 수술실을 벗어나 사회과학이라는 넓은 세계에 발을 들이면서 이 점을 배웠다.

"건강 불평등"과 "건강의 사회적 결정 요인"이라는 용어는 사실상 모든 질병이 가난하게 태어난 사람에게 유의미하게 더 심각한 영향을 미친다는 사실을 가리킨다. 암과 당뇨부터 나이가 들면서 후각을 잃는 후각노화증presbyosmia처럼 잘 알려지지 않은 문제에 이르기까지 말이다.

시카고대학교의 훌륭하고 명망 높은 동료들의 말에 귀 기울이며 나는 미셸의 문제가 미셸이 태어난 환경과 관련되어 있음을 이해하기 시작했다. 하지만 이 점을 깨닫자 다른 질문이 꼬리를 물었다. 그렇다면 딱히 해결책이 없다는 말인가? 그냥 어쩔 수 없다고 여기고 다른, 더 전도유망한 환자를 받아야 한다는 뜻인가? 자유의 여신상에 새겨진 "내게 보내다오, 지친 이들, 가난한 이들을 (……) 해안에 모인 가련하고 초라한 이들을"이라는 에마 래저러스Emma Lazarus의 시구를 읽은 사람이라면 다음 단계가 현실에 바탕을 둔 "불가피한 상황"을 받아들이는 것이라고 생각하지는 않을 것이다.

다음 단계는 해결책을 찾아내 "불가피한 상황"을 바꾸는 것이다.

외과의로서 사회 문제의 해법을 찾으려면 병원과 수술실이라는 편안한 담장을 떠날 수밖에 없다. 비유하자면 이는 달나라 여행을 계획하는 것과 약간 비슷하다.

출근길에 나는 종종 유서 깊은 고딕 양식 석조 건물이 줄지어 있고 조경이 아름다운 "쿼드Quad"라고 불리는 구역을 가로질렀다. "거인들"이라는 별칭으로 불리는 시카고대학교 과학자들이 생각하고, 가르치고, 연구하는 곳이었다. 그리고 바로 거기에서 미셸의 언어가 왜 생각대로 발달하지 않았는지, 그리고 더 중요하게는 어떤 식으로 도와야 했을지 나는 이해하기 시작했다. 복잡한 인간 행동을 규명하는 데 전념하는 사회과학자들이 모인 그곳에서.

둘 다 시카고대학교 심리학 교수로 "수전 자매"라고 불리는 수전 레바인Susan Levine과 수전 골딘-메도Susan Goldin-Meadow는 동료이자 오랜 친구며 바로 옆집에 사는 이웃이다. 40년 동안 이들은 아동의 언어 습득 과정을 이해하기 위해 함께 연구했다. 바로 이들이 내 눈을 떠워 주었다. 아니 그보다는 세상, 특히 언어 습득의 세계를 바라보는 새로운 렌즈를 제공해 주었다는 표현이 정확하겠다.

시카고의 혹독한 어느 겨울, 나는 수전 골딘-메도 교수의 학부 강의인 "아동 언어 발달 입문"을 청강했다. 흔히 병원 일이 늦게 끝나 서둘러야 했던 나는 녹색 수술복 위에 흰 가운을 걸치고 그 위에 길고 두툼한 패딩을 껴입은 채로 쿼드를 가로질러 종종걸음을 쳤다. 고풍스러운 강당에는 책상 달린 의자가 연단을 향한 깔때기 모양으로 급경사를 이루고 있었다. 거리가 가까우면 이제는 대학생들만큼 빠르게 반응하지 않는 내 뉴런이 보완되기나 할 것처럼 나는 대개 맨 앞줄에 앉았다. 그리고는 언어 습득에서 상반된 이론을 내놓은 놈 촘스키Noam Chomsky와 B. F. 스키너Burrhus Frederic Skinner를 두고 학생들이 벌이는 열띤 토론에 귀를 기울였다.

인간은 각각 뇌 속에 "언어 습득 장치"를, 즉 언어의 문법 규칙이 미리 저장된 하드디스크를 가지고 태어난다는 촘스키가 옳을까? 그의 주장대로 언어 학습은 우리가 타고나는 생물학적 운명일까? 이와 반대로 언어 학습은 타고나는 것이 아니라는, 단순히 사회에서 받아들여지는 언어 패턴을 사용하도록 인도하는 어른의 강화를 통해 아이가 언어를 배운다는 스키너가 옳을까?

이런 질문은 가르고 꿰매는 수술실 풍경과는 거리가 멀었지만 이제는 엄연히 내 세상의 일부였다. 나는 내가 아끼는 아이들을 돕는 데 필요한 통찰이 찾아오기를 기다리며 날카롭게 촉각을 곤두세웠다.

유전이 아니라 말이 학업 성취도를 결정한다

수전 골딘-메도의 강의가 아니었다면 내가 베티 하트Betty Hart와 토드 리즐리Todd Risley의 이름을 들을 일은 아예 없었을 게 틀림없다. 실제로 수업에서 두 사람 이름을 처음 들었을 때도 나는 그들이 내게 얼마나 큰 영향을 미칠지 전혀 몰랐다.

1960년대 캔자스대학교에서 아동심리학을 연구하던 베티 하트와 토드 리즐리는 저소득층 아동의 낮은 학업 성취도를 개선할 방법을 찾으려 했다. 어휘 집중 강화를 비롯해 이들이 짠 프로그램은 처음에는 효과가 있는 듯 보였다. 하지만 아이들이 유치원에 들어가기 전에 테스트를 시행한 결과 긍정적 효과는 이미 사라지고 없었다. 이유를 알아내려는 하트와 리즐리의 집념은 아동의 장기 학습 궤도에서 생애 초기 언어 환경이 차지하는 중요성을 이해하는 데 핵심이 되는 기념비적 연구라는 결실로 돌아왔다.

하지만 베티 하트와 토드 리즐리의 대단함은 단순히 연구 결과를 냈다는 것이 아니라 애초에 그런 연구를 시도했다는 데 있다. 당시 통념에 따르자면 공부를 잘하는 것은 머리가 좋아서였고, 공부를 못하는 것은 머리가 좋지 않아서였다. 더 논할 거리가 없었다. 가난 속에서 태어난 아이와 더 넉넉한 가정에서 태어난 아이 사이의 성적 격차는 오랫동안 바뀔 수 없는 사실로 받아들여졌다. 원인을 찾으려는 노력은 거의 없었다.

다들 정답은 "유전"이라고 생각했기 때문이다.

하트와 리즐리는 이 통념을 바꾸어 놓았고, 획기적 연구를 통해 "왜?"라는 중대한 질문에 다른 답을 찾아냈다. 이들은 연구에서 가난하게 태어난 아이의 언어 환경과 더 넉넉한 가정에서 태어난 아이의 언어 환경은 완전히 다르며, 이런 차이가 이후의 학업 성취도와 연관된다는 사실을 밝혀냈다. 게다가 사회경제적 지위가 낮은 가정의 아이는 그렇지 않은 가정의 아이에 비해 훨씬 적은 말을 들으며 자란다는 사실도 알아냈다. 차이점은 말의 양뿐이 아니었다. 하트와 리즐리는 말의 질, 즉 어떤 종류의 말이 어떤 방식으로 아이에게 전달되는지에서 중대한 차이점을 발견했다.

결국 핵심 차이는 사회경제적 지위가 아니라 언어 노출에 있다는 사실을 확인한 하트와 리즐리는 아이의 학업 성취도가 높은 경우와 낮은 경우 역시 유아기 언어 환경이 중요한 요인으로 작용한다는 것을 밝혀냈다.

원인은 바로 "말"이었다.

하트와 리즐리 덕분에 생애 초기 언어 환경의 중요성이 분명해졌다. 그리하여 아이가 태어나서부터 3세까지 듣는 말의 양과 질은 최종 학업 성취도에서 나타나는 현저하고 예측 가능한 격차와 관련되어 있다는 사실이 알려지기 시작했다.[7]

모든 아이가 잠재력을 꽃피울 기회를 얻어야 한다

하트와 리즐리의 연구에 참여한 아이들은 청력을 지니고 태어났지만 청력 없이 태어나 인공와우를 이식받은 아이들과 다를 바가 없었다. 인공와우 이식을 받고 언어가 풍부한 가정에서 자라는 아이들은 공부를 잘한다. 반면에 인공와우를 이식받았으나 적절한 언어 환경에서 자라지 못하는 아이들은 그만큼 잘하지 못한다.

여러 헌신적인 과학자의 연구 덕분에 나는 언어 발달에는 소리를 듣는 능력 외에 소리에 의미가 있음을 배우는 과정이 필요하다는 점을 이해하기 시작했다. 언어를 습득하려면 아이는 셀 수 없을 만큼 많은 말로 가득 채워진 세상에서 자라야만 한다.

나는 인공와우 이식 수술로 모든 환자에게 똑같이 듣는 능력을 되찾아 주었다. 그러나 대화 빈도가 낮고 반응을 끌어내려는 노력과 어휘의 다양성이 적은 가정에서 태어난 아이는 뇌의 회로를 연결하는 데 필수인 의미 있는 소리에 충분히 노출되지 못한다. 인공와우 이식은 실로 놀라운 기술이지만 빠진 퍼즐 조각은 아니다. 그보다는 그저 "부모의 말"이 지닌 놀라운 힘이라는 필수 퍼즐 조각으로 이어지는 길을 뚫어 주는 도관에 가깝다.

아이가 청력을 지니고 태어났든, 인공와우 이식으로 듣는 능력을 얻었든 상관없다. 적절한 언어 환경이 없으면 듣는 능력이라는 재능은 낭비될 뿐이다. 이런 언어 환경이 없으면 아이가 잠재력을 꽃피울 가능성은 적어진다.

나는 어떤 사회경제적 상태의 어떤 가정에서 태어났든 상관없이 모든 아기, 모든 어린이는 자기 잠재력을 최대로 발휘할 기회를 얻어야 마땅하다고 믿는다. 우리 모두 그렇게 되도록 노력해야 한다.

그리고 우리는 할 수 있다.

이것이 바로 이 책의 존재 이유다.

2장

3000만 단어의 기적

부모의 말이
아이의 학습 능력을 좌우한다

사려 깊고 헌신적인 소수의 사람이
세상을 바꿀 수 있음을 절대 의심하지 마라.
사실 이런 사람들만이 세상을 바꾸어 왔다.

— 마거릿 미드

실패로 끝난 어휘 강화 프로그램

캔자스주 캔자스시티 출신의 통찰력 있는 두 사회과학자 베티 하트와 토드 리즐리는 1982년 아주 단순한 의문을 품었다. 고위험군 미취학 아동의 입학 준비를 돕는 그들의 혁신적 프로그램은 왜 실패했을까? 어휘를 집중적으로 늘려서 아동의 학업 경쟁력을 높이도록 설계한 이 프로그램은 만연한 학력 격차 문제에 완벽한 해법이 될 것 같았다. 하지만 아니었다.

하트와 리즐리의 프로젝트에서 초기에 나온 결과는 고무적이었다. 아동의 학업 성취에서 언어가 차지하는 중요성을 잘 알고 있었던 하트와 리즐리는 철저한 어휘 교육을 프로그램에 포함했다. 목표는 뒤처진 어휘력을 끌어올려서 아이가 더 잘 준비된 또래와 동등한 수준으로 유치원에 들어가도록 하는 것이었다.

초반에 하트와 리즐리는 실제로 "새로운 어휘의 폭발적 증가"와 "누적 어휘 성장 곡선의 가파른 가속"이라는 유망한 결과를 얻었다.[1] 하지만 교육 프로그램의 결과로 아이들의 어휘가 부쩍 늘어났으나 실제 학습 궤도는 그대로라는 사실이 곧 분명해졌다. 아이들이 유치원에 들어갈 무렵에는 긍정적 효과가 사라져 유아기 집중 교육에 참여하지 않은 아이들과 아무런 차이가 없어졌다.[2]

해당 세대의 다른 많은 이들이 그랬듯 하트와 리즐리의 바람은 취학 전 교육으로 "가난의 굴레"를 깨는 것이었다.[3] 린든 존슨 대통령의 "가난과의 전쟁" 정책에 적극 참여한 이 두 학자는 "빈곤의 징후를 완화하는 데 그치지 않고 가난을 해소하고 더 나아가 가난을 방지하는"[4] 것을 목표로 삼은, 자기 시대를 대표하는 본보기였다.

답을 찾으려는 하트와 리즐리의 여정은 1965년에 시작되었다. 미국에서 인종 문제와 폭동이 연일 이어지던 시기에 이들은 빈곤층 아동의 학업 성취도를 대폭 개선하는 프로그램을 설계하기 위해 캔자스대학교 동료들과 합류했다. "주니퍼 가든스 아동 프로젝트Juniper Gardens Children's Project"로 불린 이 계획은 C. L. 데이비스 주류판매점 지하에 차려진 프로젝트 본부에서 출발했다.[5] 프로젝트의 최종 설계안은 "공동체 활동과 과학 지식"을 결합한 것이었다. 그리고 여기에는 아동의 입학 준비도와 학습 잠재력을 끌어올리는 것을 목표로 엄밀하게 짠 어휘 강화 교육이 포함되어 있었다.[6]

1960년대에 이 프로젝트를 담은 오래된 기록 영상인 〈선봉대—주니퍼 가든스 아동 프로젝트Spearhead—Juniper Gardens Children's Project〉는 지금도 유튜브에 올라와 있다.[7] 이 영상에서 젊은 시절의 토드 리즐리는 날렵한 검은 양복에 가느다란 넥타이를 매고 그들의 "실험실"인 어린이집으로 성큼성큼 걸어간다. 한 교실에서는 둥글게 모여 앉은 네 살짜리 아이들에게 젊은 베티 하트가 바닥에 무릎을 꿇은 채 미소를 머금고 열의에 찬 목소리로 책을 읽어 준다. 희망차게 흘러가는 화면 분위기는 "일상 경험을 개선함으로써 긴급한 사회 문제를 해결할 수 있다"라는 그들의 포부를 닮았다.

영상은 극적인 목소리로 힘주어 이렇게 말하는 해설로 마무리된다. "주니퍼 가든스의 선봉대는 공동체 연구를 통해 혜택받지 못한 지역의 어린이가 나라 전체의 풍요를 누리지 못하게 막는 걸림돌을 넘어서는 방법을 찾으려는 작은 첫걸음입니다."

주니퍼 가든스 아동 프로젝트의 실패는 쉽게 생각하면 당시 만연했던 통념대로 유전 또는 다른 변하지 않는 요인 탓으로 여겨질 수 있었다. 하지만 하트와 리즐리는 "일반 상식"을 태평하게 받아들이는 사람들이 아니었다. 그렇기에 프로젝트 결과를 사회 문제에 대한 최종 답으로 받아들이기를 거부하며 계속해서 실패 원인을 찾아내려고 애썼다.

이들이 설계한 연구 덕분에 비로소 아이가 공부를 잘하지 못하는 이유에 대한 통념이 잘못되어 있으며, 바뀔 수 없다고 여겨졌던 잠재력이 사실은 바뀔 수 있음을 이해하는 길이 열렸다.

아기의 일상생활에서 답을 찾아야 한다

스티브 워런Steve Warren은 베티 하트와 토드 리즐리를 "낭만주의자"로 묘사했다.[8] 현재 캔자스대학교 교수인 워런은 1970년대에 하트와 리즐리를 처음 만났을 때 젊은 대학원생이었다.

그는 "낭만주의자"라는 표현을 썼지만 "뜬구름 잡는" 낭만주의자라는 뜻은 아니었다. 가난과의 전쟁이 실패한 원인을 유전에 돌리는 일반 통념에 구애받지 않고 사회에서 소외당한 사람들을 포기하기를 거부하며 하트와 리즐리는 스스로 탐정이 되어 뿌리 깊은 문제를 해결하는 방법으로 이어질지 모르는 질문을 던졌다.

이들이 제기한 두 질문은 다음과 같았다.

□ 매주 깨어 있는 110시간 동안 영유아의 삶에는 어떤 일이 일어나는가?

□ 그 시간에 일어나는 일이 아이의 최종 성과에 얼마나 큰 영향을 미치는가?

이는 곧 놀라운 깨달음으로 이어졌다.

"세상에는 아기의 일상생활에 관한 논문이 전혀 없더라고요…….
하나도요……. 생각해 보면 정말 충격적인 일이죠."[9]

어쩌면 조금은 있었을지 모른다. 하지만 베티 하트와 토드 리즐리가 답 또는 해결책을 찾아 연구를 시작하기 전까지는 이런 연구를 하려는 동기 자체가 부족했던 듯하다.

무시되어 온 생애 초기 언어 노출

생애 초기 언어 노출이 아동의 최종 학업 성취도에 미치는 영향에 관한 하트와 리즐리의 통찰은 사회과학계 전체로 봐도 놀라운 진보였다. 동시대에 놈 촘스키와 B. F. 스키너가 언어 습득 문제를 두고 벌였던 유명한 논쟁인 "언어 전쟁"에서조차 언어 노출은 영향을 미치는 요인으로 전혀 고려되지 않았다.

지적 논쟁인 "언어 전쟁"은 언어 습득의 결정적 요인을 두고 인간의 뇌가 유전으로 프로그래밍되어 있다는 촘스키의 이론인 "본성nature"과 부정적 강화와 긍정적 강화로 "조작적 조건 형성"이 일어난다는 스키너의 이론[10]인 "양육nurture"이 대결하는 구도다. 가장 놀라운 점은 논쟁에서 "양육" 쪽에 선 스키너가 자기 이론에서 부모의 말에 의한 언어 노출을 언급조차 하지 않았다는 사실이다. 대신 스키너는 파블로프의 개나 "레버 누르는 쥐"와 비슷하게 보상과 처벌의 반복으로 인한 강화인 "조작적 조건 형성"으로 아동이 언어를 습득하게 된다고 주장했다.

한편 촘스키의 이론은 인간의 뇌에 유전으로 "언어 습득 장치"가 미리 깔려 있다는 쪽이었다. 그는 이러한 뇌의 "인코딩"이 유아의 빠른 언어 습득을 설명해 준다고 생각했다.[11] 스키너의 가설을 "터무니없다"라고 일축한 촘스키는 보상과 처벌처럼 단순하기 짝이 없는 이론으로는 유아가 어떻게 그토록 짧은 기간에 복잡한 문법을 습득하

는지를 설명할 수 없다고 강조했다.[12]

촘스키의 이론이 일반적으로 받아들여졌다는 사실은 인간의 삶에 타고난 형질이 미치는 영향이 널리 인정되었다는 뜻이다. 그 결과 언어 습득 결과에서 나타나는 격차를 탐구하는 데 관심을 보이거나 연구를 지원하려는 사람이 드물어졌다.[13] 언어 습득 연구는 주로 중산층 가정 영유아를 대상으로 이루어졌고, 그 결과가 전체 아동에게 일괄 적용되었다. 발달상 차이를 조사하려는 시도는 거의 없었다.[14]

내가 수전 골딘-메도의 아동 언어 발달 학부 강의를 청강하며 목격했던 열띤 토론이 증명하듯 논쟁은 오늘날까지 계속되고 있다. 그러나 지적 능력 발달에서 생애 초기 언어 노출이 차지하는 중요성에 관심을 불러일으킨 것은 오롯이 하트와 리즐리의 공이었다.

"과학 데이터로 좋은 일을 하라"[15]

하트와 리즐리는 둘 다 과학의 역할은 "공익을 위해 결과물을 제공하고" "인류에게 중요한 문제를 해결하도록" 돕는 것이라고 믿었다.[16] 하지만 둘은 여러 면에서 극과 극이었다. 사실 그들이 그렇게 혁신적이고 그리 보편적이지 않은 아이디어를 밀어붙여 전 세계에 널리 알려진 획기적 연구를 해낸 것은 매우 달랐던 둘의 성격 덕분인지 모른다.

"응용 행동 분석applied behavioral analysis"이란 과학으로 알아낸 인

간 행동의 특성을 사회 문제 해결에 적용하는 방식을 가리킨다. 이 분야의 선구자 중 한 사람인 발달심리학자 토드 리즐리는 인간의 행동이 교육으로 어떻게 달라질 수 있는지 이해하는 연구에 전념했다.

"토드의 천재성은" 평생 리즐리와 동료였던 제임스 셔먼James Sherman은 이렇게 말했다. "꿰뚫어 보는 데 있었다. (……) 어지럽게 얽힌 덩굴을 뚫고 (……) 문제의 핵심에 도달해 풀어내는 것이다."[17] 다시 말해 리즐리가 인간 행동이라는 미궁을 통과하는 길을 닦았다는 뜻이다.

한편 스티브 워런은 베티 하트가 "독특한 천재"라고 말했다.[18] 차분하고 수줍으며, 여윈 얼굴을 뒤덮을 정도로 큰 안경을 낀 하트는 1960년대에 토드 리즐리에게 배우던 대학원생이었다. 하트가 동료로 승격한 뒤에도 둘의 관계는 달라지지 않았다. 연구 파트너가 되었지만 여전히 하트는 리즐리를 "박사님"이라고 불렀다.

하지만 그녀의 공붓벌레 같은 얌전한 겉모습 아래에는 세부 사항과 정확한 데이터에 끈질기게 매달리는 끈기가 있었다. 이 덕분에 두 사람의 연구는 이상에서 현실로 나아갈 수 있었다. 1982년 토드 리즐리는 캔자스시티를 떠나 자기 가족이 4대째 대를 이어 살아 온 터전인 알래스카 "리즐리산"으로 돌아가 앵커리지에 있는 알래스카대학교 심리학 교수로 취임했다. 그가 떠나자 매일 계속해야 하는 연구 책임은 고스란히 베티 하트의 몫이 되었다.

놀라운 발견: 아이가 듣는 단어 격차

다양한 사회경제 계층의 42개 가정이 하트와 리즐리의 연구 대상으로 선정되었다. 이들의 자녀는 9개월부터 3세까지 추적 관찰을 받았다.[19] 사회경제적 수준은 가족의 직업, 엄마가 받은 교육의 총 햇수, 부모의 최종 학력, 부모가 밝힌 가계 소득을 기준으로 정했다. 분류 결과 사회경제적 수준이 "상위"인 가정이 13개, "중위"가 10개, "하위"가 13개였고, 여기에 생활 보장 대상 가구 6개가 추가되었다. 모든 가정에 적용되는 전제 조건은 전화가 있는지, 거주할 집이 있는지, 예측 가능한 미래에 한곳에 머무를 생각인지 등을 포함한 "안정성" 또는 "지속성"이었다.[20]

원래 연구에는 50개 가정이 참여했다. 하지만 4개 가정이 멀리 이사하고 다른 4개 가정이 "관찰에서 자주 빠져 이들의 자료는 집단 분석에 포함할 수 없게" 되었기에 숫자가 줄어들었다. 지금 생각하면 사실 이 가족들도 자료 분석에서 중요한 부분집합 역할을 했을 가능성이 있었다.

자신들이 과학에서 새로운 길을 개척하고 있음을 알았기에 하트와 리즐리는 모든 것을 철저히 기록하기로 했다.

"우리는 유아의 일상 경험 전체에서 정확히 어떤 측면이 (……) 어휘 발달에 기여하는지 알지 못했으므로 많은 정보를 수집할수록 (……) 우리가 뭔가를 알아낼 가능성이 컸다."[21]

연구는 3년간 계속되었다. 이 3년 동안 1개월에 1번씩 1시간 동안 관찰을 맡은 연구원이 "아이가 한, 아이에게 한, 아이 주변에서 한" 모든 것을 녹음하고 메모해서 기록했다.[22] 기록에 따르면 하트와 리즐리가 꾸린 팀은 연구에 너무 헌신적이었던 나머지 연구 기간 내내 아무도 단 하루의 휴가조차 내지 않았다고 한다.[23] 3년간의 고생스럽고 상세한 관찰이 끝나고 자료 분석에 추가로 3년을 더 들인 뒤에야 하트와 리즐리는 "마침내 이 모두가 무슨 뜻인지 이론을 세울 준비가 되었다."[24]

몇 초면 답이 뚝딱 나오는 컴퓨터 시대에 사는 우리로서는 하트와 리즐리의 팀이 자료를 분석하느라 3년을 썼다는, 그러니까 2000시간을 더 일해야 했다는 사실이 믿기 어려울 지경이다.[25]

분석은 대부분 베티 하트가 도맡았다. 리즐리는 하트를 "감독"이라고 표현한[26] 적이 있지만, 내가 보기에 그녀는 숨은 영웅이었다. 자료 수집과 분석 양쪽에서 발휘된 하트의 헌신적 근면함은 영유아기 발달 분야에서 가장 중요하기로 손꼽히는 연구가 성공리에 완결되는 데 결정적 역할을 했다. 하트와 리즐리는 함께 일할 때 진정한 "천재성"이 드러난다는 것을 보여 주는 증거다. 그러나 나는 베티 하트가 없었다면 연구가 아예 완성될 수 없었다고 생각한다.

하트와 리즐리의 연구 목표는 차이점을 찾는 데 있었다. 그런데 이들이 찾아낸 가장 놀라운 사실은 사회경제적 지위가 각기 다른 가정에서 나타나는 유사점이었다. 하트와 리즐리는 이렇게 말했다. "발달 과정을 거칠 때는 모든 아이가 비슷해 보인다. 한 가정에서 한 아이가 말문이 트이면 우리는 곧 다른 아이들도 똑같은 행동을 보이리라는 사실을 알 수 있었다."[27]

부모 또한 비슷하기는 마찬가지였다. 부모가 "일반 문화 기준에 맞춰 아이를 사회화하는" 시기에는 "아이를 키우는 모든 가정은 비슷해진다." 하트와 리즐리의 보고서에 따르면 어떤 사회경제 집단에 속해 있든 모든 부모는 "'고맙습니다'라고 말해야지" "응가하고 싶어?" 같은 말을 하고, 자율적 존재를 키워 내는 어려운 일에 애를 먹으며 옳은 일을 하려고 애썼다.[28]

하트와 리즐리는 "우리가 놀란 점은 (……) 모든 부모가 자연스럽고 능숙했으며 우리가 언어 학습에 최적 조건이라고 여긴 규칙성을 보여 주었다는 것이다"라고 썼다.[29] 결국 연구에 참여한 아이는 모두 "말하는 법과 사회적으로 적절한 가족 구성원이 되는 법을 배웠고 (……) 어린이집에 들어가는 데 필요한 기본 기술을 전부 갖췄다."[30]

그런데 자료를 살펴보자 이런 확실한 공통점 못지않게 차이점 역시 분명히 드러났다. 처음부터 눈에 띄었던 차이는 각 가정에서 아이가 듣는 단어의 수였다.

"단 6개월 만에 (……) 관찰자들은 각 가정의 대화를 받아쓰는 데 걸리는 시간을 예측할 수 있었고, 침묵이 잦은 가정과 '말이 많은' 가정을 번갈아 방문하기 시작했다."[31] 1시간씩인 방문 중에 관찰자들은 아이와 40분 이상 상호작용하는 가정이 있는 반면 20분 이하인

가정이 있다는 사실을 알아냈다.[32]

차츰 누적되자 이 격차는 엄청나게 커졌고, 사회경제적 지위와의 관계 또한 명확히 드러났다.

1시간 동안 사회경제적 지위가 높은 가정의 아이는 평균 2000단어를 들었고, 생활 보장 가정의 아이는 600단어를 들었다.[33] 부모가 아이에게 보이는 반응의 차이도 놀라웠다. 1시간 동안 최상위 가정 부모는 아이에게 250번 반응했고, 최하위 가정 부모는 50번 이하의 반응을 보였다.[34] 그러나 가장 중요하고 가장 우려스러운 차이는 긍정적 표현이었다. 최상위 가정의 아이들은 1시간에 약 40번 긍정적 표현을 들었다. 생활 보장 가정의 아이는 약 4번이었다.[35]

이런 비율은 연구 내내 일관성 있게 유지되었다. 관찰을 시작하고 첫 8개월 동안 부모가 아이에게 한 말의 양을 보면 아이가 세 살이 되었을 때 부모가 아이에게 할 말의 양을 예측할 수 있었다. 달리 말해 연구 시작 시점부터 종료 시점까지 말을 많이 하던 부모는 계속 그렇게 했고, 그러지 않았던 부모는 아이의 말문이 트인 뒤에도 아이와 언어 상호작용을 늘리지 않았다는 뜻이다.

이 자료는 매우 중요한 다음 질문에 대한 답을 제시했다. "아이의 최종 학습 능력은 생애 초기 몇 년간 들었던 말과 관련이 있는가?" 3년에 걸친 고된 분석 끝에 의심할 여지가 없는 답이 나왔다. 뚜렷한 관련이 있었다.

당시 통념과는 달리 사회경제적 지위, 인종, 성별, 출생 순서는 아이의 학습 능력에 결정적 영향을 미치는 요인이 아니었다. 상위 계층이든 하위 계층이든 같은 집단 내에서도 언어 사용 양상은 서로 다르게 나타났기 때문이다.

아동의 향후 학습 궤도를 결정하는 핵심 요인은 생애 초기 "언어 환경"에, 즉 부모가 아이에게 어떤 식으로 얼마나 많이 말하는지에 달려 있었다. 가정의 교육이나 경제 상황과 관계없이 부모가 말을 많이 하는 가정에서 자라는 아이는 학습 성과가 더 좋았다. 너무나 간단한 문제였다.

연구 결과는 이랬다

13~36개월[36]

전문직 가정 아동이 듣는 말	시간당 발화 487회
노동자 계층 가정 아동이 듣는 말	시간당 발화 301회
생활 보장 가정 아동이 듣는 말	시간당 발화 178회

1년 추정치[37]: 압도적 격차[38]

전문직 가정 아동이 듣는 말	연간 11,000,000단어
생활 보장 가정 아동이 듣는 말	연간 3,000,000단어
격차	연간 8,000,000단어

누적 격차는 무려 3000만 단어[39]

3세까지 아동이 듣는 단어의 수[40]

전문직 가정 아동이 듣는 말	45,000,000단어
생활 보장 가정 아동이 듣는 말	13,000,000단어
격차	32,000,000단어

3세 아동의 어휘 수 격차

전문직 가정 아동	1,116단어
생활 보장 가정 아동	525단어
격차	591단어

언어 격차는 실제로 아이에게 어떤 차이를 낳을까?

☐ IQ

☐ 어휘

☐ 언어 처리 속도

☐ 학습 능력

☐ 성공에 필요한 능력

☐ 잠재력을 최대로 실현하는 능력

모든 사고와 학습의 기초가 되는 인간의 뇌에서는 태어나서 처음 3년 동안 기본 신경망 구성이 거의 끝난다. 이제는 엄밀한 과학 연구 덕분에 두뇌의 적절한 발달이 언어에 크게 의존한다는 사실이 널리 알려졌다. 유아에게 얼마나 많은 단어가 어떤 식으로 전달되는지는 두뇌 발달을 좌우하는 요인이다. 이 사실은 이루 말할 수 없을 정도로 중요하다. 이 시기에 방치되면 기회는 영영 사라질 가능성이 크기 때문이다.

자료를 검토한 하트와 리즐리는 유아기에 언어가 아이에게 뚜렷한 영향을 미치며, 특히 열악한 언어 환경이 어휘 습득 등의 발달에 부정적으로 작용한다는 점을 확인했다. 더욱 중요한 것은 언어가 3세 무렵의 IQ에 영향을 미친다는 증거였다.[41]

"거의 예외 없이 부모가 아이에게 더 많이 말할수록 아이의 어휘 성장이 빨라졌고, 3세 무렵과 그 이후 아동의 I. Q. 테스트 점수가 더 높게 나왔다."[42]

하지만 말의 양은 방정식의 일부일 뿐이었다. 아이가 들은 단어의 개수는 중요했다. 그런데 이때 명령과 금지는 아이의 언어 습득 능력을 오히려 억누르는 경향을 보였다.

"아이와 부모의 상호작용이 부모의 '안 돼' '하지 마' '그만해' 같은 명령문으로 시작되면 아이의 발달 속도가 현저히 떨어진다는 사실이 확인되었다."[43]

언어 습득과 IQ에 영향을 미치는 것으로 보이는 요소는 2가지 더 있었다. 첫째 요소는 아이가 듣는 어휘의 다양성이었다. 어휘 다양성이 부족할수록 3세 무렵 아이의 발달이 늦었다. 둘째 요소는 가족의 대화 습관이었다. 하트와 리즐리는 부모가 적게 말하면 아이 역시 말수가 적다는 사실을 밝혀냈다.

"우리는 모든 아이가 성장해서 자기 가족과 비슷한 방식으로 말하고 행동하게 된다는 점을 알아냈다."[44] 심지어 "아이는 말하는 법을 배우고 가정에서 들은 것보다 더 많이 말하는 데 필요한 기술을 갖춘 뒤조차 말이 많아지지 않았고, 이들이 말하는 양은 가정에서 들었던 양과 똑같았다."[45]

하트와 리즐리는 언어가 학습에 미치는 영향을 어느 정도 짐작하고는 있었다. 하지만 이 예측이 얼마나 정확했는지 알고 나서는 스스로 깜짝 놀랐다.

6년 뒤 이들과 동료인 데일 워커Dale Walker 교수는 실험에 참여했던 아동들을 다시 검사했다. 그 결과 생후 3년까지 아이가 노출된 언어의 양이 9~10세 무렵의 언어 능력과 학교 시험 점수까지 예측한다는 사실을 확인했다.[46]

언어, 학교 성적, IQ에 가장 큰 영향을 미치는 요인은 사회경제적 지위가 아님을 밝힌 이 연구 결과는 지극히 중대한 의미를 지닌다. 하트와 리즐리의 기념비적 연구는 나중에 통계를 토대로 "학업 성취도 격차achievement gap"라고 알려지는 현상의 근본 원인이 생애 초기 언어 노출의 차이에 있음을 증명했다.

언뜻 보면 이들의 자료는 사회경제적 지위를 원인으로 지목하는 것처럼 보인다. 그러나 자세히 살펴보면 진짜 원인은 생애 초기의 언어 경험이며, 이 언어 환경은 사회경제적 지위와 관련이 있는 경우가 많으나 늘 그렇지는 않다는 사실을 알 수 있다.

하지만 아마 이들이 알아낸 사실 가운데 가장 중요한 것은 아이들의 학업 성취도 격차가 심각한 문제일지라도 잘 설계된 프로그램으로 개선될 여지가 있다는 점이 아닐까 한다.

이 연구 결과를 믿어도 될까?

나는 내 친구이자 연구 동료로서 빈곤의 원인과 결과를 주로 연구하는 라이스대학교 경제학 부교수 플라비오 쿠냐Flávio Cunha 박사에게 이 연구 결과를 신뢰할 수 있는지 물었다.

주변에서 명석하다는 평을 듣는 경제학자 플라비오 쿠냐는 알고 보면 성격마저 좋은 멋진 사람이다. 노벨 경제학상 수상자이자 유아 교육에 투자되는 막대한 사회적 비용의 절약 가능성을 과학으로 증명한 제임스 헤크먼James Heckman 교수의 제자인 쿠냐는 하트와 리즐리의 연구를 다음과 같이 평가했다.[47]

그가 보기에 이 연구의 문제는 하트와 리즐리가 31시간 분량의 녹음 자료만으로 아이의 어휘 전체를 가늠했다는 데 있었다. "이건 마치 당신이 쓴 책만을 근거로 거기 쓰인 단어가 당신의 어휘 전체라고 말하는 거나 마찬가지예요." 더불어 그는 모든 녹음이 일정 시간 동안 진행되었으나 원래 말수가 적은 아이도 있으므로 이런 아이가 실제로 얼마나 많은 단어를 아는지 정확히 파악하기란 불가능하다고 지적했다. 또한 부모의 말이 미치는 영향을 가늠하는 것이 중요하다고 했다. 부모가 말을 많이 하는 가정에서는 아이 역시 더 많은 반응을 보이고, 부모가 말을 적게 하면 아이 역시 말을 적게 할 가능성이 크기 때문이다. 이 점을 생각하면 녹음 내용은 획득한 어휘 수를 반영한다기보다 부모의 말이 아이의 말을 유도한다는 증거에 가깝다고 볼 수 있다.

하지만 쿠냐는 2가지 중요한 요소가 하트와 리즐리의 연구 결과에 신빙성을 부여한다고 판단했다. 첫 번째는 대표 지능 검사법인 스탠퍼드-비네Stanford-Binet 방식을 비롯해 공신력 있는 방법으로 지적 발달을 측정했다는 점이다. 더 중요한 두 번째는 한참 뒤 후속 자료를 수집해 연구 결과를 뒷받침했다는 점이다. 유아기 언어 노출이 학업 준비도와 장기 성취에 미치는 영향이 확인되었다는 사실은 하트와 리즐리의 연구와 결론을 확실히 증명해 준다.

그렇지만 겨우 42명의 아이를 1개월에 단 1시간씩 고작 2년 반 동안 관찰한 연구에서 이렇게 강력한 결론이 나온다는 것이 정말로 가능한 일일까? 아이마다 31시간씩 녹음한 분량이 과연 이 아이가 깨어 있었던 1만 5000시간을 대표한다고 할 수 있을까? 게다가 이 31시간이 정말로 이 아이의 미래를 예측할 수 있단 말인가?

아니면 이 또한 세상에는 "거짓말, 새빨간 거짓말, 통계"라는 3가지 거짓말이 있다고 했던 마크 트웨인의 말에 해당하는 것일까?

하트와 리즐리의 전체 연구 목표는 아이가 성장한 뒤의 학교 성적과 관련된 요인이 유아기에 있는지 살펴보고, 만약 그렇다면 잘 설계한 프로그램으로 아동의 최종 학업 성취를 개선하는 개입이 가능한지 알아보는 것이었다. 더 구체적으로 말하면 그들은 사회경제적 지위가 높은 가정에서 자라는 아이의 유아기 경험 가운데 아이가 탁월한 성적을 내도록 올바른 궤도에 올려 주는 어떤 요인, 더불어 빈곤층 아동의 가정 환경에는 빠져 있는 어떤 요인이 존재하는지 알아내고자 했다.

처음에는 실제 연구 범위를 한참 넘어설 만큼 자료를 광범위하게 해석하는 것에 대한 우려가 있었다. 이들의 소논문 〈유아기의 격변 The Early Catastrophe〉에 인용된 대로 "연구자들은 연구 범위에 포함되지 않는 사람과 환경에까지 연구 결과를 확장해 해석하는 것을 경계"한다.[48] 하지만 결국 하트와 리즐리는 자신들이 수집한 자료에 따르면 유아기 언어 경험이 아동의 향후 학업 성취를 예측하는 지표며, 문제 개선 프로그램을 설계하는 데 필요한 실마리까지 제공한다는 점이 증명된다는 데 뜻을 모았다.

사실 하트와 리즐리는 오히려 자신들이 알아낸 사실의 중요성을 과소평가했는지 모른다. "지속성"과 "안정성"을 연구 참여의 필요조건으로 지정함으로써 이들은 결과적으로 사회학자 윌리엄 줄리어스

윌슨William Julius Wilson이 "진정한 약자"[49]라고 불렀던 사회 계층을 배제했다. 1990년 언어인류학자 셜리 브라이스 히스Shirley Brice Heath는 이 계층 아이들이 "공공 임대 주택에서 홀어머니와 함께 (……) 거의 완전한 침묵 속에서" 살아간다고 묘사했다.[50] 이 사회 계층이 연구에 포함되었더라면 하트와 리즐리가 찾아낸 단어 격차는 3000만을 가볍게 넘었을지 모른다.

말의 양과 질 둘 다 중요하다

군이 과학을 동원하지 않아도 "입 다물어"라고 3000만 번 말하는 것은 아이가 지적이고 창의적이고 안정된 어른으로 성장하는 데 도움이 되지 않으리라는 점은 누구나 본능적으로 안다. 하트와 리즐리는 이 점을 확인해 주었다.

말의 양이 많은 가정에는 언어의 풍부함, 복잡성, 다양성을 비롯한 부가 요인 역시 존재했다. 지극히 중요한 또 하나의 특징인 긍정적 피드백도 관찰되었다. 이런 가정의 아이들이 듣는 말은 훨씬 긍정적이고 고무적이었다. 이렇듯 양과 질이 모두 중요함을 깨달았기에 하트와 리즐리는 자신들의 저서에 《의미 있는 차이Meaningful Differences》라는 제목을 붙였는지 모른다.

하트와 리즐리의 연구는 또한 "말을 더 많이 하는 가족은 그냥 자연스럽게 더 풍부한 언어를 사용하는가?" 하는 질문에 답을 제시했다. 이들의 자료는 실제로 말의 양이 많아지면 질이 자연히 따라오며 부모가 더 많이 말할수록 어휘가 더 풍부해진다는 사실을 보여준다. 다시 말해 부모가 말을 더 많이 하도록 장려하면 부모의 사회경제적 지위와는 상관없이 언어의 질이 거의 반드시 좋아진다는 뜻이다.[51] 리즐리는 이렇게 말했다. "우리는 (……) 부모가 자녀에게 (……) 다른 식으로 말하도록 유도할 필요가 없다. 그저 더 많이 말하도록 돕기만 하면" 나머지는 자연스럽게 해결될 터였다.[52]

영유아의 언어 습득 방식에 초점을 맞춰 연구하는 템플대학교 심리학 교수 캐시 허시-파섹Kathy Hirsh-Pasek과 델라웨어대학교 교육학 교수 로버타 골린코프Roberta Golinkoff 또한 언어의 질이 중요함을 확인했다. 이들은 동료 교수인 로런 애덤슨Lauren Adamson, 로저 베이크먼Roger Bakeman과 함께 언어의 질이 아이를 다양한 단어에 노출하는 중요한 역할을 한다는 점을 밝혀냈다. 이는 허시-파섹 교수가 유아기 언어 습득에서 "의사소통의 토대"라고 부르는 부분에서 핵심이 되는 요소다. 허시-파섹이 "대화의 이중주"에 비유한 이 토대는 엄마와 아이가 공유하는 상호작용에서 가족의 사회경제적 지위와 관계없이 나타나는 중요한 3가지 특징으로 구성된다.

▫ **상징을 활용한 공동 관심**: 엄마와 아이가 의미 있는 단어와 몸짓을 사용하며 함께하는 활동
▫ **대화의 유창함과 유대감**: 엄마와 아이를 연결해 주는 상호작용의 흐름

□ **습관과 규칙**: 예를 들어 서로 번갈아 차례를 지키는 놀이, 또는 식사나 잠자리에 들기처럼 체계화된 일상 활동

자신의 연구는 해당 분야에서 수많은 학자가 내놓은 연구 결과를 참고한 결과물이라고 강조한 허시-파섹 박사는 이러한 대화의 구성 요소가 함께 작용해 언어 학습에 최적화된 환경을 만들어 낸다고 설명한다.

자연스러운 잡담의 중요성

하트와 리즐리는 《의미 있는 차이》에서 말의 양을 다루는 데 그치지 않고 말의 기능을 "실용형 대화business talk"와 "부가형 대화extra talk"로 구분했다. 실용형 대화는 "일상 활동이 완료되게" 하고 삶이 계속 진행되게 하는 데 필요한 말, 부가형 대화는 자연스러운 "잡담", 꼭 필요하지는 않으나 있으면 좋은 말을 가리켰다.[53]

□ **실용형 대화**: "내려와." "신발 신어." "남기지 말고 먹어."
□ **부가형 대화**: "나무가 정말 크네!" "이 아이스크림 맛있다." "우리 아들 다 컸네!"

이런 "부가형 대화"인 일상 잡담이 마땅히 받아야 할 관심을 받게 된 것 또한 하트와 리즐리의 공이었다. 그때까지는 엄마가 신선하고

빨간 사과를 먹는 두 돌 아기에게 사과가 "아삭아삭"할 거라고 재잘재잘 말을 걸거나 아기 기저귀를 갈며 "이 귀엽고 냄새나는 아기는 대체 누구네 아기?"라고 엉터리 노래를 흥얼거리는 데 주목한 사람은 아무도 없었다. 하버드대학교 교수 캐서린 스노Catherine Snow처럼 선견지명 있는 일부 사회과학자를 제외하면 그랬다.

그런데 하트와 리즐리는 바로 이 부분에서 유아기 언어 환경의 유의미한 차이점을 발견했다. 가정의 사회경제적 수준이 어떻든 모든 아이는 일상 활동을 해야만 했고, 이는 곧 "앉아" "이제 자" "저녁 먹어" 같은 말을 들었다는 뜻이다. 하지만 모든 아이가 아동의 발달에 엄청난 풍성함을 더해 주는 자연스러운 말장난, 재미로 주고받는 말을 경험하는 것은 아니었다.

여기서 밝혀진 사실이 하나 더 있었다. 어떤 사회경제 계층에 속해 있든 부모가 시작하는 모든 종류의 대화 횟수는 비교적 비슷했다. 그러나 대화의 지속성, 즉 말을 주고받는 횟수에서는 사회경제적 지위에 따른 격차가 뚜렷이 나타났다. 사회경제적 지위가 높은 부모는 자신이 시작한 언어 상호작용을 계속 이어 나가는 경향을 보였다. 반면 소득이 낮은 부모는 말을 시작하고 바로 멈췄다.[54] 발화 1번에 반응 1번으로 끝이었다.

"부가형 대화"에 담긴 것은 폭넓은 두뇌 발달에 필요한 양분이므로 이러한 차이는 매우 중요했다. 하트와 리즐리는 부모와 자녀 사이에서 지속되는 이 언어 상호작용을 "사회적 춤social dance"이라고 부르면서, 스텝에 해당하는 각각의 반응은 아이의 지적 발달을 한층 강화하는 언어 복잡성을 늘려 준다고 보았다.

긍정과 격려 대 금지와 비판의 차이

하지만 내가 보기에 가장 중요한 차이는 긍정적인 말과 금지하는 말, 즉 "잘했어!"와 "그만해!" 같은 표현의 사용에 있었다.

사회경제적 지위가 높은 부모 역시 아이를 꾸짖지만 사회경제적 지위가 가장 낮은 계층 부모와 비교하면 빈도가 훨씬 낮았다. 빈곤 가정 아이들은 전문직 가정 아이들보다 부정적인 말을 시간당 2배 이상 많이 들었다. 그리고 이런 차이는 아이가 듣는 전체 단어 수의 차이로 인해 더욱 두드러졌다. 이 아이들이 듣는 전체 단어 수 자체가 적으므로 금지하는 부정적 단어 대 고무하는 긍정적 단어의 비율은 사회경제적 지위가 낮은 가정에서 훨씬 높을 수밖에 없다.[55]

하트와 리즐리의 연구에서는 사회경제적 지위가 낮은 가정의 아동이 더 부유한 가정의 아이들보다 "네 말이 맞아!" "잘했어!" "넌 참 똑똑해!" 같은 격려의 말을 훨씬 적게 듣는다는 사실도 밝혀졌다. 전문직 가정 자녀는 긍정적인 말을 1시간에 약 30번 들으며, 이는 중산층 가정 아동의 2배, 그리고 안타깝게도 생활 보장 가정 아동의 5배에 해당했다.[56]

1년 동안 아이가 듣는 "착하구나 / 네 말이 맞아" 대 "못됐구나 / 네 말은 틀렸어"[57]

	긍정적인 말	금지하는 말
전문직 가정 아동이 듣는 횟수	166,000	26,000
노동자 계층 가정 아동이 듣는 횟수	62,000	36,000
생활 보장 가정 아동이 듣는 횟수	26,000	57,000

생활 보장 가정에서 아이가 듣는 칭찬과 비판의 비율이 전문직 가정과 비교해 반대로 뒤집혀 있다는 점에 주목하자. 하트와 리즐리는 이 숫자를 4세까지로 확장해 계산했다.

4세까지 아이가 듣는 "착하구나 / 네 말이 맞아" 대 "못됐구나 / 네 말은 틀렸어"[58]

	긍정적인 말	금지하는 말
전문직 가정 아동이 듣는 횟수	664,000	104,000
노동자 계층 가정 아동이 듣는 횟수	104,000	228,000

이 차이를 더 실감하고 싶다면 당신 자신이 이 2가지에 어떤 영향을 받을지 생각해 보자.

네 말은 틀렸고, 너는 나쁘고, 제대로 하는 일이 하나도 없다는 말을 끊임없이 반복해서 들으면 어떻게 될까? 부모가 실제로는 아무리 당신을 사랑한다고 한들 이런 유아기 성장 환경은 극복하기 어려울 수밖에 없다.

"넌 아무 가치가 없어"란 말을 끊임없이 듣는다면?

시카고대학교 부설 차터스쿨Charter School(대안학교 성격을 지닌 공립 학교-옮긴이)의 정력적인 CEO인 셰인 에번스Shayne Evans는 "자기 확신 격차belief gap"가 빈곤층 아동의 낮은 학업 성적에서 가장 중요한 요인이며, 이는 끊임없이 무능함을 지적당한 결과라고 말한다.

누군가가, 특히 당신이 믿을 수밖에 없는 사람이 끊임없이 당신에게 "넌 아무 가치가 없어"라고 말한다면 당신은 자신의 가치가 얼마나 된다고 여기게 될까? 셰인 에번스는 아이들이 자기 부모뿐 아니라 학교 시스템에서, 교사에게서, 사회 전체에서 이런 말을 듣는다고 지적한다.

에번스는 이런 학생들에게 "새로운 표준"을 만들어 주는 것을 자기네 학교의 목표로 삼았다. 모든 학생에게 대학 졸업을 당연한 듯 기대하는 환경에서 에번스는 사회경제적 지위나 가정 환경 문제, 기타 전형적인 학습 저해 요인과 관계없이 아이들이 "모든 장애물을 뛰어넘도록 돕는 것이 교육자로서 우리가 할 일"이라고 강조한다.[59]

알아두어야 할 점

하트와 리즐리의 연구에서 최상위 가정과 생활 보장 가정의 격차는 매우 극적이다. 그런데 이 격차는 고소득 가정에서 중간소득, 저소득 가정을 거치면서 단계별로 점점 커지며, 결국 생활 보장 가정에 이를 때까지 차곡차곡 쌓여 충격적인 차이로 나타난다는 점에 주목할 필요가 있다. 전문직 가정과 중간소득 가정의 차이는 "3000만 단어"라는 극단에는 이르지 않았다. 그러나 여전히 엄청난 숫자인 2000만 단어였다.

여기서 얘기하는 3000만 단어는 서로 다른 단어 3000만 개가 아니라는 것 또한 짚고 넘어가야 한다. 《웹스터 뉴 인터내셔널 사전 3판》의 수록 단어가 34만 8000개, 《옥스퍼드 영어 사전》이 29만 1000개밖에 되지 않는다는 사실을 고려할 때 서로 다른 3000만 단어는 불가능에 가까운 양이다. 어쨌거나 여기서 말하는 단어 수는 반복되는 것까지 포함해 아이가 들은 단어의 전체 개수를 가리킨다.

하트와 리즐리는 그들이 간단히 무시당할 수 있었던 환경에서 길을 개척했다. 이들은 생애 초기 언어가 아동의 인생에 미치는 영향, 그리고 넉넉한 가정에서 자란 아이와 가난 속에 태어난 아이 사이의 심각한 격차에 관한 중요한 과학 이야기의 첫 문장을 쓴 장본인이었다.

결국 하트와 리즐리는 그들의 원래 목적을 이루었다. 다시 말해 위험에 처한 아동이 안정되고 창의적으로 자라나 잠재력을 온전히 발휘하고 자기 삶의 경로를 바꿀 수 있도록 돕기 위해 출생 직후부터 적용할 학습 프로그램을 짜려면 무엇이 필요한지 알아내는 데 성공했다.

뇌의 언어 처리 속도 차이가 학습 능력을 좌우한다

주니퍼 가든스 프로젝트에 참여했던 아이들의 성적이 좋아지지 않았던 이유는 무엇일까? 스탠퍼드대학교 심리학 교수 앤 퍼널드 Anne Fernald의 언어 처리 연구는 이에 대한 근본 원인을 제시한다. 퍼널드는 3000만 단어라는 격차가 두뇌 발달과 밀접하게 연관되어 있음을 보여 준다.

주니퍼 가든스의 아이들에게 어휘를 쏟아부었을 때 하트와 리즐리는 아이들의 어두운 학업 전망을 개선할 방법을 찾은 것처럼 보였다. 프로젝트 초반의 분위기는 매우 유망했다. 그러나 초반뿐이었다. 결국 학교에 들어갈 무렵 이 아이들은 다른 위험군 아동과 별 차이가 없었다.

당시 하트와 리즐리가 이해하지 못했고 연구를 마치고 나서야 알게 되었던 것은 아직 4~5세였지만 이 아이들이 이미 열악한 생애 초기 언어 환경에 부정적 영향을 받은 뒤였다는 사실이다. 아이들의 두뇌에 단어를 쏟아부을 수는 있었지만 이는 아이들의 학습 능력을 개선하지 못했다. 왜일까? 바로 열악한 유아기 언어 환경이 뇌의 언어 처리 속도에 영향을 미쳤기 때문이다.

퍼널드 교수의 설명에 따르면 뇌의 언어 처리 속도란 사람이 이미 아는 단어에 얼마나 빨리 "다가가는지", 다시 말해 얼마나 빠르게 단어를 익숙하다고 느끼고 의미를 이해하는지를 가리킨다. 이를테면 당신에게 새 그림과 개 그림을 보여 주면서 새를 바라보라고 요청하면 당신이 개가 아닌 새를 바라보는 데 얼마나 걸릴까 하는 것이다.

이는 학습에서 필수 과정이다. 사실 이미 아는 단어를 인식하려고 애써야만 한다면 그다음에 오는 단어 역시 놓치게 되어 학습이 몹시 어려워지므로 언어 처리 속도의 중요성은 2배가 된다.[60]

어느 정도 아는 외국어로 대화할 때를 떠올리면 이해하기 쉽다. 앤 퍼널드는 실제로 프랑스어 수업에서 전부 A를 받은 뒤 프랑스를 방문한 미국 학생의 예를 들었다. 파리에서 방금 만난 누군가와 대화를 시작하고, 이 대화가 프랑스어 선생님의 익숙하고 느긋한 속도 대신 원어민의 자연스러운 속도로 흘러갈 때 학생은 절반쯤만 익숙한 각 단어에 "매달려야만" 의미를 "알아들을" 수 있다는 사실을 깨닫는다. 그런데 단어의 의미를 "알아들었을" 때쯤이면 이미 대화는 다음 문장으로 넘어가 버린다. 퍼널드 교수는 이를 "처리가 느릴 때 치르는 대가"의 좋은 예라고 말한다. 한 단어의 의미를 파악하는 데 집중하다 보면 그다음에 오는 말까지 알아듣지 못하게 된다.[61]

외국어로 대화할 때의 어려움은 웃어넘길 만한 구석이 있다. 하지만 유아의 학습 능력 부족은 전혀 우스운 이야기가 아니다. 앤 퍼널드는 실험실에서 유아를 관찰하면서 문장에서 익숙한 단어의 뜻을 파악하는 것이 영 점 몇 초나마 늦어지면 아이가 다음 단어를 이해하는 데 훨씬 큰 어려움이 따른다는 사실을 알아냈다. 고작 몇백 밀리초 앞서는 이점이 "학습 기회를 확보해 준다"는 뜻이다.[62] 이런 유리한 조건을 갖추지 못한 아이들은 엄청나게 크고 돌이킬 수 없는 손해를 입는다.

퍼널드는 하트와 리즐리가 찾아낸 것과 똑같은 사회경제적 관련성을 발견했다. 퍼널드의 연구에서 저소득 가정 출신의 두 살짜리 유아는 사회경제적 지위가 더 높은 가정 아이와 비교해 어휘와 언어 처리 능력이 6개월 이상 뒤처지는 모습을 보였다.

하지만 퍼널드 교수는 자료에서 사회경제적 지위에 따른 차이가 뚜렷이 나타나기는 해도 이 차이가 연구 결과에서 가장 두드러지는 점은 아니라고 밝혔다. 저소득 가정 아동만을 대상으로 한 연구에서 퍼널드는 부모가 하루에 말하는 양이 670단어에서 1만 2000단어까지 가정마다 큰 차이를 보인다는 사실을 알아냈다. 더불어 사회경제적 지위와 관계없이 아동의 생애 초기 언어 환경과 언어 처리 속도 사이에 유의미한 관련성이 있다는 점을 밝혀냈다. 더 적은 말을 듣고 자란 2세 유아는 어휘 수가 적고 언어 처리 속도가 느렸다. 더 많은 말에 노출된 아이는 어휘 수가 더 많고 언어 처리 속도가 더 빨랐다. 그리고 이는 모든 사회경제 계층에서 똑같이 나타났다.

이는 결국 뇌에 말이라는 영양분이 얼마나 풍부하게 공급되었는지에 달린 문제였다.

3장

신경가소성의 비밀

뇌과학이 일으킨
생애 초기 두뇌 발달 혁명

생물학은 인간에게 뇌를 선사한다.

인생은 이 뇌를 마음으로 바꾼다.

― 제프리 유제니디스,《미들섹스》

두뇌 발달의 잔인한 진실

뇌의 생물학적 성장은 4세가 되면 대부분 끝난다. 아동의 학습 난이도와 인생 전체의 설계는 이 기간 동안 어떤 일이 일어나는지에 따라 크게 달라진다. 이것이 잔인한 진실인 이유는 무엇일까?

아기들이 "어, 지금 잘못하고 있어요!" "말을 더 걸어 줘요!" "제발 다정하게 말해 줘요!"라고 말할 능력이 없는 시기에 이 과정이 진행되기 때문이다. 태어나서 3년 동안 적절한 음식을 충분히 먹지 못한 아기는 살아남을 수는 있겠지만 결코 원래 컸어야 하는 만큼 자라지 못한다. 마찬가지로 두뇌 발달에 필요한 적절한 말을 충분히 듣지 못한 아기는 살아남기는 하겠지만, 배움에 커다란 어려움을 겪고 결코 자신의 지적 잠재력을 온전히 실현하지 못하기 마련이다.

이 점은 과학으로 입증된다. 앤 퍼널드의 명쾌한 연구는 열악한 초기 언어 환경에서 자란 아동의 언어 처리 속도가 더 느리고 덜 효율적이라는 사실을 보여 준다.[1] 하트와 리즐리 또한 프로젝트에 참여한 미취학 아동들이 집중 어휘 교육을 받은 뒤에도 학습 능력이 달라지지 않았다는 결과를 통해 비슷한 결론에 도달했다. 이들의 교육 프로젝트는 강력했지만 열악한 초기 언어 환경에 해를 입은 뇌를 회복시킬 정도는 되지 못했다.

이 이유를 이해하려면 먼저 인간의 신체에서 가장 놀라운 장기인 뇌가 어떻게 발달하며, 초기 언어 환경이 왜 인간의 현재 모습과 미래의 가능성을 결정하는 촉매인지 알아볼 필요가 있다.

아기의 뇌는 환경에 따라 완전히 달라진다

거의 모든 다른 장기와는 달리 아기가 태어날 때 뇌는 완성되어 있지 않다. 심장이나 신장, 폐는 1일 차부터 남은 평생 똑같은 기능을 한다. 하지만 두뇌는 완전히 발달할 때까지 어떤 환경을 만나는지에 따라 거의 딴판으로 달라진다. 귀엽고 사랑스러운 신생아의 머릿속에는 경이로울 만큼 빠르고, 복잡하고, 정교한 성장을 앞둔 지적 능력의 핵심이 들어 있다.

비교적 짧은 시간인 생후 2~3년 안에 놀랍도록 강력하거나 위태로울 만큼 연약하거나 아니면 그 사이 어딘가에 해당하는 뇌 회로가 생겨나 평생의 성취에 영향을 미친다. 이 과정을 좌우하는 결정적 요인은 과연 무엇일까? 기본적으로는 유전, 생애 초기 경험, 그리고 이 2가지가 평생에 걸쳐 서로 미치는 영향이다. 좋든 나쁘든 이것이 전부다.

하버드 아동 발달 센터 소장 잭 숀코프Jack Shonkoff 박사는 아기의 두뇌 발달을 집 짓기에 비유한다. 숀코프에 따르면 "건축가가 집을 지을 청사진을 제공하듯 (⋯⋯) 유전은 두뇌 발달의 기본 설계를 제공한다. 유전 설계는 (⋯⋯) 신경 세포를 서로 연결하는 기본 규칙을 정하고 (⋯⋯) 뇌의 건축을 위한 기초 공사 계획을 제시해서" 최종적으로 발달상의 개인 특징을 결정한다. 이를테면 내가 경제학 분야에서 노벨상 수상자 제임스 헤크먼만큼 똑똑해질 리가 결코 없는 것처럼 이 유전 잠재력이 다양한 분야에서 각 개인의 성장 상한선인 "천장"을 결정한다. 하지만 다양한 잠재력의 극한에 도달하는 것과 가능했던 모든 분야에서 바닥에 갇혀 버리는 것 사이에는 엄청난 차이가 있다.[2]

잭 숀코프의 말은 집을 짓는 작업에서 아무리 설계도가 거창해 봤자 품질 좋은 자재와 숙련된 시공업자, 성실한 인부가 없으면 소용이 없다는 뜻이다. 이런 요소가 빠지면 최종 결과물은 건축가가 그렸던 이상과는 전혀 다를 수밖에 없고, 원래 모습에 한참 미치지 못하는 집이 되고 만다.

이 원리는 유아에게 똑같이 적용된다. 모든 것을 타인에게 전적으로 맡겨야 한다는 점은 모든 아기가 공유하는 공통점이다. 전통적으로 이런 의존성은 생존하고 성장하는 데 필요한 영양, 즉 모유 공급을 가리킨다고 인식되었다. 이제야 우리는 신체 성장에 필요한 음식과 더불어 지적 성장을 보장하는 적절한 사회적 양분 또한 있어야 한다는 사실을 이해하기 시작했다. 덧붙여 이 2가지 필수 조건의 충족은 전적으로 양육자에게 달려 있다.

안정성은 적절한 두뇌 성장을 이루는 데 필수인 사회적 양분 가운데 하나다. 발달 중인 뇌는 주변 환경의 온갖 자극에 극도로 민감하다. 유아기에 높은 수준의 스트레스가 지속되는 상태인 "유해한" 환경에 노출되면 영유아에게 내부 "스트레스 인자"가 생겨난다고 한다. 이런 스트레스 인자는 아기의 두뇌 발달을 저해하는 첫 번째 요인이다. 스트레스에 집중력을 너무 많이 빼앗긴 뇌는 배움에 관심을 쏟지 못하기 때문이다. 물론 인생에는 어느 정도 스트레스가 따르기 마련이며, 심지어 아기의 삶에도 수유가 늦어지거나 잠들기 전에 울음이 나오는 등의 스트레스가 있다.

그런데 높은 스트레스 수준이 지속되면 코르티솔 같은 "스트레스 호르몬"이 영유아의 뇌를 뒤덮어 구조를 완전히 바꿔 버린다. 스트레스로 영구 변화된 뇌는 만성 행동 문제, 건강 문제, 학습 장애 등의 결과를 초래한다.

아이러니한 점은 만성 스트레스가 없는 환경에서 자란 아이가 인생의 "굴곡"인 스트레스에 더 건설적이고 덜 부정적인 방식으로 대처할 수 있다는 사실이다.[3]

뇌 발달에서 가장 중요한 요인은 아기와 양육자 사이의 관계며, 여기에는 언어 환경의 전체 분위기가 포함된다. 이제 겨우 눈의 초점을 맞추기 시작한 아기에게 "아빠는 우리 귀염둥이를 사랑해요"라고 어르는 말이 그리 중요할 줄 누가 생각이나 했을까? 하지만 농담이 아니라 정말로 아주 아주 중요하다.

"엄마가 많이 사랑해"나 "우리 깜찍한 귀염둥이" 같은 말, "이야"나 "우와" 같은 사소한 말이 하나씩 쌓이면 뇌의 수십억 뉴런을 조용히 연결해서 앞으로 아이의 지적 잠재력을 실현할 복잡한 신경망을 만들어 내는 촉매가 된다. 어르기와 미소와 평화로움이 어우러져 최적의 시나리오를 이룰 때 두뇌는 눈부시게 발달한다. 이런 적절한 조건이 존재하지 않거나 심지어 스트레스가 심하고 고립된 환경이라면 두뇌 발달은 심각하고 부정적인 영향을 받는다.

결국 말의 양은 중요하지만, 이는 말이 아기의 양육자가 제공하는 애정 어리고 따뜻한 관계의 부산물일 때만 성립한다. 말을 많이 할 수는 있으나 뇌에 긍정적인 영향을 미치려면 관심과 따스함이 필요하다.

무표정 실험이 알려 주는 것

시각 발달을 촉진하는 환경 요소는 다들 짐작하는 대로 낮의 햇빛이다. 정신 발달을 위한 환경 촉매는 훨씬 미묘하고 훨씬 복잡하다.

이런 요소는 아기를 마주 바라보는 엄마의 시선에, 팔을 벌리는 아기를 안아 드는 아빠의 품에, 아이에게 컵을 건네며 부모가 하는 "주스"라는 말에, 미소나 웃음소리를 끌어내기 위한 까꿍 놀이에 숨어 있다. 서로 반응을 주고받는 이 긍정적 상호작용은 평생에 걸쳐 학습과 행동, 건강이라는 건물이 세워질 토대가 된다.[4] 아기가 자신에게 애정과 관심을 쏟는 어른과 맺는 관계야말로 두뇌 발달에서 가장 중요한 핵심이다.

매사추세츠대학교의 저명한 심리학자 에드워드 트로닉Edward Tronick 교수가 진행한 "무표정" 실험은 유튜브에 영상으로 올라와 있다.[5] 아기의 사회적 상호작용 욕구를 보여 주는 매우 인상적이고 감동적인 예다.

영상에서는 젊은 엄마가 아기를 유아용 식탁 의자에 앉히고 안전띠를 채운 다음 아기와 함께 놀아 준다. 그러다 갑자기 엄마는 아기에게서 고개를 돌린다. 다시 아기 쪽으로 돌아온 엄마의 얼굴에서는 표정이 사라져 있다. 아기는 혼란에 빠져 엄마를 바라본다. 그러다 기쁨을 햇살처럼 뿜어내던 이 아기는 갑자기 절박하게 손짓을 하고 팔을 뻗으면서 엄마의 반응을 끌어내기 위해 갖은 애를 쓴다. 하지만 효과가 없다. 엄마는 계속 아기를 텅 빈 얼굴로 쳐다본다. 소용없음을 깨달은 아기는 몸을 뒤로 젖히면서 울부짖기 시작한다. 믿을 수 없을 만큼 보기 괴로운 장면이다.

하지만 동요하는 것은 아기만이 아니다. 이제는 엄마 역시 불안을 내비치다가 끝내 더는 참지 못하는 모습을 보인다. 무표정은 원래대로 애정 어린 엄마의 얼굴로 돌아오고, 아기는 거의 즉시 다시 행복해진다.

현실에서 아이를 사랑하는 엄마가 이런 놀이를 할 일은 거의 없다. 하지만 놀이가 아니라 실제로 이런 삶을 사는 아기들이 있다. "무표정한", 심지어 적대적이고 화를 내는 얼굴을 만성으로 마주 보는 환경에서 자란 탓에 생겨나는 문제는 한 번 안아 주면서 몇 초 만에 바로잡을 수 없다. 앞서 이야기했듯 이런 경우 코르티솔 같은 스트레스 호르몬이 아기의 뇌를 적시기 시작해 몹시 부정적이고 대개는 돌이키기 어려운 악영향이 뇌의 중추까지 스며들기 때문이다. 그 결과 인지와 언어 발달뿐 아니라 행동, 자기 조절 능력, 감정 안정성, 사회성 발달, 정신과 신체 건강에까지 두루 악영향이 나타난다.

이를 보면 잠재력의 설계도이자 태어날 때 물려받은 선물인 아이의 유전 특성은 사실 고정불변이 아니라는 슬픈 진실이 더욱 확실히 드러난다. 유전 특성이 환경의 영향으로 변화하는 과정을 가리키는 후성유전학Epigenetics은 양육이 본성을 개선하지는 못할지라도 더 나빠지게 할 수는 있음을 보여 준다. 스트레스 수준이 높은 환경을 비롯해 유아기의 "유해한" 경험은 유전 설계도를 완전히, 그리고 부정적으로 바꿔 발달 중인 두뇌에 영구 영향을 미칠 수 있음이 밝혀졌다.[6] 단지 여기서 말하는 환경은 지속적이고 강도 높은 만성 스트레스라는 점에 유의하자. 몹시 피곤한 엄마나 아빠가 가끔 울컥해서

"새벽 2시잖아, 아가. 제발, 제발 나도 잠 좀 자자! 알았어, 알았다고! 가면 되잖아!"라고 말하는 상황이 아니다.

뉴런 연결과 두뇌가 부리는 마법

사람은 각자 1000억 개의 뉴런이라는 잠재력을 품고 태어난다. 이는 실로 엄청난 잠재력이다. 하지만 유감스럽게 뉴런 연결이 제대로 이루어지지 않으면 연결된 전선 없이 따로따로 선 전신주처럼 1000억 개의 뉴런이라 해 봤자 별 의미가 없다. 반면 이 뉴런들이 적절하게 연결되기만 하면 뇌가 마법을 펼칠 수 있게 해 주는 초고속 회로망이 된다.

태어나서 생후 3년까지 뇌에서는 1초마다 700개에서 1000개의 뉴런 연결이 새로 추가된다. 숫자를 다시 확인하고 넘어가기로 하자. "아기의 삶에서 1초가 지날 때마다 700개에서 1000개의 뉴런 연결이 생겨난다." 이렇게 생겨난 놀랍고 복잡한 회로망은 기억, 감정, 행동, 운동, 그리고 물론 언어까지 아우르는 기능을 모두 주관하는 뇌 구조를 이룬다.[7]

하지만 첫 3년간 이렇게 폭발적으로 증가하는 뉴런 연결은 따지고 보면 너무 과하다. 이 연결이 계속 그대로 유지된다면 뇌는 넘치는 자극과 소음으로 엉망이 되고 말 것이다. 그래서 인간 아기의 아주 똑똑한 뇌는 약하거나 덜 사용되는 가닥은 솎아내고 자주 사용되는 가닥은 잘 조율해 특정 기능을 수행하는 영역으로 정리하는, "시냅스 가지치기"로 불리는 과정을 통해 불필요한 신경 연결을 다듬기 시작한다.

중요한 신경 연결이 생겨나서 강화되는 이 시기 동안 기능을 익히고 언어를 학습하는 능력 역시 극대화된다. 뇌가 이런 정도의 신경가소성을, 다시 말해 다양한 환경에 반응해 변화하는 놀라운 유연성을 발휘하는 시기는 두 번 다시 없다. 하지만 뇌가 잘 쓰이지 않는 연결을 쳐내기 시작하면서 기회의 창은 좁아지고, 다양한 가능성에 대한 적응력의 폭 또한 함께 줄어든다. 그렇기에 나이가 들면서 새로운 시도, 이를테면 새로운 언어 배우기가 점점 어려워진다.[8] 잭 숀코프 박사는 이때를 "엄청난 기회와 취약성이 동시에 존재하는" 시기라고 했다.

신경가소성이 없으면 말을 할 수 없다

근처 공립 전문대에 다니는 스무 살의 청각 장애 학생 압둘라는 인공와우 상담을 하러 나를 찾아왔다. 압둘라, 팔레스타인 출신 이민자인 부모님, 어린 남동생 모하마드, 각각 수화와 아랍어를 담당하는 두 통역, 그리고 나까지 7명이 진료실에 복닥복닥 모였다.

방 안에서 통역이 필요하지 않은 유일한 사람인 모하마드가 영어와 아랍어, 수화를 자유롭게 오가며 의사소통을 떠맡았다. 커다란 갈색 눈에 아직 젖살이 통통한 아홉 살 꼬마 모하마드는 자기 부모님과 터울이 큰 형의 목소리 역할을 한다는 데서 오는 게 틀림없는 자부심을 내보였다. 영어와 아랍어가 유창하고 수화도 능숙한 모하마드는 최적화된 신경가소성의 표본이었다. 이 가족은 최근 압둘라가 인공와우 이식을 원한다는 말을 꺼냈기에 나를 찾아왔다고 했다. 압둘라는 통역을 통해 "듣고 연결되고 싶습니다"라는 뜻을 내게 전했다.

우리 분야에서 인공와우 이식이 성공할 가능성에 대한 논의를 에둘러 가리키는 표현인 "현실적 기대치"는 압둘라처럼 나이가 있는 환자와 상담할 때 매우 중요한 부분이다. 이 가능성은 뇌가 학습을 위해 새로운 신경 연결을 형성할 수 있는지 없는지를 가리키는 신경가소성을 토대로 정해진다. 압둘라의 경우 나이 탓에 말을 하거나, 음성 언어를 이해하거나, 일반적으로 듣는 능력과 관련된 일을 할 수 있게 될 가능성이 별로 없었다. 앞으로도 계속 그는 수화로 의사소통을 하게 될 것이 거의 틀림없었다

그의 "현실적 기대치"는 소리 감지 정도일 가능성이 컸다. 머리 위로 날아가는 비행기 소리, 현관문 벨 소리, 변기 물 내려가는 소리, 창틀을 때리는 빗소리를 들을 수는 있었다. 하지만 이런 소리를 듣는 것과 소리의 의미를 이해하는 것은 전혀 다른 얘기다. 나는 희망을 품은 가족에게 그의 뇌가 "언어 발달의 결정적 시기critical language period"를 지났다고 설명해야 했다.

그의 부모는 예의 바르게 귀를 기울였고, 압둘라와 동생도 마찬가

지였다. 마침내 압둘라의 엄마는 아랍어 통역사를 통해 이렇게 말했다. "선생님, 난 그저 아들이 도움을 받았으면 좋겠어요." 하지만 히잡에 감싸인 그녀의 얼굴에는 훨씬 더 큰 희망이 담겨 있었다. 내 설명, "현실적 기대치"를 묘사하는 내 말은 그 희망을 설득하지 못했다. 그녀의 큰아들이 듣는 능력을 얻을 수 있다면 왜 자기가 듣는 말을 자동으로 이해하지 못한단 말인가? 말을 하지 못할 이유가 뭔가?

그래서 나는 그녀에게 엄마 대 엄마로서 말을 걸었다. 그건 마치 내가 팔레스타인으로 이사한 다음 아랍어가 내 귀에 들린다는 이유만으로 내가 아랍어를 이해하리라고 기대하는 것과 같다고 나는 말했다. "모하마드가 거기까지 와서 내 통역을 맡아 줘야 할지도 모르겠네요." 그녀는 모하마드를 바라보았고, 아쉬운 듯한 미소가 얼굴을 스쳤다. 그제야 비로소 그녀는 이해했다.

압둘라는 훌륭한 가족의 지원을 받는 똑똑하고 호감 가는 청년이었다. 그러나 내 아주 어린 환자들과는 달리 수술 후 듣게 될 소리를 이해하는 잠재력인 신경가소성이 이제는 없었다.

모든 것은 타이밍에 달린 문제였다.

시각 연구가 밝혀낸 뇌의 비밀

시각 체계는 인간의 신체 기능 중 가장 자세히 연구된 영역으로 꼽힌다. 뭔가를 볼 때 사물의 형태, 색깔, 세부 사항, 원근을 포함해서 우리가 인식하는 이미지는 눈의 망막에 맺힌 상을 우리 뇌가 재구성한 결과물이다.

더불어 다른 뇌 기능 대부분과 마찬가지로 시각도 태어난 뒤에야 완성되는 기능이다. 생후 첫 2~3개월 동안 아기의 시야는 20~25센티미터에 불과하며, 양쪽 눈의 협응은 거의 되지 않는다. 하지만 두세 달이 지나면 협응은 극적으로 개선되고, 이후 2년에 걸쳐 원근감과 색채 지각, 세상에 대한 시각 인지 능력이 폭발적으로 발달한다.

하지만 언어와 마찬가지로 시력 또한 환경에 좌우된다. 간단히 설명하면 아기는 보는 능력을 얻기 위해 볼 사물이 필요하다.

그럼 시각 환경이 존재하지 않는다면 어떤 일이 일어날까? 예를 들어 시각 체계 발달의 "결정적 시기"에 아기의 눈이 우유처럼 불투명한 막으로 덮여 있다면? 다른 뇌 기능의 경우와 정확히 같은 일이 일어난다. 뇌는 "안 쓰는 것 정리하기" 모드에 들어가서 가지치기를 시작하고, 사용되지 않거나 약한 신경 연결, 이 경우에는 거의 자극되지 않은 시각 수용기를 정리해 버린다. 그 결과 아이는 불투명한 막이 마침내 제거된다 한들 제대로 보지 못할 가능성이 크다.

20세기 초 안과 의사들이 다음과 같은 사실을 알아내면서 이 점은 매우 분명해졌다. 태어날 때부터 백내장이 있는 아기를 초기에 수술하면 평생 가는 후유증 없이 시력을 회복할 수 있는 반면, 아이가 여덟 살이 넘은 다음 백내장 수술을 하면 아이의 시력은 회복되더라도 시각 문제는 평생 계속되었다. 이는 인공와우 이식의 타이밍 문제와 매우 비슷하다.

핵심 질문은 당연히 "왜?"였다. 신경생리학자들인 토르스텐 비셀Torsten Wiesel과 데이비드 허블David Hubel이 이 질문에 내놓은 설명은 뇌의 가소성에 대한 과학적 이해에 혁명을 일으켰다.[9] 1981년 이들은 "뇌의 가장 깊이 숨겨진 비밀 가운데 하나"를 밝혀낸 공로로 노벨상을 받았다.[10]

허블과 비셀은 1950년대에 고양이와 원숭이를 대상으로 개별 뉴런의 활동을 측정하면서 연구를 시작했다. 연구의 개념을 잡는 작업에 덧붙여 이들은 시각 자극에 따른 동물의 뇌 반응을 특정할 새로운 도구도 만들어 내야 했다. 혁신적일 뿐 아니라 기발했던 이들의 새롭고 다양한 접근법 중에는 실험 대상인 고양이에게 "전극 장치를 머리에 씌우고 스크린 앞에 고양이를 둔 다음 온갖 종류의 시각 이미지를 보여 주어 (……) 딱 1개의 뉴런에서 (……) 활성 반응을 끌어내는 자극을 찾아내는" 방법이 있었다. 일설에 따르면 이미지 가운데에는 두 과학자가 춤추는 사진이나 섹시한 여성의 사진이 포함되어 있었다고 한다.[11] 허블은 이렇게 썼다. "순수한 재미로 따지자면 우리 분야를 따라올 것은 거의 없다. 우리는 이 사실을 비밀로 해 두려고 한다."

허블과 비셀은 시각에 초점을 맞추기는 했지만 이들의 획기적 연구는 우리가 뇌를 이해하는 방식을 바꿔 놓았다.[12] 노벨상 수상자인 신경과학자 에릭 캔들Eric Kandel은 이 둘의 연구가 지니는 중요성을 명확하고 간략하게 표현했다. 동료 과학자가 허블과 비셀의 연구를 두고 "생물학 일반론에 국한"된다고 평하자 캔들은 이렇게 답했다. "자네 말이 맞아……. 이건 그저 정신의 작동 원리를 설명하는 데만 도움이 될 뿐이지."[13]

중요한 것은 말이라는 양분의 공급 타이밍이다

걷기 전에 달릴 수 없듯이 단어를 듣고 이해하지 못하면 말을 할 수 없다. 놓쳐 버린 시기의 파급 효과가 심각한 이유는 두뇌 발달에서 더 복잡한 기능을 습득하려면 기본 기능 습득이 먼저 이루어져야 하며, 각 기능은 다음 기능을 위한 주춧돌 역할을 하기 때문이다. 다시 말해 두뇌 발달은 "기본" 능력이 제공하는 토대 위에 더 복잡한 능력이 생겨나는 계층적 방식으로 진행된다는 뜻이다.

그러므로 "단순한" 기능 발달의 시기를 놓쳤을 때도 새로운 것을 배울 수는 있지만 새 기능은 갈수록 더욱 복잡해지므로 다양한 문제가 생겨난다. 언어 축적이 지연되었을 때는 특히 심각하다. 언어는 아이가 첫 3년 동안 어휘를 쌓고 의사소통 능력을 키우는 데 쓰일 뿐 아니라 사회성, 감정, 인지 발달의 토대를 제공하는 역할을 하기 때문이다.

애정은 넘치지만 수화는 할 줄 모르는 부모에게서 청각 장애아로 태어나 어른이 된 사람은 부적절한 초기 언어 환경의 확실한 예다.

이런 성인의 삶은 생에 초기의 단어 격차가 어떤 결과를 초래하는지 명확히 보여 준다. 내 오촌 외당숙(엄마의 사촌)이 그랬다.

외당숙은 1948년 심도 난청을 안고 태어났다. 어렸을 때 나는 그분에게서 두서없는 내용을 손글씨로 길게 적은 카드를 받고 거들떠보지 않았던 기억이 어렴풋이 난다. 선물이나마 붙어 있지 않으면 카드는 아홉 살짜리 꼬맹이에게 별 의미가 없었다.

최근에야 엄마는 이 책의 초고를 읽다가 실은 본인의 이모와 교사였던 이모부가 오로지 외아들을 세인트루이스 청각 장애인 중앙 학습원St. Louis Central Institute for the Deaf에 보낼 목적으로 피츠버그에서 세인트루이스로 이사를 감행했다는 얘기를 대수롭지 않게 꺼냈다. 이 학교는 수화보다 "음성 언어" 중심 교육에 집중하는 곳이었다. 학교 졸업생 명부를 잠깐 뒤져 보니 외당숙 이름이 금방 나왔다.

문득 나는 바르덴부르크 증후군으로 한쪽 눈은 파랗고 한쪽 눈은 갈색이었던 이 외당숙이 사파이어처럼 반짝이는 눈을 지닌 내 환자 미셸과 거의 똑같다는 사실을 깨달았다. 하지만 미셸과 달리 당숙은 재정 상황이 안정되고 아들의 교육을 위해서라면 나라를 가로질러 이사까지 하는 부모에게서 태어났다. 몹시 아이러니하게 외당숙은 거의 40년 뒤 내가 처음으로 인공와우 이식 수술을 집도했던 곳의 코앞에 있는 학교에 다녔다.

그분에게는 무슨 일이 일어났을까? 그분의 인생은 어떠했을까?

엄마는 자세한 내용까지 들어가지는 않았지만 외당숙의 삶이 쉽지 않았다고 했다. 몇 년 전까지 정기적으로 서신을 주고받기는 했는데 문해력 수준이 어느 정도인지는 모르겠다고 했다. 하지만 인공와우 이식이 등장해 청력을 되찾을 수 있게 되기 전인 그 시대 기준으로 귀가 들리는 부모에게서 태어난 청각 장애아의 평균과 비슷했다면 부모의 뒷받침이 있었다 한들 그분의 최종 문해력은 대략 초등 4학년 수준이었을 것이다.

이는 당시로서는 평범한 수준이었다. 그러나 그분이 지니고 태어난 잠재력을 온전히 반영하는 것은 아닐 수 있었다. 오히려 반대로 듣지 못했기에 외당숙의 잠재력은 제대로 피어나지 못했을 확률이 지극히 높았다. 그분은 자기 또래 아이들이 종종 그랬듯 가장 순수한 의미에서 3000만 단어라는 격차의 희생자였다.

내 외당숙의 경험은 아이가 태어나는 사회경제 계층, 심지어 부모의 의도조차 인간으로서 우리의 성장을 좌우하는 요인이 아님을 보여 주는 증거다. 만약 그 2가지가 핵심이었다면 외당숙의 삶은 훨씬 더 수월했으리라. 그분에게 모자랐던 것은 "말"이라는 양분이었다. 수화로든 음성 언어로든 이 양분을 얻지 못하면 어떤 부모에게서 태어나든 아이의 삶에 영구히 악영향이 남기 마련이다.

영향을 받은 것은 내 외당숙의 인생뿐이 아님을 짚고 넘어갈 필요가 있다. 인공와우 이식은 세상의 모든 잭에게 소리는 물론 잠재력을 실현할 기회를 가져다주었다. 그러나 여기서 사회가 맡는 비중 또한 적지 않다. 특수 교육, 불완전 고용(노동자가 노동 의사와 능력이 있는데 시간제로 일하거나 더 낮은 수준의 직장에 다녀야 하는 상태-옮긴이), 실업 등의 사회적 비용을 생각하면 청각 장애는 가장 돈이 많이 드는 장애에 속한다. 인공와우 이식은 이런 지출을 피하는 핵심 열쇠다.[14] 그렇지만 미셸의 이야기에서 이미 확인했듯 문을 열지 못하는 열쇠는 아무 쓸모가 없다.

초등 3학년 읽기 능력이 대학과 취업까지 좌우한다

읽는 법 배우기, 그러니까 글자를 배우고, 글자의 소리를 배우고, 소리가 조합되어 이루는 단어를 배우고, 단어의 뜻을 익히는 일련의 과정은 귀가 들리는 사람에게는 그리 어렵지 않다. 하지만 청각 장애인에게 읽기는 엄청난 도전이다. 사실 "도전"이라는 말조차 충분하지 않다. 거의 헤라클레스의 과업이다.

당신이 영어만 읽을 줄 알고 중국어로 쓴 모르는 단어를 배워야한다고 상상해 보자. 이와 마찬가지로 귀가 들리지 않는 아이는 종이에 쓰인 글자를 알아보고, 글자를 조합해 단어를 만들고, 그 단어를 한 번도 들어 보지 못한 채로 단어의 의미를 이해할 것을 요구받는다.

예를 들어 "cat"이라는 단어를 보자. 물론 아주 쉽다. "c"는 "ㅋ" "a"는 "ㅐ" "t"는 "ㅌ" 소리가 난다. 당신은 즉시 이 소리의 조합을 작고 털이 나 있으며 "야옹" 하고 우는 동물과 연결한다. 하지만 당신이 "c" "a" "t"라는 글자의 소리를 따로따로든 한꺼번에 연결해서든 전혀 들어 본 적이 없다면 어떨까? "cat"이라는 단어가 보편적으로 쓰이는 나라에 살고 수화로 "고양이"를 나타낼 줄 안다고 한들 "c-a-t"이라는 문자열을 보는 것은 당신에게 아무 의미가 없다.

이것이 바로 읽는 법을 배우려는 청각 장애아가 걸어야 하는 험난한 길이다. 수화를 아는 것은 도움이 되지 않는다. 수화는 문자 하나하나를 나타내는 것이 아니라 의미를 나타내는 동작으로 이루어져 있기 때문이다. 수화와 영어는 사실 완전히 별개의 언어며 연결점이 전혀 없다. 그래서 읽기를 배우려는 어린 청각 장애 아동은 영어를 들은 적도 없고 글자의 소리도 모르는 채로 끊임없이 수화를 영어로 번역해야만 한다.[15] 솔직히 헤라클레스의 과업이라는 표현마저 부족할지 모르겠다.

이런 어려움은 심각한 결과로 이어진다. 귀가 들리는 아이들은 학교에 들어가서 학습하는 데 필요한 읽기 능력 습득하기라는 궁극 목표를 달성하기 위해 읽기를 배우기 시작한다. 초등 3학년은 아이들이 종이에 있는 단어를 그냥 소리 내어 읽는 단계를 지나 단어에서 개념을 형성하고 지식을 축적하는 단계로 넘어가는 중요한 시기다. 지적 사고 과정이 싹트는 중요한 때지만 이는 읽기가 능숙한 아이들에게만 해당하는 얘기다. 읽기 능력이 부족한 아이들에게도 3학년은 중요하다. 이런 아이들의 지식 축적과 지적 성장이 급격히 떨어지기 시작하는 시기라는 점이 기록으로 증명되었기 때문이다.

심리학자 키스 스타노비치Keith Stanovich는 이 현상을 "마태 효과"라고 부른다. 《성경》〈마태복음〉에서 따온 명칭이다. "누구든 있는 자는 받아서 더욱 풍족해질 것이나 없는 자는 가진 것마저 빼앗기리니."(〈마태복음〉 13:12) 다시 말해 교육 면에서 풍족한 아이는 더 풍족해지고, 교육 면에서 빈곤한 아이는 더 빈곤해진다. 3학년 읽기 능력의 영향력은 굉장해서 이를 보고 고등학교 졸업 여부를 정확히 예측할 수 있을 정도다.[16]

청각 장애의 영향이 명백하게 드러나는 것이 바로 이 부분이다. 청각 장애 학생이 고등학교 또는 대학교를 졸업할 확률은 귀가 들리는 학생과 비교해 유의미하게 떨어진다.[17] 그런 결과가 취업에까지 영향을 미친다는 점 또한 부정할 수 없다. 역사적으로 청각 장애인의 불완전 고용은 안타까울 정도로 흔하고, 직장에 다니더라도 이들은 귀가 들리는 동료보다 30~45퍼센트 적은 임금을 받는다.[18]

이런 통계를 볼 때 주의할 점이 있다. 여기서 논하는 것이 지적 잠재력의 차이가 아니라는 것을 잊지 말아야 한다. 우리는 어떤 잠재력을 지녔는지 결코 알지 못하는 사람들의 이야기를 하고 있다.

너무나 신비로운 아이의 언어 발달 과정

하지만 언어 환경이 적절하다면 완전히 다른 결과가 나온다. 다른 측면의 두뇌 발달과 똑같이 언어 습득은 "기능이 기능을 낳는" 경로,

즉 학습된 능숙함이 다음 기능의 토대가 되는 방식을 따른다. 너무 자연스럽게 일어나서 우리는 이 과정을 당연하게 여기는 경향이 있다. 사실 처음에 신생아는 하나로 달라붙어 무슨 말인지 알 수 없는 소리를 듣는다.

"엄마의깜찍한귀염둥이는누구?"

그러다 각 단어를 따로따로 듣게 된다.

"엄마의 깜찍한 귀염둥이는 누구?"

그리고 각 조각에 의미가 있다는 것을 파악한다.

"엄마의"
"깜찍한"
"귀염둥이는"
"누구?"

그다음에는 이 소리를 직접 낼 수 있게 되고, 마침내 이 질문에 대답까지 한다. 이런 인간의 발달은 놀랍고 심지어 신비로울 지경이다. 아이가 어떤 언어가 사용되는 곳에 태어나든, 탄자니아 시골이든 맨해튼 도심이든 발달 순서는 기본적으로 똑같으며, 언어의 입력 및 양과 질이 두뇌 발달의 핵심 촉매가 된다는 점 역시 똑같다.

"Who's Mommy's sweetie pie?"(영어)

"엄마의 깜찍한 귀염둥이는 누구?"(한국어)

"Kas yra mamytė savo saldainiukas?"(리투아니아어)

"Aki a mama a kicsim?"(헝가리어)

"Thì pěn fæn k̓hxng mæ̀?"(타이어 발음 기호)

"Ambaye ni mama ya sweetie?"(스와힐리어)

당신이 할 줄 모르는 언어로 된 문장을 듣는다고 생각해 보자. 당연히 무슨 말인지 전혀 알아들을 수 없다. 그렇다면 완전히 낯선 소리의 흐름을 들은 조그마한 아기는 어떻게 해서 무슨 말인지 알 수 없는 이 소리 덩어리를 소리의 조각, 즉 음소로 나눈 다음 이 의미 없는 조각들을 의미 있는 단어로 바꾸어 이해하는 걸까? 이는 신경과학계에서조차 최근에야 설명되기 시작한 경이로운 과정이다.

언어병리학자 퍼트리샤 쿨Patricia Kuhl 교수는 아기가 어떻게 언어라는 암호를 해독하는지 알아내는 데 앞장선 선구자다.[19] 내가 쿨의 혁신적 연구에 관해 처음 알게 된 것은 수전 골딘-메도의 "아동 언어 발달 입문" 강의를 들었을 때였다. 쿨 교수는 아기가 소리를 들을 때 노리개 젖꼭지를 빠는 속도를 관찰하는 등의 단순한 방법을 사용해서 아기가 언어를 배우는 단계를 하나하나 차근차근 밝혀냈다. 더불어 그녀가 "화성에서 온 헤어드라이어"[20]라고 부른, 뇌의 전기 신호에서 나온 자기 신호를 측정하는 정교하고 새로운 장치인 뇌자도 magnetoencephalography, MEG를 활용해 활동 중인 아기 뇌의 실시간 이미지를 얻어 내는 데 성공했다. 쿨 교수는 이를 "뚜껑 아래 들여다보기"라고 표현했다.

쿨 교수에 따르면 그녀가 연구에서 찾아낸 것은 아기들이 실제로는 언어 "연산의 천재computational genius"[21]라는 사실이었다.

모든 아기는 언어 연산의 천재다

아기가 단어 1개를 이해하거나 입 밖에 내기도 전에 아기 뇌는 소리를 분리하고 이어 붙여 단어를 만드는 "구문 분석parsing" 작업에 들어간다.

이는 모국어를 배우는 과정 초기에 뇌가 해야 하는 중요한 작업이며, 실제로 이 과정이 자궁 안에 있을 때부터 시작된다고 볼 만한 증거가 있다.[22] 무술 고수 같은 민첩함으로 아기의 놀라운 뇌는 흘러들어오는 소리의 흐름을 매끄럽게 자르고 다져서 의미 있는 단어로 바꾸면서 자신이 속한 언어 환경에 차츰 적응해 나간다.

성인 천재마저 신생아의 천재성에는 당할 수 없음을 보여 주는 재미난 일화가 있다. 페이스북 창립자 마크 저커버그는 중국인인 처가

식구와 얘기하려고 중국어를 배웠는데, 나중에 중국 지도층 인사들과 30분간 대담할 기회가 생겼다. 이 명석한 인터넷 사업가의 중국어 실력은 어떤 평가를 받았을까? "똘똘한 일곱 살짜리가 조약돌을 입 안 가득 물고 말하는"것 같다는 평이 나왔고,[23] 페이스북 사용자가 10억 명이 아니라…… 11명이라고 말한 실수를 지적당했다.[24]

사실 언어를 배우려는 어른은 아기의 상대가 되지 못한다. 아기 뇌를 촬영한 이미지를 보면 첫 단어를 입에 올리기도 전에 아기는 머릿속에서 반응을 연습하고, 자기 언어에 속하는 단어를 발음하려면 발성 기관을 어떻게 움직여야 하는지 알아내려고 애쓴다는 사실을 알 수 있다.

왜 언어 연산 능력은 지속되지 못할까?

신경가소성이 절정인 영유아의 뇌는 독일어 모음부터 중국어 병음, 목구멍을 닫았다가 파열하듯 열면서 내는 마사이어 자음에 이르기까지 모든 언어의 소리를 구분할 수 있다. 아울러 어떤 소리가 속한 언어, 또는 심지어 소리가 매우 다른 여러 언어를 동시에 배울 준비가 되어 있다. 쿨의 말대로 아기들은 진정한 "세계 시민"이다.[25]

하지만 이는 영원히 지속되는 능력이 아니다. 쓰이지 않거나 덜 쓰이는 연결을 쳐내는 시냅스 가지치기와 비슷하게 모든 언어에서 가능한 모든 소리를 듣고 발음하는 무제한의 잠재력은 매우 이른 시기에 정리되기 시작한다. 그 결과 자기 언어를 활용하는 능력은 극대화되지만 자기 언어에서 사용하지 않는 소리에는 쉽게 접근할 수 없게 된다.

모국어에서 쓰이는 소리에 전념하는 현상은 영유아의 삶에서 매우 이른 시기, 대개는 첫 돌 무렵에 일어난다. 이르면 임신 후기부터 모국어를 배우는 데 최적화되는 뇌는 어떤 신경 연결이 계속 쓰일지를 어떻게 구분할까? 답은 탁월한 통계 능력이다. 아기의 발달 중인 두뇌는 놀랍게도 처음부터 단어의 의미는 전혀 고려하지 않고 들려오는 특정 소리의 패턴을 계량하고, 빈도를 계산한다. 지배적으로 나타나는 소리는 뇌에 간직되고, 나중에는 개별 단어가 되었다가 궁극적으로 모국어 전체를 이룬다.

어떤 의미에서 이는 아기의 뇌가 반복되는 소리를 "수확"한 다음 거기에 남겨야 하는 중요한 소리에 "원형"이라는 꼬리표를 붙이는 과정이다. 퍼트리샤 쿨의 말대로 이런 소리 원형은 비슷한 소리를, 약간의 차이가 있다고 해도 상관없이 자석처럼 끌어들여 하나로 모은다.[26] 이런 과정 덕분에 우리는 자신이 사용하는 언어에 더 빠르게 익숙해지지만 자기 언어와는 다른 소리를 쓰는 언어를 정확히 듣거나 말하는 능력은 떨어지게 된다.

아시아 언어 사용자가 "r"과 "l"의 소리를 구별하기 어려워하고, 반대로 유럽 언어 사용자가 아시아 언어의 어조를 재현하지 못한다는 점을 생각해 보자. 하지만 이는 뇌의 탁월함을 보여 주는 증거다. 언어의 필요성과 자기 자신의 한계를 잘 아는 뇌가 꼭 필요한 것에 전념하고 관계없는 것을 쳐냈다는 뜻이기 때문이다. 어차피 자신이 능숙해져야 하는 언어에서는 전혀 중요하지 않은데 아무 의미 없는 소리에 왜 귀중한 연산 능력을 낭비한단 말인가?

퍼트리샤 쿨은 연구 초기에 일본에서 아기들을 연구하며 이를 증명하는 일화를 경험했다. 아직 "세계 시민" 시기인 생후 7개월 아기들은 전혀 어려움 없이 영어의 "r"과 "l"을 구별했다. 하지만 그녀가 3개월 뒤 확인해 보니 이 능력은 사라지고 없었다.[27] 쿨이 다른 소리를 활용해서 미국 아기들을 연구했을 때도 같은 현상이 일어났다. 두 사례 모두 신경가소성이 곧 퇴화할 것을 알고 있던 뇌가 앞으로 필요한 언어의 소리에 "전념"하고 필요하지 않은 소리에는 뉴런을 쓰기를 거부한 것이다.

아기 말투를 비난하지 말자

"난 절대 우리 아이에게 아기 말투를 쓰지 않아요." 자랑하듯 말하는 엄마들이 있다. 아기에게 말을 걸 때 종종 쓰이는 "아기 말투"를 심각한 문제 취급하는 이런 선언은 신세대 육아에서 대개 명예로운 훈장으로 평가받는 듯하다.

하지만 놀랍게도 실제로 "아기 말투"는 유익하다고 한다. "어엄마느은 우리이 쪼오꼬미이 아가르으을 사라아아앙해요오오." 이 문장처럼 거의 본능으로 튀어나오는, 어조가 높고 단어를 약간 변형해서 가락을 붙여 길게 끄는 말투는 아기의 뇌가 소리를 분석해서 자기가 사용할 언어에 전념하게 하는 데 도움이 된다는 사실이 과학으로 밝혀졌다.

"아기 말투"는 그냥 엄마의 사랑을 표현하는 것처럼 보인다. 그러나 사실 "아기 말투"는 통계를 내는 중인 아기의 뇌가 한 소리와 다른 소리를 더 쉽고 명확하게 구별하도록 돕는다. 어른 대상의 말과 비교해서 소리 하나하나가 음향학상 과장되어 있기에 그만큼 알아듣고 배우기 쉽다.

TV나 로봇은 언어 발달에 도움이 될까?

아기들이 이런 언어 연산의 마법사라면 그냥 아기를 TV 앞에 앉히고 손을 털면 안 되는 이유는 뭘까? 그렇게 하면 최소한 우리는 읽던 책을 마저 끝낼 수 있을 텐데. 아니면 이메일에 답장을 보내거나.

미처 답장하지 못하고 점점 쌓여 가는 이메일을 생각하면 유감스럽게도 뇌는 똑똑한 동시에 지극히 사회적인 존재다. 사회적 상호작용을 제거해 버리면 학습하고 지식을 저장하는 뇌의 능력은 심각한 지장을 받는다. 주어지는 것은 뭐든지 받아 담는 항아리와는 달리 사람 간 상호작용을 하지 못하는 뇌는 체처럼 작용한다.

결국 언어의 본질은 뭘까? 고립된 세상에서 살아가는 사람에게 언어는 필요 없지 않을까? 언어 또는 말의 핵심은 인간을 다른 인간과 연결하는 것이다. 아기의 뇌는 이런 진화 역사의 산물이다.[28] 뇌는 언어를 수동적으로 배우는 것이 아니라 사회적 반응과 사회적 상호작용이 있는 환경에서만 언어를 배운다. 아기와 양육자의 관계에서 언어 주고받기는 언어 학습뿐 아니라 학습 전체의 핵심이 되는 요인이기에 그 중요성은 무엇과도 비교할 수 없다.[29]

퍼트리샤 쿨 박사의 연구 중에는 이 점을 깔끔하게 증명해 내서 내가 무척 좋아하는 실험이 있다. 쿨의 연구팀은 9개월 된 미국 아기들에게 중국어를 들려주었다. 아기들 절반은 따스한 모성애를 담아 말하는 중국어를 엄마 같은 사람에게 직접 들었다. 나머지 아기들은 정확히 똑같은 내용에다 마찬가지로 따스한 모성애가 담긴 중국어를 사람이 아니라 음성 녹음이나 비디오 기기를 통해 들었다. 사람에게 직접 들은 아기들은 실험실에 12번 방문한 뒤 중국어의 소리를 구분할 줄 아는 모습을 보였다. 같은 말을 녹음이나 비디오 기기로 접한 아기들은? 맞다. 아무 변화가 없었다.[30]

여기서 흥미로운 질문이 하나 떠오른다. 그렇다면 아기들은 자신이 냄새 맡고, 만지고, 느낄 수 있는 누군가를 통해서만 배운다는 뜻일까? 아니면 스티븐 스필버그의 영화 〈A. I.〉에 나오는 것과 같은 로봇이 이 인간 요인을 대체할 수 있을까? 최적의 두뇌 발달에 필요한 인간 요인은 무엇일까? 이뿐 아니라 우리 각자와 우리가 사는 세상에 가장 커다란 영향을 미치는 놀라운 장기인 뇌와 관련해서 아직 답이 밝혀지지 않은 질문은 셀 수 없이 많다.

새로운 희망: 신경가소성이 사라지지 않는다면?

효율적이고 특화된 학습을 가능하게 해 주는 뇌의 가소성이 줄어들고 학습이 수월했던 시기의 창이 닫히면서 아이가 새로운 지식을 흡수하는 일은 조금씩 어려워진다. 하지만 꼭 그래야 할 필요 없다면 어떨까? 이 창을 비집어 열어서 뭔가를 배우는 아이의 놀라운 능력을 평생 활용할 수 있다면?

40대나 50대에도 새로운 언어를 비교적 쉽게 배울 수 있다고 생각해 보자. 뇌 "시간 여행"이라고 불리는 이 가설은 뇌를 더 잘 이해하려는 노력의 일환인 최근 연구에서 등장했다.

분자생물학 및 세포생물학 교수이자 하버드대학교 의과대학 신경의학과 교수인 타카오 헨시Takao Hensch의 연구는 뇌 가소성에 관한 허블과 비셀의 연구에서 영감을 받았다. 하지만 헨시 교수에게는 허블과 비셀이 막연히 상상만 해 봤을 지원군이 있었다. 바로 과학자들이 뇌의 반응을 세포 수준에서 이해하도록 돕는 분자 도구였다.

이 도구로 그는 놀랍고 새로운 발견을 해냈다. 그전까지 알려졌던 바와 달리 뇌는 가소성을 잃지 않으며, 실은 무제한으로 연결을 추가할 능력이 있어 보였다. 그렇다면 왜 현실에서는 그렇게 되지 않을까? 아직 밝혀지지 않은 모종의 이유로 진화 과정에서 이 기능에

"브레이크"를 거는 분자가 생겨나 끊임없는 추가 연결이 막히고 뇌의 가소성에 유통 기한이 정해지기 때문이다.[31]

헨시 교수는 보스턴아동병원 동료들과 함께 진행한 획기적 연구에서 이른 시기에 뇌의 신경 가지치기가 이루어져 한쪽 눈의 시력이 저하되는 약시amblyopia 환자의 시력을 복구하기 위해 이 분자 "브레이크"를 되돌리려고 시도했다. 연구는 아직 진행 중이지만 초반 결과는 유망한 듯하다. "음치"인 사람을 대상으로 한 그의 연구에서는 경험을 쌓지 않으면 아동기 초기에 사라진다고 알려진 음의 높낮이를 구분하는 청음 능력을 분자 브레이크 역전으로 다시 익힐 수 있다는 사실이 이미 밝혀졌다.[32]

"타카오 헨시의 연구가 이토록 흥미로운 이유는 이런 결정적 시기를 놓치더라도 여전히 다시 돌아가서 상황을 바꿀 수 있을지 모른다는 점을 그가 보여 주었기 때문입니다." 보스턴아동병원 신경과학자인 찰스 넬슨 교수는 말했다. "나중에 다시 개입해서 잃어버린 시간을 벌충할 수 있다는 개념은 무척 매력적이죠."[33]

솔직히 매력적이라는 말로는 부족하다. 뇌는 여전히 신비로운 연구 대상이다. 하지만 언젠가는 뇌의 비밀이 밝혀지고 우리가 평생 배우고 성장하는 능력을 지녔다는 강력한 증거가 발견될 것이다.

이 덕분에 나는 새로운 희망을 품는다. 우리 인간이 스스로를 더 깊이 이해하고 더 인간답고 공정한 세상을 향해 한 걸음 더 나아가게 되리라고.

4장

부모의 말이 지닌 힘

수학, 문해력에서 그릿,
성장 마인드셋, 공감력까지

뇌가 곧 나라네, 왓슨.
몸의 나머지 부분은 부록일 뿐이지.

— 아서 코난 도일, 〈마자랭의 다이아몬드〉

가장 중요하면서 공짜인 자원, 부모의 말

유명한 작곡가 팀인 버디 디실바Buddy DeSylva와 루 브라운Lew Brown이 쓴 작품 중 〈인생에서 가장 중요한 것들은 공짜The Best Things in Life Are Free〉(1927)라는 노래가 있다.

한번 생각해 보자.

"부모의 말"에는 뇌에 양분을 공급해서 아이가 적절한 지적 능력과 안정성을 획득하도록 돕는 놀라운 힘이 있다. 뇌의 가장 심오한 비밀들은 아직 발견되지 않았지만 이 사실만은 이미 밝혀졌다. 더불어 이는 뇌가 얼마나 똑똑한지 보여 주는 증거다. 뇌는 아주 손쉽게 얻을 수 있는 자원인 "부모의 말"을 자기 발달에 필요한 핵심 촉매로 활용하는 엄청나게 탁월한 진화를 이루어 냈기 때문이다.

이 과정은 너무나 단순하고 잘 숨어 있어서 우리는 이런 일이 일어난다는 사실 자체를 눈치채지 못한다. 팔 수도, 쌓아 둘 수도, 뉴욕 증권 시장에 상장할 수도 없지만 양육자의 말은 모든 국가, 모든 문화권에서 모든 사람의 존재 자체, 행동 양식, 능력의 구석구석에 속속들이 배어드는 핵심 자원이다.

그리고 말에는 한 푼도 들지 않는다.

커넥톰, 1000억 개의 뉴런이 연결된 뇌 신경망

신경과학(뇌과학)은 아주 명석한데다 박사 학위까지 있는 탐정들이 단서를 탐색해서 마침내 마지막 페이지에서 왜 인간은 이런 존재인지 우리에게 알려 주는 흥미진진한 추리소설과 같다. 물론 신경과학은 첫 페이지부터 우리가 범인을 안다는 점에서 코난 도일의 셜록 홈스 소설과 차이가 난다.

범인은 바로 뇌다.

학위로 무장한 이 탐정들이 알아내려고 애쓰는 것은 뇌가 기능하는 방식이다. 이것만 알아내면, 뇌가 어떻게 우리를 우리 자신으로 만드는지 알기만 하면 이 지식을 활용해서 우리가 되고 싶은 자신으로 변할 수 있기 때문이다.

뇌의 중요성은 오래전부터 널리 알려졌다. 그렇지만 최근까지 인류는 거의 추론만을 근거 삼아 비교적 단순한 방식으로 뇌가 기능하는 방식을 이해했다. 예를 들어 왼쪽 측두엽에 뇌졸중이 온 환자가 언어 이해 능력을 잃거나 소뇌에 뇌종양이 생긴 환자가 더는 골프채를 휘두르지 못하면 의사들은 그런 능력의 상실과 뇌의 특정 영역을 연결 지었다. 그게 전부였다. 암흑시대의 뇌과학은 그 정도가 고작이었다.

그러다 뇌 영상 기술이라는 마법, 컴퓨터과학과 수학 모델링이라는 지원군이 등장했다. 그러자마자 이 놀라운 기관을 겉핥기로밖에 파악하지 못했던 인류는 갑작스럽게 뇌가 움직이는 방식을 상세하게 세포 단위로 이해하게 되었다. 그리고 아직은 아니지만 언젠가 뇌의 비밀을 완전히 밝히기 위한 여정에 나설 수 있게 되었다.

뉴욕의 거리 지도와 뇌의 신경망은 상당히 비슷하다.[1] 거리와 거리가 광범위하게 교차하고 수많은 움직임과 활동으로 시끌벅적하면서 동시에 극도로 정돈된 맨해튼을 떠올려 보자. 그런 다음 우리 몸전체에 정보를 전달하는 특수 세포인 수많은 뉴런, 정확히는 1000억개의 뉴런이 전체로 연결되어 이뤄지는, 발달 중인 뇌의 신경망을 상상해 보자.

이렇게 서로 연결된 뇌의 신경망을 "커넥톰connectome"이라고 부른다. 그리고 우리 각자의 머릿속에서 뉴런 1개당 1만 번의 연결로 1000억 개의 뉴런을 잇는 이 커넥톰은 우리의 사고방식과 행동 양식을 포함해 우리가 어떤 존재인지 정의한다.[2]

부모의 언어가 아이의 뇌 신경망과 성공에 끼치는 영향

"지적 능력"이란 말은 경외감을 불러일으키지만 가끔은 부담스럽게 여겨진다. 누구나 지적인 사람이 되고 싶어 한다. "그 사람 무지무지 똑똑해!"라든가 "걔는 머리가 정말 좋아!"라는 말은 얼마나 듣기 좋은가? 지적 능력은 거의 모든 이의 자존감에 절대적 영향을 미치는 요인이다. 게다가 남들이 당신을 얼마나 똑똑한 사람으로 보는지도 중요하지만, 솔직히 말해서 당신 아이가 남들 눈에 똑똑하게 비치면 당신 역시 덩달아 똑똑해지는 기분이다!

그렇다면 지적 능력은 과연 어디에서 오는 것일까? 사람은 누구나 무수히 많은 영역에서 지적 잠재력을 품고 있지만 누구나 자기 잠재력을 실현하는 것은 아니다.

3장에서 살펴본 대로 옛날에는 "이 귀염둥이는 누구?" "세상에서 제일 예쁜 아기는 누굴까?"라고 부모가 아기를 어르는 말은 다정하기는 하나 육아에 필수는 아니라고들 생각했다. 그런데 알고 보니 완전히 반대였다. "귀염둥이"나 이와 비슷한 애정 표현은 커넥톰, 즉 신경 연결과 시냅스 가지치기로 우리 자신의 존재를 구성하며 끊임없이 진화하는 뇌 신경망과 커다란 관련이 있다.

이 사실을 어떻게 아느냐고?

뇌의 복잡한 비밀을 밝히고 우리가 어떻게 우리 자신이 되는지 알아내기 위해 커넥톰이라는 미궁의 지도를 규명하는 것이야말로 신경과학이 추구하는 새로운 목표다. 이전까지는 태곳적부터 철학자들을 괴롭혔던 질문을 탐색할 방법이라고는 말과 토론, 가정과 추론밖에 없었기에 답을 구하려야 구할 수가 없었다. 늘 이해할 수 없어 보였던 것을 이해하도록 도와주는 신기술이 나온 오늘날에도 기술의 힘으로 구한 답이 더 많은 질문을 낳을 뿐일 때가 많다.[3]

하지만 확실한 것이 하나 있다. 바로 이 복잡하게 얽힌, 인간 자체인 방대한 신경망이 "본성이 양육을 만난" 결과물이라는 점이다.[4] 덧붙여 아직 커넥톰의 모든 측면이 밝혀지지는 않았으나 살면서 겪는 경험, 특히 태어나서부터 3세까지의 삶이 우리의 커넥톰에 지대한 영향을 미치고, 이 과정에서 우리 자신을 바꾸어 놓는다는 점 또한 분명한 사실이다. 일란성 쌍둥이라도 커넥톰은 다르기 마련이므로 각자 다른 개인으로 자란다.

맨해튼의 활기찬 거리는 각각 목적이 따로 있으나 한데 모여 역동적이고 복잡한 뉴욕이라는 대도시를 이룬다. 이와 비슷하게 우리 뇌 안의 뉴런 연결에는 각각 목적이 있지만 이 연결이 모여 이루는 복잡한 망인 커넥톰은 우리가 전체로 어떤 사람인지를 결정한다. 그뿐 아니라 이 신경망은 우리가 자기 능력을 활용해 과학을 연구하고, 시를 쓰고, 농구 경기에서 이길 전략을 짜면서 이루는 성취에서 핵심 역할을 한다.

이토록 중요한 뉴런 연결은 어디서 시작될까? 물론 유전 측면을 과소평가해서는 안 된다. 하지만 과학적 증거를 살펴보면 타고난 잠재력의 실현 여부는 대체로 아동의 생애 초기 언어 환경에 따라 정해진다고 보아야 한다.

다시 말해 아이의 성공은 "부모의 언어"에 따라 결정된다.

하지만 "부모의 언어"라는 용어에는 오해의 소지가 있다. 부모의 말에는 단순히 아이의 어휘력을 늘려 주는 것 이상의 마법 같은 영향력이 있기 때문이다. 부모의 언어는 부모가 아이에게 말하는 단어의 "숫자"와 부모가 아이에게 말하는 "방식"을 아울러 가리킨다. 이 때문에 부모의 언어는 수학, 공간 추론, 문해력, 자기 행동을 통제하는 절제력, 스트레스 대처 능력, 끈기, 심지어 도덕심에까지 영향을 미친다. 더불어 뉴런 연결 중 어떤 것을 강화해서 남기고 어떤 것을 쳐낼지 결정하는 과정에서 핵심 촉매 역할까지 한다.

사람은 누구나 능력을 발휘할 수 있는 분야와 성공할 가능성이 별로 없는 분야가 어느 정도 정해진 채로 태어난다. 언어 환경이 아무리 좋다 한들 약점을 지워 없애거나, 모든 분야에서 최고의 성취를 거두게 할 수는 없다. 하지만 우리가 지닌 잠재력을 실제로 온전히 펼칠 수 있는지는 태어나서부터 생후 3년까지 두뇌가 발달하는 동안 어떤 일이 일어나는지에 따라 크게 좌우된다는 사실이 과학으로 증명되었다.

간단히 말해 혈통에 따른 운으로 우리가 물려받은 유전 잠재력은 어린 시절에 경험하는 부모의 언어(우리의 두 번째 제비뽑기에 해당하는 환경)의 양과 질에 따라 억눌리거나, 파괴되거나, 실현된다는 뜻이다.

이는 모든 부모가, 아니 모든 사람이 반드시 알아야만 하는 중대한 사실이다.

여자아이는 정말로 수학을 잘 못할까?

"난 수학이 싫어요!" 우리 큰딸 제너비브는 열한 살 무렵 이렇게 선언했다. 딸은 잔뜩 흥분해서 몇 번이고 "수학은 나한테 안 맞아요"라고 했다. 4년이 지나고 키가 20센티미터가 넘게 자란 지금 제너비브는 수학 영재다.

솔직히 누가 내게 우리 딸과 아들이 뭘 가장 잘하는지 물으면 수학이라고 답하겠다. 하지만 딸이 수학을 잘한다고 하면 감탄하는 듯한 미소와 함께 "여자앤데 수학을 잘해요? 와!"라는 반응이 돌아온다. 반면에 아들이 수학을 잘한다고 하면 어느 정도 당연한 일로 취급받는다. 딸이 인문학과 토론, 작문을 잘한다는 사실에 아무도 놀라지 않는 것과 마찬가지다. 여자아이는 원래 그런 걸 잘한다고들 생각한다.

고백할 게 있다. 처음에는 남편과 나 또한 알게 모르게 이런 선입견에 젖어 있었다. 아이들이 아주 어릴 때 이런 농담을 하곤 했다. 우리 딸은 제대로 된 문장으로 말하면서 세상에 태어났고 우리 아들은 여러 자리 나눗셈을 하면서 태어났다고. 그때만 해도 부모의 말이 아이의 수학 실력에 영향을 미치는 촉매가 된다는 책을 쓰게 되리라고는 짐작조차 못 했다.

이제는 인정한다……. 우리가 틀렸다는 걸! 미안해, 딸!

우리가 틀렸음을 알아내고 그걸 벌충하려고 노력하면서 딸을 대하는 태도가 바뀌었고, 그 덕분에 딸의 수학 실력이 달라졌는지 모른다. 그렇다면 나라 전체가 틀렸음을 깨닫고 문제를 고치려 한다면 학교에서 아이들을, 그러니까 여학생과 남학생을 대하는 분위기가 달라질지 모른다.

미국이 수학 학업 성취도에서 뒤떨어져 있으며 이 문제를 개선해야 한다는 것은 널리 알려진 이야기다. 과학science, 기술technology, 공학engineering, 수학mathematics을 한데 묶어 "STEM"이라고 부른다. 이 융합 교육 분야에서 미국은 다른 선진국, 특히 중국과 비교해 급격한 하락세를 보인다는 사실이 점점 명백하게 드러나고 있다. 이는 우리 아이들과 교육뿐 아니라 나라 전체의 생산성과 경쟁력이 달린 문제다.

엘리자베스 그린Elizabeth Green이 쓴 《뉴욕타임스》 기사 〈왜 미국인은 수학에 약한가?〉는 무척 재미있지만 마냥 웃을 내용은 아니다.[5] 여기서 그린은 1980년대에 패스트푸드 체인점 A&W의 소유주 A. 앨프리드 터브먼A. Alfred Taubman이 맥도널드 고객을 자기 회사 쪽으로 데려오려 했던 일화를 들려준다.

맥도널드의 "쿼터 파운더 버거"를 좋아하는 고객을 끌어들이려고 터브먼은 고기 무게가 4분의 1파운드인 맥도널드 쿼터 파운더와는 달리 A&W의 "베터 테이스팅 버거"의 고기 무게는 3분의 1파운드라고 광고했다. 같은 가격에 4분의 1파운드 대신 3분의 1파운드!

정말 좋은 아이디어 아닌가?

음, 그렇지가 않다! 3분의 1이 4분의 1보다 더 큰 숫자라는 사실을 사람들이 모른다면 말이다.

터브먼은 업계 최고의 마케팅 회사 얀켈로비치, 스켈리 & 화이트 Yankelovich, Skelly & White에 연락해서 A&W의 광고가 먹히지 않는 이유를 알아봐 달라고 요청했다. 연구 결과 설문 응답자들은 의심할 여지 없이 맥도널드보다 A&W 버거의 맛을 더 선호했다.

아주 사소한 문제 하나만 빼고.

응답자들은 이렇게 물었다. "이 가격이면 맥도널드에서는 고기가 4분의 1파운드인데, 대체 왜 A&W에서는 3분의 1파운드에 같은 돈을 내야 하죠?" 응답자 가운데 절반 이상은 3이 4보다 작으므로 A&W가 실제로 바가지를 씌우고 있다고 생각했다![6]

이런 문제는 햄버거 감정가들에게만 국한되지 않는다. 잘못된 계산의 함정에 빠지는 의료 전문가 역시 적지 않다. 의사와 간호사는 의약품 정량을 계산할 때 실수를 저지르곤 한다. 사실 이 같은 문제가 너무 자주 일어나는 나머지 "의학에서 수학을 빼 드립니다"라는 슬로건을 내세운 eBroselow.com처럼 의사와 간호사가 약품 용량 계산을 쉽게 하도록 도와주는 서비스 업체까지 생겨났다.[7]

수학 실력은 유치원부터 격차가 벌어진다

한 나라의 미래는 국민의 교육 수준과 밀접하게 연결된다. 여기에 반박할 사람은 아마 별로 없으리라. 국가 차원에서 수학 실력 격차에 신경 쓰는 것은 패스트푸드점 햄버거 가격이나 가끔 용량이 헷갈려 머리를 긁적이는 의사 때문이 아니다. 정말 중요한 것은 언젠가 자라서 이 민주 사회를 좌지우지할 중추가 될 학생들의 학업 성취 수준이다.

바로 이 지점에서 걱정이 심각해진다. 그리고 그럴 만하다.

전 세계 고등학교 학생들의 수학 실력 순위를 매기는 국제 학업 성취도 평가Program for International Student Assessment Examination, PISA에서 2012년 미국의 성적은 다음과 같았다.[8]

1~26

27. 미국

28~65

미국은 러시아, 헝가리, 슬로바키아 등과 함께 작은 쪽배를 탄 신세다.

맨 위에는 누가 있느냐고? 중국(상하이), 홍콩, 싱가포르, 대만이 있다. 연구에 따르면 15세 상하이 청소년의 수학 실력은 같은 연령

대 "매사추세츠주 청소년보다 (……) 2년 이상" 앞섰으며, 심지어 매사추세츠주는 "미국에서 상위권에 속하는 주"였다.[9]

성적이 낮은 아이들의 비율이 높아서 전체 평균이 떨어지는 바람에 순위가 낮게 나왔다는 자기 위안은 통하지 않는다. 미국은 "수학 최상위권 학생" 비율 또한 현저히 낮았기 때문이다. 예를 들어 수학에서 "우수"로 평가된 학생은 미국이 9퍼센트 이하인 반면 상하이는 무려 55퍼센트, 싱가포르는 40퍼센트, 캐나다는 16퍼센트 이상이었다.[10]

미국 15세 청소년의 부진한 수학 성적은 중학교 2학년, 초등 4학년, 초등 1학년, 심지어 유치원에서까지 단계별로 비슷하게 나타난다.[11] 이와 대조적으로 중국 어린이들은 일찍부터 수학에서, 그러니까 덧셈, 뺄셈, 숫자 세기, 특정 숫자의 위치를 0에서 100까지 수직선에 정확히 표시하기 등 다양한 문제에서 뛰어난 모습을 보인다. 중국 유치원생은 숫자 어림에서 미국 초등 2학년과 엇비슷한 능력을 보인다고 밝혀졌다.[12]

국제 학업 성취도 평가 결과가 나온 뒤 미국 교육부 장관 아니 덩컨Arne Duncan이 처음으로 내놓은 제안은 미국이 진지하게 "유아 교육에 투자"하기 시작해야 한다는 것이었다. 그의 제안에는 전체 교육 기준을 끌어올리고, 대학 등록금을 내리고, 수준 높은 교사를 확충하고 유지하기 위해 노력해야 한다는 내용이 포함되어 있었다. 하지만 그의 제안에서 가장 핵심은 수학을 비롯해 평생 학업 성취에 결정적 영향을 미치는 시기인 생후 5년 동안의 아동 교육을 개선하자는 것이었다.

아이들은 태어난 첫날부터 숫자를 안다

미국 아이들이 수학에서 이토록 심하게 뒤처지는 이유는 무엇일까? 중국이나 다른 아시아 국가 아이들은 왜 수학을 잘할까? 어떻게 하면 미국 아이들이 나아질 수 있을까?

정확한 답은 아직 나오지 않았지만 살펴봐야 할 중요한 영역이 여럿 있다. 예를 들어 중국 아이들이 수학을 더 빨리 이해하는 이유는 언어 덕분이라는 설이 나왔다. 영어에서는 11이 "일레븐eleven"이라는 별개 단어다. 반면에 아시아 언어에서는 논리상으로 "열" 다음인 "열하나"다.[13] 더불어 아시아 국가에서는 부모나 교사가 수학을 중시하는 수준이 눈에 띄게 다르다.[14]

수학 능력에 관한 초기 연구는 하트와 리즐리 이전의 언어 연구와 비슷했다. 수학 실력에서 격차가 생기는 원인을 찾기보다는 모든 아동의 보편적 수학 능력 발달에 초점을 맞추는 경향이 있었다. 당시에는 아이들이 "수학 백지" 상태로 학교에 와서 개인의 타고난 능력에 따라 수학을 흡수한다는 생각이 널리 받아들여졌다.[15] "인지 발달 이론"으로 교육학계에 지대한 영향을 미친 발달심리학자 장 피아제Jean Piaget는 실제로 유아는 추상적인 수학 사고를 할 준비가 되지 않은 "전조작preoperational"단계에 있다는 점을 근거로 유아 교육에서 수학을 제외해야 한다고 주장했다.[16]

"만 4~5세의 평균 아동은 (……) 아마 여덟이나 열 정도까지 숫자를 셀 수는 있을지 모른다." 피아제의 한 열렬한 지지자는 이렇게 말했다. "하지만 피아제의 (……) 계몽적인 실험을 보면 이런 언어 표면 아래 가려진 (……) 아이들에게는 숫자의 희미한 개념조차 (……) 없다는 사실이 드러난다."[17]

아동을, 다음에는 유아를, 그다음에는 영아를, 결국에는 신생아를 본격 관찰하고 나서야 연구자들은 "숫자의 희미한 개념"보다 훨씬 많은 것을 발견하게 되었다. 놀랍게도 아이들이 태어난 첫날부터 수학 능력을 보인다는 사실을 이들은 알아냈다.

피아제의 이론과는 정반대로 아기는 타고난 비언어적 "숫자 감각"과 사물 개수를 비교해 "어림짐작"하는 능력을 지닌 채로 이 세상에 태어난다.

심지어 태어난 지 겨우 이틀 된 신생아도 일종의 숫자 맞히기 게임을 할 줄 안다. 신생아에게 여러 음절로 된 소리를 들려주자 아기가 그 소리를 같은 개수의 기하학 도형과 연결하는 모습을 보고 연구자들은 이 사실을 알아냈다.[18] 예를 들어 신생아에게 "뚜- 뚜- 뚜-뚜-"라는 소리를 들려주면 아기는 사각형이 4개 있는 그림을 더 오래 쳐다본다. 12음절짜리 소리를 들려주면 아기는 사각형 12개짜리 그림을 쳐다본다.

더욱 놀라운 사실은 6개월 된 아기가 소리 횟수를 물건 개수와 연결하는 능력이 흔히 아이의 최종 수학 실력을 예측하는 지표가 된다는 점이다.[19]

우리는 어림수 체계를 타고난다

"어림수 체계approximate number system"는 우리가 숫자를 다루는 능력의 첫 번째 단계다. 숫자를 어림잡고 그 추정치와 연관된 간단한 수학 절차를 수행하는 능력을 가리키는 말이다.[20]

성인으로서 우리는 초콜릿 과자가 든 단지 여러 개 중에서 하나를 골라야 한다면 엄격한 다이어트를 할 때를 빼고는 당연히 과자가 가장 많이 든 단지를 고른다. 엄격한 다이어트 중이라고 해도 아마 결과는 같을 것이다. 슈퍼마켓에 갔는데 계산대 줄이 10개라면 우리는 재빨리 각 줄의 길이를 어림한 다음 가장 짧은 쪽으로 향하면서 나와 동시에 똑같은 계산을 했을 다른 사람의 진로를 능숙하게 차단한다. 두 사례 모두 어림수 체계가 사용되는 예다. 그렇다고 너무 으쓱해질 필요는 없다. 이는 인간에게만 한정된 능력이 아니며 쥐, 비둘기, 원숭이 등 여러 동물이 이런 감각을 타고난다.

이 타고난 숫자 감각이 자연스럽게 숫자와 연관된 단어를 이해하는 방향으로 이어진다면 좋겠지만 유감스럽게 그렇지는 않다. 더불어 이런 이해는 수학 실력과 밀접한 연관이 있다.

첫 3년간의 언어 환경이 수학 실력에 결정적이다

어림수 체계가 있다고는 해도 숫자를 어림잡는 신생아의 능력에서 대수, 미적분 등 더 고등한 수학을 배우는 단계까지 가려면 넘어야 할 산이 많다. 그리고 과학적 증거에 비추어 볼 때 이 또한 초기 언어 환경의 영향이 필수다. 어림수 체계 덕분에 영유아는 말이나 기호에 의지하지 않고 본능적으로 숫자를 어림할 수 있지만 더 높은 수준의 수학을 배우는 능력은 전적으로 언어에 달려 있기 때문이다.

많은 미국인 부모가 경험으로 알고 있듯 조그만 도넛 모양인 치리오스Cheerios는 그냥 시리얼이 아니라 아기에게 숫자를 가르치는 훌륭한 학습 도구다. "하나, 둘, 셋, 넷, 다섯." 나는 아기용 식탁 의자에 딸린 쟁반에 치리오스를 하나씩 늘어놓으며 우리 막내이자 둘째 딸에게 이렇게 말한다. "하나, 둘, 셋, 넷, 다섯!" 그러면 한 살짜리 아멜리는 자신의 수학 재능 따위는 전혀 모르는 채로 "하나, 둘, 셋, 넷, 다섯"이라고 따라 말한다.

솔직히 진짜로 "하나, 둘, 셋, 넷, 다섯"이라고 말하는 건 아니지만 엄마인 내 귀에는 그만하면 꽤 비슷하게 들린다. "아주 잘했어." 나는 칭찬을 건넨다. 그러면 아멜리가 미소 짓고, 나도 미소 짓는다. 그리고 엄청난 속도로 능력과 힘을 축적하는 중인 딸의 뇌는 간식거리를 매개로 숫자와 숫자를 가리키는 단어를 저장해서 미적분을 향한 길로 나아간다.

아멜리와 마찬가지로 거의 모든 유아는 "하나, 둘, 셋, 넷, 다섯"이라고 숫자를 따라 말할 줄 안다. 그러면 부모는 수학 재능을 싹틔우는 꼬마 아인슈타인을 보며 환하게 웃어 준다. 하지만 이런 단어가 단순히 개별 사물을 가리키는 것이 아니라 개별 사물의 "집합"을 가리킨다는 사실을 이해하려면 갈 길이 멀다.

이 말은 치리오스를 하나씩 가리키면서 "하나, 둘, 셋, 넷, 다섯"이라고 숫자를 셀 때 아이는 각 숫자가 사물 1개를 가리킨다고 생각하기 쉽다는 뜻이다. "다섯"이라는 단어가 실제로 5개로 이루어진 집합, 이를테면 치리오스 5개, 토끼 5마리, 손가락 5개 등을 가리키는 추상 개념임을 이해하려면 엄청난 도약이 필요하다. 2든 22든 숫자가 개별 사물의 집합을 나타낸다는 이 개념을 알면 "집합수의 원리 cardinal principle"라고 불리는 규칙을 이해하게 되었다는 뜻이다. 이 개념의 이해는 아이가 더 고등한 수학을 이해하는 길로 착실히 나아가고 있다는 중요한 지표다.

집합수의 원리 이해는 발달이 적절하게 이루어지면 4세 무렵에 완료된다. 이 단계가 그토록 중요한 이유는 무엇일까?

캘리포니아대학교 어바인캠퍼스의 저명한 교육학 교수 그레그 덩컨Greg Duncan의 여러 중요한 저작 중에는 취학 연령 아동의 수학 능력이 초등 3학년까지 수학 성적과 문해력[21]을, 그리고 15세까지 수학 성적[22]을 예측한다는 연구 결과가 있다. 물론 학교에 들어가 수학에서 긍정적 방향으로 나아가도록 이끌어 줄 기본 수학 능력의 준비

여부에는 아이가 타고나는 수학 잠재력의 영향이 있을 것이다. 하지만 여기에서도 첫 3년간의 언어 환경 격차가 결정적 역할을 하는 것으로 보인다.

강력한 힘을 지닌 부모의 수학 언어

시카고대학교 수전 레바인 교수와 동료들은 "언어 발달 프로젝트"의 일환으로 14~30개월 유아 약 40명과 그 가족을 추적 관찰했다. 이를 통해 연구진은 인지 발달 전반에서 초기 언어 환경이 차지하는 중요성에 관한 이해의 지평을 대폭 넓혔다.

연구진은 관찰 시간에 부모와 아이가 가정에서 나누는 모든 말, 몸짓, 상호작용을 꼼꼼히 영상에 담았다. 이들의 연구는 아이의 생애 초기 언어 환경이 이후의 학업 성취를 위해 아이를 준비시키는 데 막대한 영향을 끼친다는 하트와 리즐리의 발견을 재확인해 주었다. 그런데 레바인의 팀은 거기서 멈추지 않고 부모의 말에 한층 구체적이고 강력한 힘이 깃들어 있음을 추가로 밝혀냈다.

기록한 영상을 찬찬히 살펴본 레바인은 이미 예상했던 말의 양과 질 격차에 "수학 언어"라는 엄청난 차이점이 추가되면서 문제가 더 복잡해진다는 사실을 알아냈다. 90분씩 5번의 가정 방문에서 어떤 아이들은 수학 관련 단어 4개를 들었고, 다른 아이들은 250개 이상을 들었다. 그러므로 일주일이면 어떤 아이들은 28개, 다른 아이들은 1799개의 수학 단어를 듣는 셈이다. 1년으로 기간을 늘려 보면 다른 아이들이 거의 10만 개를 들을 동안 어떤 아이들은 수학 단어를 1500개밖에 듣지 못한다는 뜻이다.[23] 실로 엄청난 차이다.

그 뒤 레바인 교수와 동료들은 테스트를 활용해서 이런 차이가 아이의 수학 능력을 예측하는지 아닌지 확인했다. 먼저 네 살이 조금 안 되는 아이들에게 서로 다른 개수의 점이 찍힌 카드 2장을 보여 주었다. 그런 다음 아이에게 숫자 하나를 말해 주고, 점의 개수가 그 숫자와 일치하는 카드를 가리켜 보라고 했다. 아이가 숫자를 가리키는 단어를 실제 그 숫자만큼의 점과 연결할 수 있는지 확인하기 위해서였다.

결과는 의심의 여지가 없었다. 더 많은 수학 단어에 노출된 아이들은 예상대로 점의 개수가 일치하는 카드를 고를 확률이 높게 나타났다. 이 아이들은 숫자 관련 단어를 더 적게 들은 또래보다 수학의 기본이 되는 집합수의 원리를 훨씬 잘 이해했다. 이 사실은 부모의 말이 지닌 힘을 여실히 증명한다.

공간 능력을 길러 주는 부모의 공간 언어

또 하나의 수학 관련 능력인 공간 능력은 사물이 서로 물리적으로 어떻게 연관되는지 이해하는 능력을 가리킨다. 예를 들어 태양과 달의 거리, 그림을 완성하기 위해 한 퍼즐 조각과 다른 퍼즐 조각이

꿰맞춰지는 방식, 엠파이어스테이트 빌딩의 1층과 102층의 차이 등을 아는 것이다. 공간 배치의 시각화, 어느 쪽이 옳은 길인지 파악하는 능력도 포함된다. 심지어 로절린드 프랭클린Rosalind Franklin의 평면 이미지를 참고해서 왓슨Watson과 크릭Crick이 이제는 너무나 유명해진 DNA의 이중 나선 구조를 3차원으로 재현해 낸 업적 또한 이에 해당한다.

1982년 노벨상 수상자 에런 클루그Aaron Klug는 수상자 연설에서 로절린드 프랭클린의 2차원 이미지 덕분에 자신의 팀이 핵산 단백질의 3차원 구조를 알아낼 수 있었다고 말했다. 이는 공간 지능을 매개로 천재성이 시너지 효과를 일으킨 좋은 예다.[24]

과학, 기술, 공학, 수학 성취도에서 중요한 예측 변수인 공간 능력 또한 부모의 말에 뿌리를 두고 있다. 수전 레바인은 자신의 연구에서 동그라미, 네모, 세모, 더 크다, 둥글다, 뾰족하다, 길다, 짧다 등 물체의 크기와 모양을 나타내는 단어 사용을 통해 부모의 "공간 언어" 격차를 조사하고, 이러한 차이가 물체의 공간 관계를 이해하는 아이의 능력에 영향을 미치는지 확인했다.

결과는 인상적이었다. 아이들이 14개월일 때 시작되어 2년 반 동안 지속된 연구에서 각 아동이 들은 공간 언어의 양과 유형에는 극심한 차이가 있었다. 13시간 30분의 녹화 시간 동안 어떤 아이들은 고작 5개의 공간 단어를 들었고, 다른 아이들은 525개 이상을 들었다. 당연히 더 많은 공간 단어를 들은 아이들이 더 많은 공간 단어를 말했다. 격차는 놀랍게도 4개에서 200개에 달했다.

2년 뒤 아이들이 네 살 반이 되었을 때 연구팀은 아이들을 다시 평가했다. 이번에 살펴본 것은 머릿속에서 물체를 회전시키고, 본보기대로 블록을 쌓고, 공간 지식으로 조건에 맞게 가정해 보는 "공간 유추"를 이해하는 등의 공간 능력이었다.

이번 역시 예상한 대로 결과가 나왔다. 레바인 교수와 연구팀은 공간 언어를 더 많이 듣고 더 많이 사용한 아이들이 공간 능력 테스트에서 훨씬 좋은 성적을 냈음을 확인했다. 이 결과가 그저 이 아이들이 "더 똑똑하기" 때문이 아니라 전적으로 공간 단어를 듣고 사용한 경험과 관련되어 있다는 점이 데이터를 통해 밝혀졌다.[25]

레바인 교수의 연구는 특정한 비언어 능력이 말에 의해 발달할 수 있음을 보여 주었다. 문제는 물론 "어떻게?"다. 물체의 물리 구조와 여러 물체의 관계에 관한 말을 듣는 것만으로 공간 설계와 공간 관계에 관한 아이의 인식이 전반적으로 증가할까? 내가 보기에 이는 말을 번역해서 원래 그 말에 담긴 의미보다 더 크고 더 복잡한 개념과 능력에 도달하는 뇌의 놀라운 힘을 보여 주는 또 하나의 사례일 뿐이다.

하지만 반드시 함께 고려해야 할 점이 있다. 아이의 뇌에 알맞은 "지식 양분"을 공급하는 것은 수학을 비롯해서 아이가 특정 주제를 이해하도록 돕는 효율적인 첫걸음이다. 그렇지만 네 살 반에 공간 관계를 이해한 아이가 전부 아인슈타인이나 니콜라 테슬라Nikola

Tesla가 되는 건 아니다.

훌륭한 피아니스트가 될 잠재력이 있었는데 "연습할 시간이야"라는 말에 "나중에요, 엄마"라고 대답한 사람은 30년이 지난 뒤에도 〈젓가락 행진곡〉밖에 칠 줄 모른다. 이와 마찬가지로 네 살 반에 탁월한 공간 능력이 있었으나 수학 공부보다는 축구나 단편소설 쓰기를 더 좋아했던 아이는 아마 수학자가 되지는 못할 것이다. 토대가 존재하더라도 결과가 나오려면 그 위에 관심과 연습, 그리고 더 많은 연습이 더해져야 한다.

성 고정관념으로 학습 능력을 판단하지 말자

유아기의 수학 관련 언어가 이후의 수학 성취도를 좌우하는 촉매라는 이 연관성은 전통적으로 여자아이에게는 해당하지 않는 이야기였는지 모른다.

모든 연구에서 같은 결과가 나온 것은 아니지만 중위 및 중상위 계층 엄마들을 대상으로 한 연구에서 2세 이하의 딸이 듣는 수학 관련 단어는 아들의 절반 정도라고 밝혀졌다.[26] 덧붙여 이 연구에서 여자아이는 수학에 필수인 "집합수"에 관한 이야기를 남자아이의 3분의 1 정도밖에 듣지 못했다.

다른 모든 연구에서 유아기 수학 언어 노출에서 성별 격차가 나타난 것은 아니다. 그러나 여자아이의 수학 성취도에 더 심각한 영향을 미치는 유형의 말이 존재한다. 바로 성 고정관념이 포함된 말이다. 이런 말은 여자아이가 자기 관심 분야에서 멀어지게 하고, 이로 인해 중요한 STEM(과학, 기술, 공학, 수학) 분야를 포함한 다양한 영역에서 전문성을 키울 기회를 원천 차단하는 결과를 부른다.[27]

연구에 따르면 이 문제는 인생의 첫 단계에 이미 시작되며, 여자아이의 수학 능력에 대한 부모와 사회의 선입견이 격려 부족과 미묘한 걸림돌이라는 결과로 나타나는 듯하다. 직접적이지 않더라도 수학은 "네 길이 아니다"라는 말을 들은 여자아이는 매우 확연하게 수학 능력이 떨어지기 쉽다.

어떻게 이런 일이 일어날까? 타고난 능력이란 자기 마음대로 꺼내 쓸 수 있는 것 아닌가? 실은 그렇지 않다. 알다시피 말은 사람의 자기 이미지에 큰 영향을 끼치며, 마찬가지로 능력에도 영향을 준다. 자기 이미지가 수학 "비능력자"인 사람에게 수학 능력을 학습하라는 과제가 주어지면 뇌는 그런 일을 할 능력이 없다며 자신과 싸우느라 지적 에너지를 다 소모해 버린다. 이는 성취로 가는 길을 막는 정신적 장애물이나 마찬가지다. 수학을 배울 능력을 타고났을 수는 있지만 이 능력은 사람을 혼란에 빠뜨리는 의심 탓에 쪼그라든다.

수학을 잘하는 여자아이들 역시 대개 자신이 또래 남자아이들보다 못하다고 평가한다. 여자아이들의 이런 자기 고정관념은 이르면 일곱 살부터 생겨난다.[28] 이런 말이 장기 성취도에 영향을 미친다는 점을 고려하면 수학, 공학, 컴퓨터과학 분야에 발을 들이는 여성의

수가 상대적으로 적은 원인이 여기 있다고 생각하지 않을 수 없다.[29]

하지만 최근 조사에 따르면 이런 흐름은 변하고 있는 듯하다. 이제 미국 학교의 수학 성취도에서 성별 격차는 줄어드는 추세며, 남학생만큼 수학을 잘하는 여학생의 수가 증가하고 있다는 연구 결과도 있다.[30] STEM 분야에서 일하는 여성 숫자 또한 늘어나는 중이다.[31] 중요한 점은 이런 현상이 성별에 따라 수학 능력이 결정된다는 선입견에 변화를 일으켜야 한다는 것이다. 그래야 가정과 학교에서 여자아이의 수학 학습을 바라보는 관점이 긍정적으로 바뀔 수 있다.

가장 큰 아이러니는 이 성 고정관념이 엄마에게서 딸에게로 대물림된다는 사실이다. 한 세대의 불안이 다음 세대로 이어지는 악순환이 끝없이 반복된다는 뜻이다.

엄마들은 끊임없이 아들의 수학 능력을 과대평가하고 딸의 능력을 과소평가하며, 실제 수학 성적이 반대로 나온다고 해도 이는 바뀌지 않는다.[32] 아들에게 수학 관련 활동을 더 많이 시키는 경향이 있으며, 그렇게 해서 수학 관련 경험이 늘어나면 당연히 관심도 높아진다.[33] 더불어 딸보다 아들이 수학 관련 직업에서 성공을 거두리라고 예측하는 엄마가 훨씬 많았다.[34] 더 충격적이고 슬픈 사실은 실제 학업 성취도라는 증거가 있어도 이런 태도는 바뀌지 않으며, 실제 수학 성적이 아무리 좋아도 딸 본인마저 이런 고정관념을 스스로 내면화한다는 것이다.[35] 여학생의 성적이 좋으면 사람들이나 학생 자신이나 선입견에 따라 직관적으로 "열심히 공부했기" 때문이라고 여기고, 성적이 나쁘면 "능력 부족" 탓이라고 생각한다. 대조적으로 남학생이 성공하면 그건 타고난 능력 덕분이며 실패하면 "열심히 노력하지 않아서" 그렇다고들 한다.

《질식Choke》의 저자인 인지과학자 시언 바일록Sian Beilock은 모든 직업군에서 스트레스와 불안이 학습과 성과에 미치는 영향을 연구했다.[36] 바일록과 레바인은 학습에 관한 연구에서 성인 여성이 자신의 수학 불안을 여자아이에게 옮긴다는 강력한 예시를 또 하나 발견했다. 이들은 연구를 통해 수학 성취도에 대한 초등 교사의 선입견이 학생에게 미치는 영향을 살펴보았다.[37] 집단으로서 초등 교사는 90퍼센트가 여성이면서 수학 관련 경력자 비율이 10퍼센트밖에 안 되는 직업군이므로 모든 대학 졸업자 가운데 가장 높은 수학 불안을 보이는 경향이 있다.

조사 대상은 초등 1, 2학년 담임을 맡은 여교사 17명과 이들의 담당 학급 학생들이었다. 학년 초에 교사들은 수학 불안을 평가하는 테스트를 받았다. 그런 다음 교실에서 남학생 52명과 여학생 65명이 교사의 "수학 불안" 수준과 아직은 아무런 관련이 없는 기존의 수학 실력을 평가받았다.[38]

학년 말이 되자 학년 초에 각 교사가 보였던 불안 수준이 해당 학급 여학생들에게 반영되었다. "수학 불안"이 심한 교사의 학급 여학생들은 학년 말에 수학을 잘하는 학생 이야기를 듣자 남자아이 그림을 그렸고, 읽기를 잘하는 학생 이야기를 듣자 여자아이를 그리는 비율이 높게 나타났다. 초등 교사가 자신의 수학 불안감을 일부 여학생에게 성 고정관념이라는 형태로 전염시켰을 뿐 아니라 이 성 고정관념을 내면화한 여학생들은 실제로 수학 실력 평가에서 남학생 전체보다 유의미하게 낮은 성적을 받았다.

반면에 "수학 불안"이 없는 교사의 학급 여학생들은 수학에서 성 고정관념을 드러내지 않았으며 남학생들과 비슷하게 좋은 점수를 받은 비율이 높았다.[39]

지적 능력은 고정불변이 아니다: 성장 마인드셋 심어 주기

가난한 이민자의 딸이었던 내 외할머니 새러 글럭Sara Gluck은 1930년대에 갖은 노력 끝에 피츠버그대학교를 졸업했다. 짐작했는지 모르겠지만 전공은 수학이었다.

가족 중 처음으로 대학에 갔던 외할머니는 2가지 일을 병행하며 대학에 다녔고, 마지막 해에 전공을 교육으로 바꾸셨다. 외할아버지가 내게 설명해 주신 대로 당시 여성에게 허락되는 직업은 교육과 간호뿐이었기 때문이다. 성 고정관념을 보여 주는 또 다른 예다.

당시 및 현재 세대의 여성들과 외할머니 사이의 차이는 무엇이었을까? 정확히 알아내기에는 너무 늦었다. 하지만 외할머니의 강인하고 꿋꿋했던 성격이 실마리가 될지 모른다. 외할머니는 실제로 캐럴 드웩Carol Dweck이 인터뷰하고 싶어 할 만한 분이셨다.

《마인드셋: 스탠퍼드 인간 성장 프로젝트Mindset: The New Psychology of Success》의 저자인 스탠퍼드대학교 심리학 교수 캐럴 드웩은 교육 분야에 커다란 영향을 미친 사고 혁명인 "성장 마인드셋growth mindset" 운동의 선도자다.[40] 드웩 교수가 주장하는 핵심은 이것이다. 부모와 교육자로서 우리는 "능력은 절대적이지 않으며 노력이야말로 성취를 좌우하는 요소다" "실패는 대개 능력 부족이 아니라 포기 때문이다"라는 마인드셋을 아이들에게 불어넣어야 한다.

드웩 교수에 따르면 타고난 능력을 칭찬하는 말로는 이런 목표를 이룰 수 없다. "넌 정말 수학에 강해." "넌 수학 소질을 타고났어." 이런 말은 수학이 이미 정해진 능력, 날 때부터 있거나 없는 "재능"이라는 생각을 아이에게 심는다. 그 결과 인내와 헌신, 치열한 노력의 결정적 중요성은 지워지고 만다. 이런 말에는 "네가 뭔가를 쉽게 해낼 수 없다면 그건 네가 충분히 똑똑하지 않기 때문이며 노력할 의미가 없다"라는 암시가 담겨 있다.

《과학계에는 왜 여자가 적을까?Why Aren"t More Women in Science?》라는 책에 실린 〈수학은 재능일까?: 여성을 위험에 처하게 하는 믿음 Is Math a Gift? Beliefs That Put Females at Risk〉이라는 글에서 캐럴 드웩은 과학계에서 여성이 하는 역할에 관한 자신과 다른 이들의 연구를 폭넓게 검토했다. 여기서 드웩은 여성 스스로 진실이라고 믿는 성 고정관념이야말로 여성이 수학에서 부진한 결정적 원인이라는 과학으로 증명된 사실을 알기 쉽게 풀어낸다. 중학교 2학년 무렵이면 벌써

남녀 학생이 수학 성적에서 상당한 격차가 벌어지지만, 이런 현상은 지적 능력이 성별에 따라 다르며 고정되어 있다고 생각하는 여학생에게만 나타난다고 그녀는 지적한다. 지적 능력이 가변적이고 개선 가능하다고 보는 여학생에게는 성 고정관념과 그로 인한 악영향이 거의 나타나지 않는다.

한편 남자아이들은 성 고정관념을 믿든 믿지 않든 성적에 별 영향을 받지 않았다. 이는 아마 그들이 성 고정관념의 부정적 측면에 해당하지 않기 때문일 것이다.

이 문제의 해결 방안을 찾기 위해 드웩과 다른 연구자들은 이런 질문을 던졌다. "정해진 능력"이라는 개념을 반박해서 학생들이 믿는 고정관념을 깨뜨리고, 수학 성적은 재능이 아니라 성실한 노력의 결과물이라는 확신을 심어 주면 어떻게 될까?

이 질문을 토대로 수학 성적이 떨어지고 성별 격차가 눈에 띄기 시작하는 시기인 중학교 학생을 대상으로 8번의 교육 프로그램이 시행되었다. 실험 집단은 뇌는 근육과 같으며 지적 능력과 전문 지식은 시간이 지나면서 누적된다고 배웠다. 비교를 위한 통제 집단 교실에서는 일반 지식만 가르치고 지적 유연성은 다루지 않았다.

성 고정관념의 영향력을 이미 아는 사람들에게 이 프로그램의 결과는 그리 놀랍지 않았다. 지적 능력은 가변적이며 개선되는 과정이라는 사실을 배운 실험 집단 아이들은 통제 집단과 비교해 유의미하게 높은 성적으로 학년을 마쳤다. 실제로 실험 집단에서는 수학 성적의 성별 격차가 거의 사라졌다. 반면 통제 집단에서는 여학생이 남학생보다 수학 성적이 훨씬 떨어졌다. 이는 드웩 교수의 이론을 강력히 뒷받침하는 증거였다.

이 연구의 흥미로운 결과가 하나 더 있다. 나중에 교사들은 학생들이 어떤 집단에 속했는지 모르는 채로 각 학생의 학습 의욕에 관한 의견을 알려 달라는 요청을 받았다. 교사들은 실험 집단이었던 학생들이 "학습 의욕 면에서 눈에 띄는 변화를 보였다"[41]라고 평가했다. 이로써 말의 힘이 수학을 비롯한 특정 능력의 발달은 물론이고 배우고자 하는 근본 의지에 얼마나 강력한 영향을 미치는지 다시 한 번 확인되었다.

칭찬이 독이 될 때

여기서 잠깐 이 세상에서 우리가 어디에 서 있는지 생각해 보기로 하자. 지금 우리는 어디로 가고 있는가? 그곳으로 가기 위해 얼마나 큰 노력을 기꺼이 쏟아부을 수 있는가?

앞서 말했듯 어린아이를 향한 부정적인 말, 금지하는 말은 두뇌 발달과 학습에 방해가 된다. 하지만 그렇다고 단순히 "넌 대단해" "넌 똑똑해" "넌 훌륭해"라고만 말하면 아이가 대단하고 똑똑하고 뭐든 할 수 있는 사람으로 자랄까? 대답은…… "아니요"다.

알고 보면 아이를 칭찬하는 방식 중에는 실제로 비생산적인 방식도 있다. 이는 직관적이지 않기는 하다. 결국 우리가 아이에게 "넌 정말 똑똑해" "넌 재능이 있어" 같은 말을 쏟아붓는 이유는 아이가 스스로 똑똑하다고 생각하면 정말로 똑똑해질 거라고 여기기 때문이다. 일리는 있다. 사람은 자신감을 품으면 원하는 것은 대략 뭐든지 해낼 수 있으니까.

그렇잖은가?

드웩 교수는 말한다. 아니라고, 틀렸다고.

이런 유형의 칭찬은 2차 세계대전 이후 미국에서 전례 없이 경제가 성장하면서 이전 세대와는 완전히 다른 방향으로 육아 면에서 급진적 변화가 일어날 무렵 등장한 현상이다. 그전까지는 대개 아이가 알아서 가족에 "적응"하도록 요구받았고 부모가 아이의 욕구에 맞춰 주는 일은 거의 없었다. 최소한 이 현상을 어느 정도 가속화한 사람은 철학자 아인 랜드Ayn Rand의 제자이자 연인이었던 심리치료사 너새니얼 브랜든Nathaniel Branden이었다.

《자존감의 심리학The Psychology of Self-Esteem》에서 브랜든은 자신을 긍정적으로 바라보는 것이야말로 개인의 행복과 사회 문제 해결 양쪽의 열쇠라고 역설했다.[42] 브랜든의 주장은 별로 응석을 부리지 못하고 자란 성인들의 민감한 부분을 건드리며 독자의 마음을 울렸다.

이 메시지에 크게 감명받은 한 사람인 캘리포니아주 하원의원 존 바스콘셀로스John Vasconcellos는 "자존감과 개인 및 사회의 책임감을 고취하기 위해" 주 정부 차원에서 특별 위원회를 발족했다.[43] 캘리포니아주에서 범죄를 예방하고, 낮은 학업 성취도를 개선하고, 10대 임신과 약물 남용 등 여러 사회악을 근절하기 위한 "사회적 백신"이 될 "자존감을 주입"하는 것, 이것이 위원회의 최종 목표였다. 부모들과 교육자들도 아이의 지적 능력을 칭찬해 아이가 스스로 "똑똑하다고 느끼게" 해서 배우고 싶은 의욕을 북돋우라는 권고를 받았다.

당시는 야구팀에 속한 모든 아이가 이기든 졌든, 홈런을 쳤든 삼진을 당했든 트로피를 받고, 부모는 부모대로 혼을 냈다가는 아이의 자존감에 지울 수 없는 상처를 줄까 봐 걱정하던 시대였다.

내 책장에는 캘리포니아주 자존감 특별 위원회의 마지막 보고서 〈자존감 넘치는 주를 향하여〉[44]가 다른 두툼한 두 책 사이에 세월의 더께를 덮어쓴 채 가지런히 꽂혀 있다. 어떤 아이디어가 대중을 흥분시키더라도 개념을 뒷받침하는 경험과 과학적 근거가 없다면 아무리 그럴듯하게 들린다 한들 아이디어의 운명은 잘해 봤자 언제까지나 책장에서 비생산적으로 얌전히 잠자는 것뿐임을 잘 보여 주는 예다. 자존감 운동은 보기에는 그럴싸했다. 그러나 한 비판적 논객이 말한 대로 자존감 이론이 "결함 있는 과학으로 오염되었기에" 효과를 거두지 못했다.

그러던 와중 캐럴 드웩 교수가 등장했다. 그녀는 이렇게 말했다. "적절하지 않은 방식으로 건네지는 칭찬이 있다. 이런 칭찬은 학생에게 힘을 주는 것이 아니라 수동적으로 남의 의견에 의존하게 하는 부정적 영향력, 일종의 마약이 될 수 있다."[45]

자존감보다 그릿 있는 아이로 키우자

드웩 교수의 연구는 매우 다른 방향의 육아 방식을 제시한다. 우리가 목표로 삼아야 할 것은 자존감이 아니라 자기 내부로 향하는 눈, 자기만족에서 우러나는 미소다. 해야 할 일이라면 부담스럽고 어렵고 오래 걸릴지언정 거의 즉시 그 일을 해낼 방법을 궁리하기 시작하는 아이를 우리는 원한다. 생각해 보면 이처럼 안정되고 생산적이고 의욕 있는 사람으로 아이를 키워 내는 것이야말로 부모들이 항상 품어 온 목표다.

드웩 교수의 과학적 접근은 이 목표의 달성이 타고난 능력보다는 끈질긴 의지력을 강화하는 데 달려 있음을 보여 준다. 우리의 진짜 소망은 우리 아이들이 장애물에 맞닥뜨렸을 때 그저 포기하지만 않으면 난관을 극복할 방법을 찾을 수 있다고 여기는 것이다.

이것이 바로 "그릿grit"이다.

교육계의 새로운 구호인 "그릿"은 아이가 열심히 노력하고 끊임없이 목표를 향해 나아가도록 이끌어 주는 끈기라는 자질이다. 펜실베이니아대학교 심리학 교수 앤젤라 더크워스Angela Duckworth와 《아이는 어떻게 성공하는가How Children Succeed》의 저자 폴 터프Paul Tough는 이 개념을 알리는 데 중심 역할을 했다. 양자택일의 문제는 아니지만, 아무리 똑똑하고 재능 있는 사람도 끈질긴 의지력, 즉 그릿이 없으면 잠재력을 제대로 발휘하지 못하기 마련이다.

그릿의 중요성은 분명히 확인되었다. 하지만 그릿을 아이에게 불어넣는 방법이나 그릿을 과학적으로 측정하는 방법조차 아직 초기 단계에 있다. 하지만 진전이 없는 것은 아니다. 그릿을 키워 주는 방법을 적극적으로 연구하고 있는 더크워스 교수는 "성장 마인드셋을 지닌 아이일수록 그릿이 강한 경향이 있다"라고 지적했다.

그릿과 성장 마인드셋은 완벽한 상관관계에 있지는 않다. 그러나 "내가 더 열심히 노력하면 더 잘할 수 있다"라는 성장 마인드셋은 "더 끈기 있게, 더 단호하게, 더 열심히 노력하는 사람을 (……) 만드는 데 도움이 된다." 더크워스 교수는 계속해서 이렇게 말했다. "성장 마인드셋을 갖춘 아이들은 실패하더라도 그것이 영원히 지속되는 상태라고 생각하지 않으므로 끈기 있게 노력할 가능성이 크다."

"똑똑함"과 그릿의 가장 중요한 차이점은 다음과 같다.

자신이 "똑똑함"을 타고났다고 생각하는 사람은 뭔가를 해내지 못하면 자신이 그걸 해낼 만큼 똑똑하지 못하거나…… 누가 문제를 조작했거나…… 어차피 중요한 일이 아니라고 결론짓고…… 포기해 버린다.

"그릿" 있는 사람은 뭔가를 해내지 못하면 첫 번째 시도일 뿐이고…… 얼마든지 더 해 볼 수 있기에…… 진짜로 싸워 보지도 않고 포기하려고 하지 않는다. 노력하기만 하면 거의 뭐든지 해낼 수 있다고 믿기 때문이다.

천부적으로 "똑똑한" 사람에게 지적 능력은 고정되어 변하지 않는 것이다. 반면 "그릿 있는" 사람은 단순히 성공하고자 하는 의지가 있고, 이 의지는 실제로 성공하는 데 결정적 역할을 한다.

이는 캐럴 드웩의 "성장 마인드셋" 대 "고정 마인드셋"과 매우 유사하다. "성장 마인드셋"은 "지적 능력이 도전을 통해 강화된다"라고 믿는다. 반면에 "고정 마인드셋"은 능력이란 절대적이며 변하지 않는다고 믿는다. 그래서 사람은 똑똑하거나 똑똑하지 않고, 해낼 수 있는 일과 그렇지 않은 일은 정해져 있다고 여긴다. 흔히 "넌 굉장해!" "넌 못 하는 게 없어!" 같은 "재능" 칭찬을 듣고 자라난 결과 생겨나는 고정 마인드셋은 장애물을 만났을 때 계속하려는 마음을 없애 버린다.

과정 중심 칭찬을 하자

그럼 어떤 것이 적절한 칭찬일까? 드웩 교수는 1998년 한 중요한 연구에서 "사람"을 칭찬하느냐 "과정"을 칭찬하느냐 하는 딱 한 가지만으로 아이가 의욕적으로 도전을 받아들일지 아닐지에 강력한 영향을 미칠 수 있다는 점을 밝혔다.

드웩 교수의 연구에서 5학년 학생 128명은 퍼즐을 완성하는 과제를 수행했다. 과제를 끝낸 뒤 일부 어린이는 똑똑하다는 칭찬을, 다른 아이들은 열심히 했다는 칭찬을 받았다. 그런 다음 아이들은 더 어렵지만 "많이 배우게 될" 퍼즐, 처음과 비슷한 퍼즐 2가지 중에서 두 번째 과제를 선택하라는 요청을 받았다. 그러자 "똑똑하다"는 말을 들은 아이 가운데 67퍼센트가 쉬운 과제를, 열심히 했다고 칭찬받은 아이 가운데 92퍼센트가 더 어려운 과제를 골랐다.[46]

이후로 캐럴 드웩의 선구적 연구를 뒷받침하는 탄탄한 논문들이 속속 등장해 "사람 중심" 칭찬 대 "과정 중심" 칭찬이 얼마나 다른 결과를 부르는지 재확인되었다.

사람 중심 칭찬 탓에 생겨난 고정 마인드셋을 지닌 아이들은 상황이 어려워지면 쉽게 포기하며, 더욱이 실패한 뒤에는 계속해서 낮은 수행 능력을 보여 더 심한 수렁으로 빠져들기 쉽다는 사실이 밝혀졌다. 게다가 이런 아이들은 남에게 "똑똑하다"고 여겨지는 것이 자기 이미지에서 매우 중요한 부분을 차지하므로 더 똑똑해 보이려고 자기 성취를 두고 거짓말을 할 확률이 더 높게 나타났다.

첫 3년간의 칭찬이 자녀의 성공을 예측한다

내 시카고대학 멘토이자 동료 교수인 수전 레바인과 수전 골딘-메도는 유아기에 칭찬이 미치는 영향을 연구하기 위해 캐럴 드웩 교수와 팀을 구성했다. 리즈 건더슨Liz Gunderson 교수가 이끄는 시카고대학교 언어 발달 장기 프로젝트의 일부인 이 팀은 1~3세 아동이 부모에게 받는 칭찬의 유형을 조사했다. 5년 뒤 이들은 아이의 마인드셋이 성장형인지 고정형인지, 마인드셋이 아이가 받은 칭찬 유형과 관련 있는지 후속 조사를 실시했다.

드러난 연관성은 매우 강렬했다.

연구의 첫 단계에서 아이가 14개월이 될 무렵이면 벌써 부모가 "똑똑함"을 칭찬하는지 "노력"을 칭찬하는지 "칭찬 스타일"이 정해진 다는 사실이 밝혀졌다.[47]

5년 뒤 연구팀은 첫 3년간 부지런함과 노력을 칭찬하는 "과정 중심" 칭찬을 더 많이 받은 아이가 7~8세에 성장 마인드셋으로 삶을 바라볼 확률이 훨씬 높다는 사실을 알아냈다. 더욱 흥미로운 사실은 성장 마인드셋이 초등 2~4학년의 수학과 독해력 성취도를 예측한 다는 점이었다.[48] 증거에서 확인된 대로 이런 아이들은 자신의 성공 이 열심히 노력하고 어려움을 극복한 결과며 노력하면 자기 능력이 향상된다고 생각하는 경향을 보였다.

일관성 있는 결과는 아니었으나 우려스러운 성별 격차도 나타났 다. 성별 격차가 두드러졌던 한 연구에 따르면 남자아이는 "과정 중 심" 칭찬을 받는 확률이 높았지만, 여자아이는 심지어 14개월 무렵 에도 "타고난" 능력을 칭찬받는 비율이 더 높았다. 이 연구에서 여자 아이들은 고정 마인드셋을 품은 결과 능력이란 변하지 않는 것으로 여길 가능성이 더 컸다. 이런 결과를 확실히 입증하려는 연구가 계 속 진행 중이다.

칭찬에서 성별 격차는 아직 입증이 필요하다. 하지만 "과정 중심" 대 "사람 중심" 칭찬의 효과 차이는 명백하다. 어떤 쪽을 택하든 부모는 아이에게 긍정적 영향을 주려는 의도로 칭찬을 한다. 그렇지만 과학적 증거에 따르면 "과정 중심" 칭찬을 해야 성공적 결과를 얻을 가능성이 커진다.

환경이 열악한 아이들에게도 그릿은 있다

그렇다면 우리가 얘기하는 그릿은 예나 지금이나 같은 그릿일까? 아니면 우리가 선호하는 그릿과 없어도 되는 그릿이 따로 있을까?

나는 시카고대학교 부설 차터스쿨 CEO인 셰인 에번스에게 물었다. "선생님은 '자기 확신 격차', 그러니까 자신은 해낼 수 있을 리가 없다고 느끼는 학생들의 뿌리 깊은 생각을 제거하려고 애쓰시는데요, 아이들에게 그릿을 가르치려고 노력하시나요?" 자기 확신 격차란 사실 그릿 부족을 보여 주는 또 다른 예가 아닌가?

전혀 그렇지 않다고 셰인은 설명했다. 자기네 학교 학생들은 그릿이 만만치 않다고 했다. 게다가 이 그릿으로 많은 일을 버텨 낸다. 다만 이런 일들이 늘 성적 향상에 도움이 되지는 않을 뿐이다. 셰인에 따르면 자기네 학교 아이들에게 필요한 것은 그릿의 방향 재설정이었다. 그리고 셰인과 동료들은 실제로 이 작업을 하는 중이었다.

범죄가 일상다반사인 동네에서 매일 버스를 여러 번 갈아타면서 등교해야 한다고 상상해 보자. 자신이 어떤 사람인지 알지도 못하면서 자신을 부정적으로 바라보는 사회에 맞서야 한다고 생각해 보자.

미래를 내다보려 하지만 앞날은 짙고 불투명한 커튼으로 가려져 있고, 옆에 달린 작은 출입구로는 누구나 들어갈 수 있지만 자신이나 "자신과 비슷한" 사람만은 예외다. 불충분하고 불평등한 교육과 의료 제도밖에 누리지 못하고, 불공평한 취업 기회밖에 돌아오지 않는다.

이런 아이들에게 그릿이 있을까?

엄청나게 많다고 셰인 에번스는 말한다. 그렇지 않으면 어떻게 살아남을 수 있겠는가?

셰인과 동료들에게 학생이 지닌 그릿의 방향을 전환한다는 것은 고등학교를 마치도록 이끄는 데서 그치지 않고 대학에 진학하고 자기 목표와 꿈을 이루는 삶을 누리도록 격려하고 응원한다는 의미다. 학생에게 성장 마인드셋, 해낼 수 있다는 내면화된 느낌을 심어 주는 것이 이런 전환의 토대가 된다. 이는 그저 생각하는 방식에 달린 문제이기 때문이다. 자기 자신을 믿지 말아야 할 온갖 이유를 주입해 왔고 앞으로도 주입할 세상으로부터 주도권을 되찾아 와서 이 힘을 자기 성취에 학생들이 활용하도록 하는 것, 이것이 궁극적으로 셰인과 동료들이 하는 일이다.

셰인의 생각은 과학 연구로 뒷받침된다. 연구에 따르면 소외 계층 학생에게 "성장 마인드셋"을 심어 주면 학업 성적에 심각한 악영향을 미치는 자기 고정관념이라는 위협에 대처하는 데 매우 효과적이라는 사실이 증명되었다. 이 연구에서는 부정적 자기 고정관념이 학업 성취에 끼치는 영향을 확인하기 위한 교육 프로그램을 실시했다. 소외 계층 학생 가운데 이 프로그램에서 지적 능력이 가변적이라고 배운 집단은 통제 집단보다 더 높은 평균 점수를 받았다. 그리고 인종별 성취도 격차가 40퍼센트 줄어들었다.[49]

2012년부터 2014년까지 시카고대학교 부설 차터스쿨 졸업생의 대학 진학 비율은 100퍼센트였다. 매년 졸업반 학생 전원이 대학에 갔다는 뜻이다.

성공의 또 다른 핵심 요인: 자기 조절과 집행 기능

지적 능력과 성장 마인드셋, 그릿은 각각 아이들의 성취에 중요한 요인으로 작용한다. 하지만 또 다른 핵심 요인이 없으면 이 3가지는 일부 연구자들의 표현대로 아무것도 이뤄내지 못하고 빙글빙글 돌기만 하는 화려한 군무에 불과하다.

여기서 2000년 노벨 경제학상 수상자인 시카고대학교 경제학 교수 제임스 헤크먼이 등장한다. 헤크먼 교수의 연구는 유아 교육에 투자함으로써 사회가 엄청난 비용을 절약하게 된다는 사실을 증명했다. 그가 한 계산에 따르면 아이가 태어난 첫해에 1달러를 투자할 때마다 사회는 7~8달러의 이득을 얻는다. 의심의 여지 없이 수지맞는 투자다.

불평등을 줄이고 인간 개발을 촉진할 결정적 방법을 찾고 개인이 자기 잠재력을 최대한 실현할 방법을 더 깊이 이해하는 것을 인생의 목표로 삼은 제임스 헤크먼은 고심 끝에 2014년 시카고대학교에 인간 개발 경제학 센터Center for the Economics of Human Development를 설립했다. 이 센터에서 진행하는 프로젝트에는 부모가 자녀에게 투자하도록 고무하는 전략 연구, 정직과 인내 등 비인지 능력의 측정과 육성, 유전과 환경의 관계 파악 등이 있다. 소장 앨리슨 바울로스Alison Baulos를 비롯해 경영학과 사회복지학 석사, 헌신적인 연구원과 직원 50명이 일하는 이 센터의 궁극 목표는 학력, 커리어 성공, 건강, 육아 등 삶의 여러 성과를 최적화하는 데 필요한 요인을 알아내는 것이다.

내가 처음 헤크먼 교수를 만났을 때 그의 외부 사무실은 전 세계에서 모여든 박사 과정 대학원생들로 북새통이었다. 숱 많은 백발에 키가 크고 매우 인상적인 헤크먼 교수는 인간적 매력이 넘쳤다. 그는 나를 사무실로 안내해서 맞은편 의자에 앉으라고 손짓했고, 우리는 대화를 나누기 시작했다. 사실 주로 말을 한 쪽은 나였다. 강력한 집중력으로 이야기에 귀를 기울이고 관심을 쏟는 그는 마치 자료를 읽어 들여 고속으로 분석하는 컴퓨터 같았다.

내가 이야기를 멈추자 그는 뒤로 기대앉으며 내가 그에게 해야만 했던 질문에 대한 답을 유창하게 설명했다. 헤크먼에 따르면 아이의 학업 성공을 좌우하는 결정적 요인은 "자기 조절self-regulation"(자제)과 "집행 기능executive function"(실행 기능)이다. 집행 기능은 목적을 이루기 위한 인지 처리 과정 전체를 가리키는 말이다. 이 자기 조절과 집행 기능이 없으면 아동은, 아니 누구든 뭔가를 성취할 확률이 극히 낮아진다. 모든 아이가 이 능력을 확실히 갖추게 하려면 무엇보다 유아기 투자를 우선시할 필요가 있다.

때로는 "성격 기술" 또는 "소프트 스킬"로 불리는 자기 조절과 집행 기능은 둘 다 자기 자신의 행동을 관찰하고 통제하는 능력을 가리킨다.

1960년대 후반 스탠퍼드대학교 심리학 교수 월터 미셸Walter Mischel은 마시멜로를 활용해 이 능력을 시험했다. 월터 미셸은 더 큰 보상을 기다릴지 작은 보상을 지금 받을지 택하는 방식으로 아이의 능력을 시험하는 실험을 진행했다. 그중에는 작은 보상이 마시멜로 1개, 큰 보상이 마시멜로 2개인 실험도 있었다.

수십 년 뒤 그는 이 연구 결과를 담은 《마시멜로 테스트》라는 책을 출간했다. 미셸의 연구 결과는 더 큰 보상을 기다릴 줄 알았던 아이들이 수년 뒤 학업에서 더 좋은 성적을 냈다는 사실을 입증해 보였다.[50]

가정 환경이 두뇌 발달에 끼치는 영향

마시멜로 먹기를 미룰 줄 아는 능력은 사실 훨씬 더 중요한 행동 방식을 나타내는 비유에 가깝다. 이를테면 충동적이고 부적절한 감정 폭발을 억누르거나, 유혹에 넘어가지 않고 참거나, 화가 나서 소리를 지르든지 남을 때리는 등의 폭력적 반응을 자제하는 것 등이다. 자신의 "자연스러운" 반응이 부정적이거나 문제를 악화할 때 이를 억제하는 이 능력은 다른 말로 "억제 조절inhibitory control"이라 불린다.

지적 능력과는 별개로 집행 기능과 자기 조절은 우리가 문제를 해결하려 할 때 문제를 악화하는 방향으로 충동 반응을 보이지 않도록 마음을 안정시키는 역할을 한다.

생산적이고 안정된 성인이 되는 데 필수인 이 능력은 날 때부터 타고나는 재능이 아니다. 유아기 환경에 크게 영향받는 이 능력은 영아기부터 성인기 초반까지 장기간에 걸쳐 획득되고 다듬어지며, 뇌에서 전두엽 피질로 알려진 부분과 절대적 관계가 있다.

가정 환경이 너무나 중요한 이유가 바로 여기에 있다. 전두엽 피질이 그냥 저절로 긍정적 방향으로 발달해서 자기 조절과 집행 기능의 완벽한 중추 역할을 하지는 않기 때문이다. 만약 그랬다면 인생은 한결 수월했을 터이다.

뇌의 이 영역은 실제로는 우리가 태어난 순간부터 불안과 위협에 극도로 민감하게 반응한다. 부정적이고 변덕스러운 부모의 말을 포함해서 감정적 스트레스를 주는 생애 초기 환경은 전두엽 피질 발달에 악영향을 미쳐 자기 조절과 집행 기능의 성장을 방해한다. 그리하여 결국에는 어린 시절뿐 아니라 성인이 된 뒤까지 삶의 스트레스에 대처하는 능력을 떨어뜨린다.

예를 들어 자기 조절과 집행 기능이 제대로 발달하지 않은 채로 유치원에 들어가는 아이는 학습에 어려움을 겪는다. 자기 마음을 어느 정도 차분하게 하는 법이나 제시되는 정보에 집중하는 법을 모르는 아이는 정보를 흡수할 수 없다. 이처럼 단순한 문제다. 그 결과 유치원 시기의 학습 효율이 떨어질 뿐 아니라, 아이의 잠재 IQ와 상관없이 향후의 학습 전망까지 어두워지게 된다.

게다가 한 아이의 학습만 방해받는 것이 아니다. 이 아이의 행동이 다른 아이들의 활동에 지장을 준다면 반 전체의 학습이 영향받는다. 이런 영향을 줄이려는 조치의 결과로 해당 아동은 흔히 "머리가 나쁘다"라거나 "못됐다"라는 말을 들으면서 한쪽으로 밀려나며, 이런 꼬리표는 대체로 지워지지 않고 그대로 실현되고 만다.

모든 아이가 환경의 영향을 받는다. 그중에서도 가난하게 태어난 아이들, 특히 남자아이들이 위험하다는 사실이 통계로 증명되었다. 왜일까? 가능한 이유는 여러 가지다. 희망을 없애고 삶을 복잡하게 하는 가난은 강력한 스트레스 요인이다.[51] 심지어 상황이 가장 좋을 때조차 스트레스 요인이 되는 아이의 탄생은 가난으로 인한 스트레스를 더욱 심화한다. 더욱이 빈곤 계층이 많이 사는 지역은 대개 주변에서 폭력 사건이 발생할 가능성 등을 비롯한 스트레스 요인이 가득한 곳이다.

아이가 스트레스에 영향받는 것은 당연한 일이다. 어떤 삶에나 스트레스는 존재하며 적은 양의 스트레스는 긍정적 효과를 내기도 한다. 하지만 유해한 만성 스트레스에 노출된 아이는 이미 자기 조절과 집행 기능에 문제가 생긴 채로 유치원에 들어갈 가능성이 크다. 그리고 이 문제는 흔히 아이의 향후 학업과 커리어 전체에까지 커다란 영향을 미친다.

그렇기에 이런 일이 일어나는 원인을 이해하는 것은 중요하다.

가정이 만성 스트레스에 노출되어 언어 의사소통이 거칠어지고 비난과 위협이 계속 가해지면 아이의 뇌가 취할 "방어책"은 임박한 공격을 끊임없이 경계하는 "과잉 각성"이다. 때로는 "투쟁-도피 반응"으로 불리는 이 방어 태세는 뇌가 자신을 지키는 방식일 뿐이다. 문제는 경계가 지나친 나머지 결국 뇌가 임박한 위협과 전혀 위험하지 않은 것을 구분하는 능력을 잃어버린다는 점이다. 뇌의 모든 에너지가 알지 못하는 것을 경계하는 데 쓰이므로 두뇌의 발달은 심각한 악영향을 받는다.

자기방어에 온 힘을 쏟는 바람에 두뇌 발달이 저해되면 알파벳이나 "1+1=2" 같은 기본적인 것을 포함한 추상 개념 학습에 심각한 손실이 생긴다. 이 손실은 해마다 누적되기에 이런 아이들은 10대가 되고 어른이 되면서 점점 더 또래보다 뒤처지게 된다. 그렇다면 이 아이들의 진정한 잠재력은? 우리는 결코 알 수 없다.

아이의 자기 조절을 기르는 열쇠, 언어 능력

부모의 말은 아이의 자기 조절과 집행 기능에 영향력을 행사한다. 하지만 더 중요한 것은 외부의 개입 없이 아이가 스스로 해내는 것이다.

예를 들어 "말로 해야지"라고 아이에게 타이를 때 우리는 사실 아이에게 행동을 멈추고 자신을 통제하라고 요구하는 것이다. 그러나 진짜 자기 조절 능력은 아이가 자기 자신을 타이를 수 있는지에 달려 있다. 행동을 절제해야 할 필요성은 항상 존재한다. 이때 외부의 지시가 없어도 자연스럽게 자기 조절 능력을 발휘하는 경우만 지적 성장이 가능할 만큼 뇌가 차분해지기 때문이다.

"말로 해야지"라고 하면 아이가 항상 그다지 긍정적이지 않은 반응 대신 말로 대처하는 아동으로 변신할까?

가끔은 그렇다. 하지만 아닐 때가 많다.

1934년 서른일곱의 나이로 세상을 뜬 구소련의 심리학자 레프 비고츠키Lev Vygotsky는 아동의 자기 조절 발달 연구에서 선구자 역할을 했다. 비고츠키는 보호자가 아이와 일상적 상호작용을 하면서 문화 표준을 전달해 궁극적으로 뇌에서 자기 통제 과정이 일어나도록 유도함으로써 아동의 자기 조절이 발달한다는 이론을 내놓았다. 비고츠키에 따르면 아이는 보호자의 뜻에 따르는 "환경의 노예" 상태였다가 보호자에게서 받은 도구를 활용해서 "자기 행동의 주인"이 된다.[52] 또한 이런 "도구"에는 언어와 비언어가 있지만, 비고츠키는 아동이 자제심을 배우는 데 주된 역할을 하는 언어에 초점을 맞췄다.

최근 들어 발견된 과학적 증거는 언어 능력이 아이의 자기 조절 발달에 중대한 역할을 한다는 비고츠키의 가설을 뒷받침한다. 난청이나 적절한 언어 환경 부족, 또는 기타 이유로 언어 발달이 지체된 아이는 자기 조절과 관련된 문제를 겪을 확률이 더 높다.[53] 반대 경우도 마찬가지다. 어휘 발달에 초점을 맞춘 교정 교육은 아동의 언어와 사회적 기술 양쪽을 발전시킨다는 사실이 밝혀졌다.[54]

취학 전 아동의 언어 능력 개발을 위한 교육 프로그램에 참여한 아이들이 사춘기 초반에 더 나은 사회적 기술을 보였다는 연구 결과가 있다.[55] 놀랍게도 가장 큰 긍정적 영향을 받은 것은 자기 조절 문제가 더 심했던 남자아이들과 고위험군 가정 출신 아이들이었다.[56]

아이의 혼잣말하기가 좋은 이유

두 살에서 일곱 살 무렵 어린이는 종종 주변에 사람이 없어도 재잘거린다. 그리고 이것은 좋은 일이다.

"혼잣말하기"는 아동의 자기 조절 발달에서 핵심이 되는 정신 도구임이 밝혀졌다. "자기 대화"라고도 불리는 미취학 아동의 혼잣말은 사실 더 능숙한 사회적 기술과 더 적은 행동 문제를 예견하는 표지다.[57] 교사들은 이런 아이가 더 높은 수준의 자기 조절을 보인다고

평가했다.[58]

반대 또한 마찬가지다. 한 연구에 참여했던 애팔래치아 지역 아이들처럼 혜택받지 못한 환경 출신 아동은 상대적으로 양이 적고 덜 발달한 형태의 혼잣말을 했고, 그 정도에 따라 자기 조절 능력과 사회적 기술에서 부정적 결과를 보였다.[59]

뉴욕대학교 심리학 교수 클랜시 블레어Clancy Blair와 시벨 레이버 Cybele Raver는 아동의 자기 조절과 집행 기능 개선 프로그램의 효과를 시험하고자 "마음의 도구Tools of the Mind"라는 프로그램으로 철저하고 세심하게 조정된 연구를 진행했다. 29개 유치원 원아 759명을 대상으로 한 이들의 기념비적 연구는 집행 기능, 추론 능력, 집중력 조절, 심지어 타액 내 코르티솔(스트레스 수준을 나타내는 호르몬) 농도에 이르기까지 긍정적 효과를 거두었다. 또한 초등 1학년까지 이어지는 독해, 어휘, 수학 능력 개선이 나타났다.[60]

이런 효과 가운데 일부는 극빈 지역 학교에서 특히 부족한 부분을 채워 주었다. 이는 초등학교 초반에 집행 기능과 자기 조절 능력에 초점을 맞추면 학업 성취도 격차를 줄이는 데 도움이 될 가능성이 크다는 뜻이었다. 심지어 블레어 교수 본인조차 연구 결과에 놀라움을 표했다. "우리는 '마음의 도구'를 손에 넣은 극빈 지역 학군 아이들이 다양한 핵심 능력 면에서 부유한 지역 아이들과 거의 똑같아졌다는 사실을 발견했습니다."[61]

부모의 말은 어떻게 아이의 홀로 서기를 도울까?

부모 또는 양육자의 언어는 행동과 감정 반응을 조절하는 아이의 능력 형성에서 중심 역할을 한다.[62] 언어가 풍부한 환경에서 자라는 아이의 향상된 언어 기술은 향상된 자기 조절 능력이라는 결과를 낳는다. 반대도 마찬가지다. 부모의 말이 적은 가정에서 자라서 언어 기술이 부족한 아이는 자기 조절 능력이 떨어지기 쉽다.

최근 연구에서는 너무 어려서 언어를 이해하지 못하는 아기에게 조차 이런 현상이 일어난다는 사실이 드러났다. 그저 자연스럽게 이어지는 소리를 듣는 것만으로 아기는 자기 조절과 집행 기능으로 가는 길로 접어들게 된다. 언어를 배우는 과정에서 일련의 소리를 들은 뇌는 정보를 순서대로 처리하는 틀을 만들기 시작하고, 이 틀은 집행 기능과 자기 조절에서 중요한 측면인 "반응의 계획과 실행"에 필요한 예비 단계가 된다.[63]

인디애나대학교 교수 크리스토퍼 콘웨이Christopher Conway, 빌 크로넨버거Bill Kronenberger, 데이비드 피소니David Pisoni와 동료들은 청각 장애를 안고 태어나 인공와우 이식을 받은 아이들을 대상으로 연구를 진행했다. 이들은 언어를 듣는 것이 아이의 언어 능력보다 훨씬 넓은 범위에 영향을 미치며, 소리를 듣지 못하는 것은 훨씬 근본적이고 깊은 수준에서 집행 기능과 자기 조절에 악영향을 준다고 결론 내렸다.[64]

아이가 아주 어릴 때 양육자의 적절한 말은 아이가 홀로 설 수 있도록 돕는 역할을 한다. 모든 칭찬, 아이를 지지하거나 바로잡으려는 모든 노력은 아이를 혼자서도 "잘하고" 독립적이고 생산적인 사람으로 키우기 위한 의식적인, 때로는 무의식적인 전략이다. 육아의 모든 측면이 그렇듯 흔히 성공은 아이가 자기 나이에 맞는, 가능하다면 혼자 할 수 있는 것보다 아주 약간 어려운 수준의 행동 기술과 문제 해결을 연습하도록 돕는 양육자의 세심한 관심에 달려 있다.

레프 비고츠키는 아이가 자기 능력을 살짝 벗어나는 수준에서 행동하도록 격려하는 것을 "근접 발달 영역zone of proximal development"이라고 불렀다. 아이가 조금 더 수준 높게 행동하도록 유도하는 방법은 아이에게 "이제 장난감 치워"라고 말하는 것과 "장난감 다 가지고 놀았으니 이제 어떻게 해야 할까?"라고 묻는 것의 차이에 있다.

첫 번째 말은 더 쉬우며, 의문 없이 이행해야 하는 "윗사람"의 명령이다. 반면에 두 번째 말은 아이의 싹트는 자주성을 키워 주며, 아이의 자기 조절과 집행 기능에 막대한 영향을 미친다는 사실이 과학으로 증명되었다. 지시하기보다는 차분하게 제안하는 엄마가 키우는 돌잡이 아기는 세 살이 되었을 때 다른 아이들보다 눈에 띄게 강한 집행 기능과 자기 조절 능력을 보였다.[65]

그라지나 코한스카Grazyna Kochanska 교수와 나잔 아크산Nazan Aksan 교수, 그리고 여러 학자가 진행한 다양한 연구에서도 부모가 아이의 자율성을 보장하고, 규칙을 왜 지켜야 하는지 설명하고, 감정 섞이지 않은 이유를 제시하며 훈육할 경우 아이의 자기 조절 능력이 강화된다는 결과가 나왔다.[66] 이런 아이들은 즉각 반사적인 행동을 보이지 않고 문제를 찬찬히 생각하는 확률이 더 높았다. 이 연구 결과로부터 아이들은 부모의 관리 방식을 자기 자신의 "혼잣말"로 내면화하고, 이것이 아이 자신의 행동 방향을 정하는 토대가 된다는 추론이 가능해진다.[67]

이것이 훈육이라는 동전의 앞면이라면 뒷면은 강압적인 부모가 미치는 부정적 영향이다.[68] 압박과 권위로 아이의 행동을 통제하려는 부모는 잠깐 동안은 아이가 말을 듣게 할 수 있을지 모른다. 그러나 장기간으로 보면 자기 조절과 집행 기능의 발달을 저해해서 자기 조절 능력에 심각한 문제가 있는 어른을 키워 낼 수 있다.

2가지 부모의 말: 지시보다 제안과 유도를 하자

부모가 아이의 행동을 통제하는 방식에는 크게 두 유형이 있다.

- □ **지시**: 아이의 참여를 제한하는 명령으로 꾸지람과 요구가 포함된다.
- □ **제안과 유도**: 아이의 참여, 의견, 선택을 끌어낸다.

큰 소리로 지시하는 바로 그 순간 부모는 자기가 쓰는 단어나 어조에 영향받은 아이가 자라서 어떤 어른이 될지 미처 생각하지 않을 때가 많다. 예를 들어 "당장 거기서 내려와!"라고 소리치는 엄마의 당면한 걱정은 아이가 무사히 살아남아 어른이 되는 데 초점이 맞춰져 있으며, 아이의 자기 조절 문제는 잠시 뒤로 미뤄진다.

2가지 부모의 말 유형 중 "제안과 유도"가 장기간으로 볼 때 자기 조절 능력에 도움이 되며 지나친 지시는 방해가 된다는 점은 과학으로 확실히 밝혀졌다.[69]

지시의 적당한 활용에 관해서는 딱히 명백한 과학적 증거가 없다. 사실 지시 자체가 완전히 부정적으로만 분류되는 것은 아니다. 지시는 본질상 직설적이고 명확하기에 아이가 아주 어릴 때는 규칙을 배우고 적절한 행동 습관을 익히는 데 도움이 되며, 막 발달하기 시작하는 집행 기능과 자기 조절 능력에 좋은 영향을 끼친다는 설도 있다.[70]

인간 발달의 모든 측면이 그렇듯 일반론은 아이 각자와 환경의 복잡한 상호작용에 비하면 부차적일 뿐이다. 자신이 어떤 사람이라고, 무엇을 할 수 있다고, 무엇이 될 수 있다고 세상이 말해 주기만을 기다리는 완벽한 백지상태로 삶을 시작하는 사람은 없다.

자기 조절 능력과 집행 기능 발달에서는 특히 더 그렇다. 우리 유전자와 "타고난" 기질은 이 발달 과정에 영향을 미칠 뿐 아니라 자신에게 주어진 환경에 어떻게 반응할지 결정하는 데 관여한다. 예를 들어 태어날 때부터 민감하거나 "신경질적인" 아이는 환경의 영향을 더 강하게 받는 경향이 있다. 이런 아이들은 강압적이거나 적대적인 환경에서 훨씬 더 예민해지고, 자기 조절 능력 역시 떨어지게 된다는 뜻이다.

하지만 거꾸로 긍정적 면을 보자면 지원이 풍부한 환경에서는 이런 아이들이 잠재력을 더 활짝 꽃피운다는 연구 결과도 있다.[71]

확실한 과학적 증거가 없더라도 아이에게 최적의 환경은 따스하고 애정과 관심이 넘치는 가정이라는 점에는 의심할 여지가 없다. 그리고 모든 아이에게 스트레스가 심하고 해로운 환경은 부정적이며, 집행 기능과 자기 조절 발달에 방해가 되고, 아이의 현재와 미래 양쪽에 악영향을 끼친다는 점 또한 분명하다.

이중 언어 사용은 큰 장점이다

이민 3세대 미국인으로서 나는 간접적으로나마 "건너온" 일에 관한 많은 이야기를 윗세대와 공유했다. 우리 증조할아버지는 열두 살에 미국에 와서 피츠버그에서 하루에 10시간씩 여송연 만드는 일을 하셨다. 엄마는 종종 이렇게 말씀하셨다. "그분들은 배에서 제일 아래쪽 추레한 3등 선실에 타고 드넓고 험한 바다를 건너와서 가난과 가난을 맞바꾸신 거란다."

증조할아버지와 고조할아버지, 그리고 결국은 가족 전체가 기술도 돈도 없이, 그리고 더욱이 영어라고는 10마디도 모르는 채로 미국에 건너왔다. 하지만 40년 뒤 엄마가 어렸을 때 가족 내에서 쓰는 언어는 단 하나, 영어뿐이었다. 엄마 말씀으로는 대개 재치 있게 비꼬는 말이었던 몇몇 표현을 빼고는 "애들"에게 원래의 모국어로 뭔가를 말하려는 시도 자체가 없었다고 했다. 심지어 "애들"이 영어 외의 다른 언어를 말하거나 듣는 것을 몹시 나쁘다고 생각하셨다.

그분들이 틀렸지만……, 지금 와서 알려드리기엔 너무 늦었다!

최근 과학계에서는 둘 이상의 언어를 사용하는 것의 장점을 탐구하기 시작했다. 몇몇 연구에서는 외국어를 할 줄 아는 아이가 더 높은 수준의 자기 조절과 집행 기능을 보인다는 사실이 밝혀졌다. 이런 과학적 증거는 1960년 이전에 행해진 연구의 "전통적 지혜", 즉이중 언어가 지적 발달과 IQ에 부정적 영향을 미친다는 생각을 반박한다.[72] 문화 편견이라는 관점에서 보면 매우 흥미롭게도 이런 보편적 시각은 항상 인기 있는 외국어였던 프랑스어에는 해당하지 않았던 듯하다. Bien sûr(당연히)!

이런 연구의 허점은 1962년 엘리자베스 필Elizabeth Peal 교수와 월러스 램버트Wallace Lambert 교수에 의해 밝혀졌다.[73] 표준화된 측정법과 정확한 표본 선정으로 이들은 이중 언어 사용자가 단일 언어 사용자보다 언어, 비언어 측면에서 장점을 보인다는 사실을 알아냈다. 필과 램버트는 쏟아지는 과학 논문의 선봉에 섰고, 이중 언어 사용이 집행 기능에 미치는 긍정적 영향을 증명하는 연구 결과를 내놓았다.

처음에는 아기가 한 언어의 의미를 알아내는 동안 다른 한 언어를 적극적으로 막아야만 하므로 뇌가 방해 요소를 무시하고 집중하는 법을 배우는 것이 원인으로 여겨졌다. 하지만 지금은 훨씬 복잡하고 미묘한 이유가 있는 것으로 파악되고 있다. 실제로 이중 언어 사용자는 항상 두 언어를 동시에 준비하고 있으며, 이들의 뇌는 어떤 언어를 쓸지 끊임없이 판단을 내린다.

"우리는 이중 언어 사용자의 발화에 실수가 잔뜩 있을 거라고 생각하죠. 가끔은 헷갈려서 잘못된 언어가 튀어나올 거라고." 이 분야의 선구적 연구자 엘렌 비알리스톡Ellen Bialystok 교수는 말한다. "하지만 그런 일은 일어나지 않아요."[74]

연구자들은 이중 언어 뇌가 항상 양쪽 언어를 활성화할 준비를 하고 있어서 페루인 할머니에게 할 말과 수학 교실에 있는 귀여운 어린이에게 할 말을 혼동하지 않도록 확인한다고 생각한다. 자기 조절 능력과 마찬가지로 이중 언어 뇌는 적절한 반응을 내놓기 위해 끊임없이 관찰하고 판단한다. 대상이 언어인지, 삶인지만 다르다.

유감스럽게 100년 전의 신조는 여전히 남아 있다. 미국은 곧 전체 인구에서 히스패닉계가 다수를 차지하는 역사적 전환점을 맞이하게 되지만, 여전히 자기 자녀가 영어만 사용하기를 바라는 이민자 부모가 많다. 내가 추측한 우리 증조할아버지의 속내와 똑같이 이 부모들은 이 나라의 언어인 영어만이 자기 "애들"에게 필요한 언어라는 생각에 매달린다.

TMW(저자가 시카고대학교 내에 설립한 유아 교육 및 공공 보건 프로그램. TMW는 Thirty Million Words의 약자다-옮긴이)의 교육 과정 개발 담당자인 이아라 푸엔마요르 리바스Iara Fuenmayor Rivas는 우리 "3000만 단어: 스페인어" 연구에 참여할 이민자 부모와 이야기를 나누면서 이 점을 깨달았다. 리바스도 깜짝 놀라고 말했다.

이 부모들은 자신이 아이의 첫 번째이자 가장 중요한 스승이며, 자기 말이 자녀의 어린 뇌가 자라는 데 핵심 역할을 한다는 사실을 완벽히 이해했다. 과학을 이해할 뿐 아니라 의욕적으로 받아들이는 사람들이었다.

한 가지만 빼고.

집단으로서 이들은 이중 언어가 자기 아이의 발달에서 긍정적 역할을 한다는 점을 받아들이지 않으려 했고, 자녀에게 자기 모국어로 이야기하는 것 자체를 거부하는 사례가 많았다. 자기 조절과 집행 기능 발달에 도움이 된다고 설명해도 그들의 마음은 바뀌지 않았다. 이들이 생각하는 가장 중요한 목표는 아이가 "진짜 미국인"으로 자라는 것이었고, 그러려면 아이는 영어만 사용해야 마땅했다.

내 증조부 "르윈터 할아버지"가 흐뭇하게 고개를 끄덕이실 모습이 눈에 선하다.

하지만 그분의 생각은 틀렸다.

플로리다애틀랜틱대학교 심리학 교수 에리카 호프Erika Hoff는 이중 언어가 아동의 언어 발달에 미치는 영향을 전문으로 연구한다. 영아기부터 호프가 추적 관찰하고 있는, 이중 언어 가정에 태어난 아이들은 이제 막 다섯 살이 되었다.

호프의 연구에서는 다음과 같은 점이 밝혀졌다. 부모의 교육 수준 또는 부모가 성인이 되고 나서 배운 영어 실력과 상관없이 부모가 자녀에게 자기 모국어로 말할 때 항상 교육 효과가 더 좋았다. 여기에는 논리적 이유가 있다.

부모는 새로운 언어, 이 경우에는 영어를 성인이 된 뒤에 배웠기에 어떻게 해도 이들의 영어 숙련도는 어휘, 문법, 뉘앙스, 또는 전반적 수준에서 모국어 숙련도를 따라잡을 수 없다.[75] 사람이 평생 자기 삶의 일부였던 언어로 자기 생각을 표현할 때는 단지 단어의 사전적 의미보다 훨씬 많은 것을 담아내기 때문이다. 모국어로 하는 말에는 훨씬 깊은 의미, 감정적이면서 비원어민 화자는 잘 알지 못하는 뭔가가 담겨 있다. 심지어 원어민이 아닌 부모에게서 언어를 배우는 것이 24개월 유아의 전반적 인지 발달에 부정적 영향을 미쳤다는 연구 결과도 있다.[76]

가장 바람직한 시나리오는 영어 원어민이 아닌 부모의 자녀가 자기 부모에게서 부모의 모국어를 배우는 것이다. 물론 아이가 대화를 나눌 만한 영어 원어민이 따로 있어야 한다. 유아가 이중 언어를 사용하게 되면 초반에는 두 언어 양쪽에서 어휘 수가 조금 적을 수 있다. 하지만 이는 아이가 두 언어를 배운다는 장점으로 상쇄되며, 나중에 아이가 자라면서 차차 메워지는 격차다. 이 전략의 가장 큰 이점 중 하나는 전통적으로 미국인들이 거의 누리지 못했던 것, 즉 언어 2개라는 도구를 이 아이들이 손에 넣게 된다는 것이다. 내가 보기에 이는 커다란 장점이다.

지금까지 우리는 부모의 말이 지적 능력, 안정성, 끈기, 자기 조절, 그리고 이중 언어에서 얼마나 중요한지 살펴보았다. 그뿐 아니라 부모의 말은 온 세상 사람이 다들 지녔다면 지구가 정말로 아주 멋진 곳이 되었을 만한 자질에까지 영향을 미친다.

공감과 도덕성은 사람 중심 칭찬으로 길러진다

부모의 말이 지닌 힘을 탐색하는 이 여정의 중요한 목표는 모든 어린이가 삶에서 자기 잠재력을 확실히 실현하도록 도울 방법을 찾는 데 있다. TMW 이니셔티브의 부모들이 끊임없이 내게 상기시켜 주듯 이 잠재력은 절대로 학업 성취도나 커리어 성공에 국한되지 않는다.

우리는 아이가 "고분고분하다"라는 의미가 아니라 공감과 관용으로 남을 이해한다는 의미에서 착한 사람이 되기를 바란다.

더불어 착한 사람이 되는 것은 실용적 결정이라는 사실이 밝혀졌다.

펜실베이니아대학교 와튼경영대학원 교수 애덤 그랜트Adam Grant 는 저서《기브 앤 테이크: 주는 사람이 성공한다Give and Take》에서 친절하며 대가를 요구하지 않고 주는 사람이 고결함이라는 이로움을 얻을 뿐 아니라 사업에서 성공하는 사례가 많음을 보여 준다.[77] 그랜트는 간단히 말해 "착한 사람도 이길 수 있다"라는 점을 증명했다.

이것이 중요한 이유는 선량함에 실용적 이유가 필요하기 때문이 아니라 장기간으로 볼 때 선량함에 긍정적 효과가 있음을 확인해 주기 때문이다.

그랜트는 〈도덕적인 아이 키우기Raising a Moral Child〉라는 글에서 칭찬을 포함한 부모의 말이 아이의 너그러움과 도덕 행위에 중대한 영향을 끼친다는 과학적 증거를 제시한다.[78] 앞서 다룬 "과정 중심 칭찬"의 긍정적 영향에 관해 읽은 사람은 아마 "어떤 유형의 칭찬이 아이를 친절하게 할까?"라는 질문의 답이 "게임을 할 때 네가 친구를 도와주는 모습이 참 좋더라"라고 생각할 것이다.

하지만 신중하게 수집된 증거에 따르면 이 경우에는 오답이다. 아이가 문제를 해결하는 끈기를 기르도록 도우려면 행동을 칭찬하면 된다. 그러나 아이가 공감 능력과 친절함을 키우도록 돕는 가장 좋은 방법은 사람을 칭찬하는 것이다.

"사람 중심 칭찬"과 "행동 중심 칭찬"을 받은 아이들을 비교한 연구에 따르면 개인 특성을 칭찬받은 아이들은 몇 주 뒤 아량을 베풀 기회가 주어졌을 때 너그러운 태도를 보이는 확률이 더 높았다.[79]

이를 증명하는 다른 연구가 있다. "도우미가 되어 줄래?"라고 부탁받은 3~6세 아동은 그냥 "도와줄래?"라고 부탁받은 아이보다 어질러진 것을 치우는 연구원을 도와주는 확률이 높았다. "도와줄래?"라는 말만 들은 아이가 놀이를 멈추고 도와줄 확률은 아무 말도 듣지 않은 아이와 실제로 별반 다르지 않았다.[80]

동사와 명사라는 미묘한 단어 차이가 청소를 돕느냐 마느냐 하는 아이의 반응을 바꿔 놓을 줄 누가 생각이나 했을까?

게다가 이는 아이들만의 문제가 아니었다. 다른 연구에서는 성인들 역시 시험에서 "부정행위를 하지 마세요"라고 요청받았을 때보다 "부정행위자가 되지 마세요"라는 말을 들었을 때 부정행위를 하지 않는 확률이 유의미하게 높아진다는 결과가 나왔다. 실제로 "부정행위자"가 되지 말라는 얘기를 들은 집단은 전혀 부정행위를 하지 않았다.

왜 이런 일이 일어날까? 아마 사람은 대부분 "좋은" 사람이 되기를 원하고, 명사는 거울과 같아서 내가 어떤 사람인지 자기 자신에게 보여 주기 때문이 아닐까 싶다.

애덤 그랜트는 이런 식으로 설명했다. "행동이 자기 성격을 반영해 드러낼 때 우리는 도덕적이며 너그러운 선택지 쪽으로 강하게 기우는 경향이 있다. 시간이 지나면서 이 경향은 우리 자신의 일부가 된다."

"넌 못됐어" 대신 "그건 나쁜 행동이야"라고 말하자

물론 부모의 말에는 좋은 행동을 격려하기 위한 칭찬만 있는 것은 아니다. 부모는 받아들일 수 없는 행동에도 반응을 보인다.

수치심과 죄책감은 사람이 뭔가 잘못된 행동을 했을 때 보이는 감정 스펙트럼의 양쪽 끝에 자리한다. 수치심은 마음 깊은 곳까지 스며들며, 우리가 어떤 사람인지 자신에게 알려 준다. 반면 죄책감은 우리가 생각하는 자기 모습에 걸맞지 않은 특정 행동에 한정되는 감정이다. 나쁜 사람인 것과 나쁜 행동을 한 것의 차이는 여기에 있다.

용납될 수 없는 행동에 반응해서 부모가 어떤 말을 쓰는지에 따라 아이가 자기 모습을 어떤 식으로 바라볼지가 완전히 달라진다.

아이가 긍정적으로 행동하도록 이끌고 싶다면 특정 행동을 비판하면서 원래 네게 기대하던 모습과는 너무 다른 행동이라고 설명하자. 그렇게 하면 아이가 이제 자신을 "나쁜 사람"이라고 여기는 것이 아니라 자신은 "착한 사람"이며 그저 고칠 수 있는 실수를 한 것뿐임을 이해하도록 돕는 데 큰 효과가 있다.

하지만 그랜트 교수가 지적한 대로 결국 친절하고 윤리적이며 도덕적인 아이를 키워 내는 데는 말보다 더 강력한 것이 있다. 바로 부모 자신이 친절하고 도덕적인 사람의 본보기가 되는 것이다.

5장

3가지 T 대화법

두뇌 최적화를 위한
최고의 언어 환경 프로그램

실수를 한 번도 하지 않은 사람은
새로운 것을 시도한 적 없는 사람이다.

— 알베르트 아인슈타인

TMW, 최적화된 두뇌 발달 프로그램

2002년 여름 내가 처음 시카고대학교에 발을 들였을 무렵의 어렴풋한 기억을 떠올리면 내 쪽으로 걸어오던 깡마른 대학원생이 입고 있던 티셔츠에 새겨진 문구가 생각난다. "실제로는 문제없이 돌아가기는 하지만…… 이론상으로도 말이 될까?"

"실용적"이라는 말을 거의 모욕 취급할 정도로 이론을 극도로 중시하는 시카고대학교의 평판을 한눈에 보여 주는 유머러스한 문구를 보니 웃음이 났다. 적어도 나는 재미있다고 생각했다. 나는 여전히 수술의 세계에 발을 붙이고 있었고, 수술실이라는 무대의 강렬한 조명과 절제된 리듬에서 벗어난 캠퍼스의 이쪽 영역은 내게 낯선 세상, 낯선 문화, 낯선 모든 것이었다. 아직 내가 쿼드의 널따란 녹지를 건너 사회과학의 세계로 넘어가기 전 일이었다.

"실제와 이론" 티셔츠가 재미있었던 이유는 거기에 약간이나마 진실이 담겨 있기 때문이었다. 이론과 실제는 서로 다른 궤도를 돌며 어쩌다 만나도 어색할 때가 많다. 프로필상으로는 딱 맞을 것 같았는데 만나 보니 서로 완전히 다른 언어로 말하는 커플처럼.

해결책은 뭐죠? "무슨 말인지 모르겠군요." 기초 과학자는 말한다. 과학적 신빙성은 있나요? "뭐라고요?" 현실 중시 실리주의자는 반문한다. 이 글을 읽는 양쪽 진영 사람들이 내게 따지고 드는 목소리가 들리는 듯하다. 이들은 각자 따로 떨어진 방, 따로 떨어진 건물, 따로 떨어진 학문계에서 목소리를 높인다. 서로 다른 세계에서, 서로 다른 언어로.

하지만 실제로 효과가 있는 해결책으로 변환될 수 없는 과학적 진실은 우리 아이들을 돕지 못한다. 그리고 거꾸로 엄밀한 과학적 토대 없이 설계된 프로그램은 아무 효과가 없다.

이번 장에서는 과학을 행동으로 변환하려는 우리 프로젝트팀 "TMW 이니셔티브TMW initiative"의 기본 접근 방식을 설명한다.

우리 팀의 목표는 아동의 최적화된 두뇌 발달이다. 우리의 핵심 신조는 아동의 지적 능력이 발전할 수 있으며, 부모와 보호자의 말이 지닌 힘이 아동의 인지 발달에 중대한 영향을 미치는 요인이라는 것이다. TMW 이니셔티브는 가정 방문에서 부모와 함께, 소아과 육아 상담에서, 심지어 산부인과 병동에서 실제로 사용할 수 있는 교육 프로그램을 만든다. 아울러 모든 프로그램 개발과 시험은 과학을 토대로 이루어진다.

나는 처음부터 연구 프로그램을 설립하는 법이나 행동 교정 교육법을 개발하는 법을 알고 시작하지는 않았다. 그러나 내 목표가 무엇인지는 확실히 알았다. 왜 내 몇몇 환자가 다른 환자들보다 학습에 어려움을 겪는지 알아낸 다음 이들의 경과를 개선할 해결책을 설계하는 것이 내 목표였다. 일이 만만치 않을 것은 알고 있었다. 팀이 필요한 일이라는 점도 알았다. 처음에 예상하지 못했던 부분은 효율적 행동 프로그래밍을 개발하는 과정의 복잡함이었다. 나는 배워야할 게 많았다.

과학 논문은 사실 읽기 좋고 재미있다. 우리가 읽을 무렵이면 힘든 일은 대부분 끝나 있기 때문이다. 예비 조사와 문제 판별, 문제의 원인에 대한 통찰이 담겨 있고, 심지어 문제를 어떻게 해결하면 좋을지 답까지 다 나와 있을 때가 많다. 의학과 공학 분야에서는 전문가들과 기업가들이 과학을 행동으로 변환하려고 문간에 줄을 선다.

하지만 사회과학의 세계에서는 상황이 전혀 다르다. 엄격한 시험을 거쳐 나온 매우 뛰어나고 훌륭한 연구 결과라도 의학이나 공학분야의 연구만큼 쉽게 행동으로 변환되지 않는다. 이유는 복잡하다. 사회 문제 개선을 지원하는 사업은 돈이 되지 않는다. 오히려 돈이 든다. 적어도 처음에는 그렇다.

끊임없는 정치 논쟁 속에서 신빙성 있는 과학적 증거는 "직감"의 적수가 되지 못한다. 그래서 우리 사회는 "무엇을 해야 할까?"라는 질문에 적당히 추측한 답을 내놓을 때가 적지 않다. 또한 사회 문제에는 종종 복잡하고 해묵은 사회 상황이 얽혀 있기에 과학적 근거가 넘쳐나 봤자 혁신적 해결책을 밀고 나가기 어려운 사례가 많다.

이것이 바로 내가 사회과학의 세계에 발을 들이면서 가장 먼저 배운 사실 가운데 하나였다. 복잡한 과학에 대해 배워야 할 것이 아무리 많고, 적절한 결과를 얻어 내가 돕고 싶은 분야에 그 결과를 적용하려고 아무리 열심히 일해야 한다고 한들, 그건 오히려 쉬운 쪽에 속한다는 사실 말이다.

아이들을 제대로 도우려면 정말 큰 마을이 필요하다

문제는 항상 "꼭 해야 할까?"가 아니라 "어떻게 해야 할까?"였다.

TMW 이니셔티브는 부지런하고 인간적이며 창의적인 사람들이 멋지게 어우러져 일하는 팀이다. 시카고대학교는 물론 미국 전역에 우리와 긴밀하게 협업하는 훌륭한 협력자들이 있다.

우리 정책 및 공동체 협력 책임자인 크리스틴 러펠Kristin Leffel은 노스웨스턴대학교에서 사회정책학 학사 학위를 받은 직후 TMW에 합류했다. 우리가 증명된 것 없는 맨땅에서 새로 시작할 때 크리스틴은 교육 프로그램 개발에서 가정 방문, 자료 관리, 심지어 그래픽 디자인에 이르기까지 TMW의 업무를 도맡았다. 그녀는 날카로운 지성과 창의적 정신뿐 아니라 놀라운 인간애까지 갖춘 인재다.

크리스틴에게 먼저 낙점을 받은 것은 내가 아니었음을 언급해 두어야겠다. 건강 격차 연구에 관해 그녀가 처음 보냈던 편지는 원래 내 남편 돈 리우Don Liu에게 온 것이었다. 크리스틴은 편지에서 자신이 공공 보건에 관심이 있으며 "변화를 만들어 내고 싶습니다"라고 말했다. 남편은 그 편지를 내게 건넸고, 그렇게 우리는 함께 일하게 되었다. TMW와 내게는 정말 행운이었다.

두 번째 행운은 베스 서스킨드(결혼 후 바뀐 성)를 좋아하게 된 내 남동생 마이클이 그녀의 사랑을 얻어 내는 데 성공한 일이었다. 능력 있기로 정평이 난 TV 제작자인 베스는 끈질긴 내 간청에 못 이겨 나와 함께 TMW의 공동 책임자가 되었다. 교육 목표 달성을 위한 프로젝트 설계를 감독하는 베스의 빈틈없는 감각 덕분에 TMW는 프로그램에 참여하는 부모들이 쉽게 이해하고 따라 할 수 있는 교육 과정을 갖추고 잘 다듬을 수 있었다. 정말 고마워, 마이클.

크리스틴과 베스는 TMW 팀, 그리고 "우리 아이들이 장차 어떤 사람으로 자랄까?"라는 인류의 중대한 문제를 해결하기 위해 노력한다는 우리 팀의 이상을 대표하는 본보기다.

창의적인 부모들의 협조가 TMW 프로그램을 만든다

TMW의 교육 과정은 부모가 개발하고, 부모의 시험을 거치고, 부모의 뜻에 따라 제작된 것들이다. 우리의 첫 연구 그룹은 시카고대학교병원 구내식당에서 일하는 엄마들과 할머니들로 구성되었다. 고맙게도 이들은 휴식 시간을 포기하고 프로젝트의 세부 사항을 검토한 뒤 자신들의 생각을 우리에게 들려주었다.

다른 부모들은 병원 대기실, 식료품점, 심지어 버스 정류장에서 모집되었다. 오랜 시간에 걸쳐 수많은 부모가 끊임없이 바뀌는 교육 과정 자료를 검토하고 또 검토해서 우리에게 프로그램의 질, 명확성, 적절함에 관한 생각을 전해 주었다. 놀라울 만큼 적극적으로 참여해 준 부모들의 의견, 비판, 제안은 교육 과정 개발에 더없이 귀중한 자원이었다.

공들여 짜낸 아이디어, 우리 팀이 기발하다고 생각했던 방법이 부모들의 엄격하고 비판적인 관찰을 거치고 나서 폐기되거나 대폭 수정되었다. 이런 과정은 TMW가 과학에 토대를 둘 뿐 아니라 실제 활용하는 사람들이 쉽게 이해하고 받아들일 수 있는 프로그램으로 거듭나는 데 큰 도움이 되었다.

우리 프로그램의 핵심을 논하기 전에 우선 TMW는 엄밀한 과학을 기반으로 설립되었으며 과학이 이끄는 대로 진화할 것임을 강조해 두고자 한다. TMW는 결코 우리가 사실이라고 "믿는" 것 또는 사실이기를 바라는 것에 의지하지 않는다. 직접 꼼꼼히 확인해서 사실로 밝혀진 것만을 토대로 삼는다. 우리는 잘 설계된 연구로 이론을 뒷받침해서 우리가 하는 일과 일을 하는 방식이 통계로 입증되도록 하려고 온 힘을 다한다. 같은 맥락에서 우리가 세운 이론이 숫자로 증명되지 않으면 수정하거나 폐기한다.

우리가 전력으로 이루려고 애쓰는 단 하나의 목표는 "부모의 말"이 아이의 두뇌 발달에 미치는 막대하고 과학으로 증명된 힘을 부모들이 이해하도록 돕는 것이다. 더불어 부모들이 이 힘을 성공적으로 활용하도록 돕는 프로그램을 설계하는 것이다. 이것이 우리 TMW의 핵심이다.

아기는 똑똑하게 태어나는 것이 아니라 말 걸어 주는 부모 덕분에 똑똑해진다

TMW의 토대는 "아기는 똑똑하게 태어나는 것이 아니라 똑똑해진다"라는, 과학으로 증명된 진실이다. 달리 말해 "지적 능력의 가변성"이라고 할 수 있다.

사람은 모두 다양한 영역에서 잠재력을 지니고 태어나지만 이 잠재력을 실현하려면 노력이 필요하다. 장미나 피튜니아, 수국이 될 잠재력이 있는 씨앗이 얼마나 아름답고 싱싱한 꽃을 피울지는 씨앗이 얻는 양분에 따라 달라진다. 이런 씨앗을 어두운 지하실에서 물을 거의 주지 않고 키워 보면 금세 이해하게 될 것이다.

알고 보면 뇌 역시 이와 똑같다. 이 책에서는 적절한 성장은 환경에 의존한다는 점을 비롯해 두뇌 발달에 관한 여러 과학적 사실을 다룬다. TMW 프로그램은 이런 과학의 산물이다. 우리가 공들여 제작한 애니메이션과 영상 또한 과학에 근거를 둔다. 부모들은 이러한 시청각 자료의 도움을 받아 적절한 생애 초기 언어 환경의 기본 조건을 배우고, 아이의 지능이 태어날 때 정해지는 것이 아니라 부모가 제공하는 언어 환경에 따라 발달한다는 사실을 이해하게 된다.

우리 애니메이션 중에는 "말이 아기의 뇌를 키우는" 방식을 보여주는 작품이 있다. 단어들이 귀로 흘러 들어가 뇌까지 도달해서 아주 귀여운 방식으로 뇌의 뉴런을 자극하는 장면이 나오는 작품이다. 실제로 그런 일이 일어나느냐고? 물론 애니메이션이라서 허용되는 비유다.

하지만 이 덕분에 아주 흥미로운 일화가 생겨났다. 교육 시간이 시작될 무렵 한 엄마가 가정 방문 연구원을 맞이하면서 이렇게 말했다고 한다. "이번 주에는 내가 우리 아기에게 뇌 연결을 많이 만들어 준 것 같아요!" 그 엄마는 웃으면서 농담조로 말했다. 그러나 이 말에는 진실이 담겨 있었다!

3가지 T로 풍성한 영유아기 언어 환경 만들기

이제 우리는 생애 초기의 풍부한 언어 환경이 아기와 유아의 두뇌 발달에 얼마나 중요한지 잘 안다.

TMW에서 우리가 고민했던 중요한 문제는 아이가 최적의 혜택을 누릴 수 있도록 부모가 그런 환경을 조성하는 데 도움을 줄 방법이었다. 그 결과가 바로 TMW의 핵심 전략인 "3가지 T"다.

3가지 T	
주파수 맞추기	Tune In
더 많이 말하기	Talk More
번갈아 하기	Take Turns

영유아의 적절한 두뇌 발달을 위한 환경을 만든다는 목표를 위해 "3가지 T"는 다음 원칙을 따른다. "뇌 발달과 언어 노출의 관계라는 복잡한 과학을 이해하고, 활용하기 쉬운 프로그램으로 바꾸어 일상에 접목하고, 부모와 아이의 상호작용을 강화한다."

아이에게 긍정적 초기 언어 환경을 제공하려면 단순히 어휘만 늘려서는 안 되며, 따스하고 애정 어린 관계가 반영되어야 한다는 점을 강조할 필요가 있다. 말을 많이 하지 않고 애정을 표현하는 부모를 깎아내리려는 게 아니다. 하지만 언어는 내가 상대방과 의사소통하는 데 관심이 있다는 사실, 상대방과 긍정적이고 진정한 방식으로 연결되기를 원한다는 사실을 보여 주는 확실한 방법이다.

풍부한 언어 환경을 만드는 것 또한 그러잖아도 바쁜 삶을 한 뭉텅이 잘라내서 시간을 들여야 한다는 뜻이 아니다. "3가지 T"는 아무리 평범한 활동이라도 일상에 자연스럽게 녹아들도록 설계되어 있다. 부모나 양육자는 침대 정돈이나 사과 깎기, 빗자루질 등에 말

몇 마디만 덧붙이면 두뇌 발달에 도움이 되는 경험으로 바꿀 수 있다. 결국 이런 말은 아이의 두뇌 발달뿐 아니라 부모와 자녀 관계 강화에도 중요한 역할을 한다.

기저귀 냄새나 꽃 색깔, 세모난 물건 등 부모가 어떤 주제로 얘기하든 상관없이 "3가지 T"는 아이가 태어난 첫날부터 두뇌 발달에 필수인 최적의 언어 환경을 조성하는 토대를 제공하도록 설계되었다.

첫 번째 T: 주파수 맞추기

"3가지 T" 가운데 가장 풍부한 뉘앙스를 품고 있는 것은 "주파수 맞추기"다. 여기에는 아기나 어린이가 무엇에 집중하고 있는지 의식적 노력을 들여 살펴보고, 적절하다고 판단되면 그것을 주제로 삼아 아이와 함께 이야기 나누는 것이 포함된다. 아이가 너무 어려서 부모가 하는 말을 이해하지 못하거나 아이의 초점이 끊임없이 바뀌더라도 아이가 이끄는 대로 부모가 따라가며 반응하기만 하면 주파수 맞추기는 가능하다.

이는 아이의 두뇌를 발달시키는 부모의 말이 지닌 힘을 활용하는 첫 번째 단계에 해당한다. 부모가 주파수를 맞추지 않으면 나머지 단계는 소용없어진다.

예를 들어 보자.

아이를 사랑하는 엄마 또는 아빠가 좋은 의도로 아이가 좋아하는 동화책을 손에 들고 바닥에 앉는다. 내가 무척 좋아하는 졸리 로저 브래드필드Jolly Roger Bradfield의 《거인들은 저마다 몸집이 달라Giants Come in Different Sizes》 정도면 좋겠다. 엄마나 아빠는 아이를 바라보며 옆자리를 톡톡 두드리고는 미소 짓는다. 아이에게 옆으로 와서 자리 잡고 이야기를 들으라는 신호다. 하지만 아이는 반응하지 않고 바닥에 흩어진 블록으로 탑을 쌓는 데 계속 열중한다. 엄마 또는 아빠는 다시 바닥을 두드린다.

"자, 얼른 와서 앉아. 이거 진짜 재미있는 책이야. 아빠(또는 엄마)가 읽어 줄게."

좋지 않은가? 다정한 엄마. 다정한 아빠. 재미있는 이야기. 아이에게 무엇이 더 필요할까?

글쎄, 이보다는 자기 아이가 무엇을 하고 있는지에 관심을 보이는 엄마, 아빠라면 어떨까? 아이가 마치 바닥을 두드리며 "엄마, 아빠, 얼른요. 여기 앉아요. 이 블록 쌓기는 정말 재미있어요"라고 말하기라도 한 것처럼.

이게 바로 "주파수 맞추기"다.

TMW가 설계한 시나리오에서는 정확히 이런 일이 일어난다. 부모들은 먼저 아이가 무엇을 하는지 관찰하고, 그 활동의 일부가 되어 아이와 관계를 돈독히 하고, 놀이에 사용되는 기술의 향상을 돕고, 뒤이어 그 활동에 관련된 언어 상호작용을 통해 아이의 두뇌 발달을 촉진한다.

그럼 이러한 과정이 왜 중요할까? 아이가 초점을 맞추는 영역에서 부모가 아이와 함께 놀아 주면 이 초점이 겨우 5분 지속되다가 다른 것으로 옮겨 간다고 해도 아이의 두뇌 발달에 큰 도움을 준다. 뇌가 다른 영역, 특히 현재는 관심이 없는 영역으로 옮겨 가느라 에너지를 쓸 필요가 없기 때문이다.

엄마나 아빠는 "책 읽어 줄까?"라고 물을 수 있다. 이건 매우 긍정적인 방식이다. 그러나 중요한 점은 아이가 말로 대답하지 않거나 부모가 듣고 싶어 하는 대답을 하지 않더라도 거기에 동조해 주는 것이다. 주파수 맞추기의 핵심 가치는 바로 여기에 있다.

어른과 아이의 근본 차이를 인식하면 더 이해하기 쉽다. 어른인 우리는 다른 과제로 방향을 돌리라는 요청을 받으면 지금 하는 일이 자기가 좋아하는 일일지라도 즉시 거기서 주의를 돌려 해야 하는 일에 초점을 맞춘다. 이것이 책임감 있는 성인의 특징이다.

하지만 집행 기능이 아직 제대로 발달하지 않은 아이는 활동이 흥미로울 때만 주의를 집중한다. 관심이 없으면 아무리 재미있는 이야기를 들려줘 봤자 허공으로 사라져 버려서 아이의 두뇌 발달에 거의 또는 전혀 아무런 영향을 미치지 못한다. 어휘 학습 효과 역시 마찬가지다. 관심이 거의 또는 전혀 없는 활동에 참여하게 되면 아이가 거기서 쓰이는 단어를 배울 확률이 낮아진다는 사실이 연구를 통해 밝혀졌다.[1]

주파수 맞추기는 부모가 아이와 같은 물리 공간을 공유할 때 더욱 효과를 발휘한다. 아이와 함께 바닥에 앉아 놀거나, 아이를 무릎에 앉히고 책을 읽어 주거나, 함께 앉아 식사를 하거나, 아이가 부모의 시점에서 세상을 볼 수 있도록 아이를 안아 올릴 때 등이 그렇다.

이와 반대로 디지털 기기는 주파수 맞추기를 방해한다. 컴퓨터와 태블릿, 스마트폰은 주의를 빼앗아 중독시킨다. 적절한 두뇌 발달에 필요한 관심은 부모가 아이에게 최우선으로 집중할 때만 생겨난다.

반면에 환경이 최적일 때, 부모가 아이의 관심사를 좇아 거기에 주의를 기울이며 풍부하고 애정 어린 말로 대화를 나눌 때, 다시 말해 주파수를 맞출 때 부모는 아이에게 단순히 언어 학습을 넘어서서 크나큰 도움을 줄 수 있다.

부모가 끊임없이 주파수를 맞춰 주는 아이는 더 오래 집중하고, 먼저 의사소통을 시작하고, 궁극적으로 더 쉽게 배우는 경향이 있다.

아기 말투를 사용하자

주파수 맞추기는 양방향인 편이 바람직하다. 아기가 소리를 내서 부모의 관심을 끌듯이 부모 역시 목소리 톤과 높낮이를 바꿔서 아이의 주의를 끈다.

앞서 다루었듯 "아동 지향어child-directed speech", 즉 아기 말투 또는 유아어는 아기의 뇌가 언어를 배우는 데 도움을 준다. 최근 한 연구에 따르면 11~14개월 기간에 아동 지향어를 더 많이 들은 아이는 성인 지향어를 더 많이 들은 아이보다 2세가 되었을 때 아는 단어 수가 2배가량 많다는 결과가 나왔다.

한편으로 아동 지향어는 부모 자녀 관계에서 또 다른 중요한 역할을 한다. 언어 구조상으로 서로 다른 토착어를 쓰는 유럽, 아시아, 아프리카, 중동, 오스트레일리아 등 세계 각지의 부모가 하나같이 아이의 주의를 끌기 위해 노래하듯 변하는 높낮이와 리듬, 긍정적 어조, 단순한 어휘, 평소보다 몇 옥타브 높은 목소리를 특징으로 하는 유아어를 사용한다.[2]

아기 말투를 절대 쓰지 않는 데 자부심을 느끼며 아기에게 어른과 똑같은 방식으로만 말을 거는 부모는 중요한 사실을 놓치고 있다. 이런 아동 지향어는 "수준을 낮춘" 말투가 아니라는 점이다. 유아어는 아기의 귀에 호소함으로써 아이가 말의 내용과 말하는 사람에게 주의를 돌려서 관심을 보이고, 대화에 집중하고, 상호작용을 하도록 이끈다. 요컨대 주파수를 맞추게 한다.

아동 지향어의 핵심 요소는 반복이다. 아이가 주파수를 맞추도록 격려하는 것과 반복은 어떤 관계가 있을까? 이를 알아보기 위해 존스홉킨스대학교에서는 9개월 아기 16명을 대상으로 2주 동안 10번 가정을 방문하는 프로그램을 시행했다.[3] 방문 때마다 실험 집단 아기들은 아기의 일상 경험에서는 들을 일이 없는 단어들이 각각 포함된 이야기 3가지를 반복해서 들었다. 통제 집단 아기들은 아무런 이야기를 듣지 않았다.

2주간 휴지기를 둔 다음 연구진은 존스홉킨스대학교로 아기들을 데려와서 2가지 서로 다른 단어 목록 음성 녹음을 들려주었다. 첫 번째 목록에는 세 이야기에서 그대로 발췌한 단어가, 두 번째 목록에는 그와 비슷하지만 다른 단어가 담겨 있었다.

가정 방문에서 3가지 이야기를 들었던 아기들은 이야기에 나왔던 단어 목록에 더 오래 귀를 기울였다. 이야기를 듣지 않았던 통제 집단 아기들은 어느 쪽 목록이든 별 차이를 보이지 않았다. 결론은? 아기는 더 자주 듣는 단어를 "학습"하며 전에 들어 봤던 소리에 더 오래 귀를 기울인다는, 즉 주파수를 맞춘다는 것이다.

아이는 부모의 반응과 관심을 먹고 자란다

주파수 맞추기의 핵심 목표는 부모의 관심과 반응이다. 인지 발달, 사회적 정서 발달, 자기 조절 능력, 신체 건강, 그리고 수많은 다른 성과를 포함해서 아이가 앞으로 누릴 건강과 행복은 엄마와 아빠의 반응, 특히 생후 첫 5년간의 관심과 밀접한 관련이 있다. 명백한 과학적 증거[4]를 통해 공감에서 비롯된 적절한 반응이 아이의 행동과 두뇌 발달에 필수라고 밝혀졌다.[5]

부모가 된다는 것은 누구나 할 수 있는 본능적 과정으로 오랫동안 여겨져 왔다. 그런데 실제로는 그렇지 않다. 지칠 대로 지친 수많은 엄마, 아빠도 동의할 것이다.

주파수 맞추기의 핵심인 부모의 반응은 다음 3단계 과정으로 요약된다.[6]

1. 관찰
2. 해석
3. 행동

영유아가 자신의 욕구를 전달하기 위해 활용하는 단서는 언어일 때도, 비언어일 때도 있다. 아기가 우는 소리를 들어 본 적 있는가? 아니면 두 살짜리가 우는 소리는? 사실 울음만큼 관심을 끄는, 또는 부모의 가슴을 덜컥 내려앉게 하는 방법도 없다.

해석 또한 늘 쉽지는 않다. 하지만 이는 세 번째 단계인 행동, 즉 "무엇을 해야 할까?"에 꼭 필요한 예비 단계다. 아이가 졸린가? 배고픈가? 심심한가? 기저귀가 젖었나? 부모라면 다들 알다시피 해석은 갈고닦아야 하는 기술이며 완벽히 정확할 때는 거의 없다. 이렇듯 완벽한 정확성이 보장되지 않으므로 언제든 도중에 판단을 바꿀 준비를 해 두어야 한다.

영유아의 행동 원인이 무엇이든, 심지어 행동 원인을 알 수 없을 때조차, 더불어 적절한 부모의 대응이 무엇이든 간에 가장 중요한 것은 따스함이다. 양육자가 아이에게 보이는 애정 어리고 긍정적인 반응이야말로 인간으로 자라나는 아이의 발달에서 가장 필수인 요소다.

어느 나라 어느 문화권에서든, 아이의 성향이 어떻든 양육자가 애정과 관심을 쏟으며 반응하면 아이는 결국 안정된 어른으로 자란다. 이는 과학으로 증명된 분명한 사실이다.

아기가 스트레스받을 때 부모가 해야 할 일

아기가 우는 원인은 매우 다양하다. 그러나 아기 울음에는 공통점이 하나 있다. 아기가 스트레스를 받고 있다는 점이다.

그리고 부모 역시 스트레스를 받는다.

여기서 핵심 문제는 "어떻게 해야 할까?"다.

그리고 핵심 답은 "반응하라"다. 이게 전부다.

반응하라!

이 새롭고 낯선 세상에 태어나서 어떤 이유로든 울음을 터뜨린 아기가 가장 먼저 알아야 할 것은 자신이 안전하다는 점이다.

"걱정하지 마, 아가. 아빠 여기 있어. 엄마 여기 있어."

인생의 첫 번째이자 매우 중요한 이 교훈의 영향은 오래간다. 부모의 반응은 아이에게 이런 뜻을 전한다.

"삶이 항상 쉽지만은 않을 거야. 하지만 상황이 힘들어지면 너를 붙들어 줄 누군가가 곁에 있단다."

약간의 스트레스는 "정상"이고 때로는 이롭다고 여겨진다. 그러나 기억하자. 만성 스트레스는 장기적으로 악영향을 끼친다는 사실이 증명되었다.

아이 곁에 아무도 없다면?: 애착 이론이 알려 주는 것

울음에 반응해 주는 사람 없이 방치된 신생아는 "유해한" 스트레스를 겪는다는 사실을 보여 주는 연구 결과가 갈수록 많아지고 있다. 이런 상황이 오래 지속되면 아이의 뇌 연결은 영구 손상을 입는다. 그 결과 아이는 학습, 감정과 행동 통제, 타인에 대한 신뢰에서 더 큰 어려움을 겪는다. 이런 아이들은 자라서 비만, 당뇨, 심혈관 질병, 자가 면역 질환 등의 문제를 겪을 가능성이 더 크다.[7]

생후 첫 1년간 부모가 신속하고 긍정적 반응을 보이며 주파수를 맞춰 준 아이들은 이와 완벽히 대조를 이룬다. 이런 부모는 아이의 두뇌 발달을 도울 뿐 아니라 과학자들이 "애착attachment"이라 부르는 관계를 위한 토대를 닦는다. 다양한 문화권에서 공통으로 발견되는 애착 개념은 어떻게 부모 자식 관계가 형성되어 궁극적으로 아이의 사회적 정서와 인지 발달에 커다란 영향을 미치는지 설명해 준다.

영국 심리학자 존 볼비John Bowlby는 정서 문제를 안고 있는 아동들을 만나면서 아동과 엄마의 관계가 사회성, 감정, 인지 발달에 미치는 영향을 자세히 살펴보았다. 그 결과 1951년 처음으로 "애착 이론"이라는 가설을 세웠다. 볼비는 진화 생존 이론에 토대를 두고 포식자에게서 아이가 살아남으려면 엄마의 보호가 필요했기 때문에 애착이 생겨났다고 보았다.

볼비의 원래 생각과 현재의 애착 이론은 다소 차이가 있다. 그렇지만 엄마 또는 주 양육자와 관계가 영유아의 정서 발달에 미치는 중요성은 여러 연구를 통해 거듭 증명되고 있다.

아기는 다양한 빛깔로 의사소통한다

진짜 언어를 배우기 전에 영유아는 다른 방식으로 의사를 전달한다. 신생아는 운다. 그러지 않으면 아기가 배고프거나, 심심하거나, 외롭다는 사실을 부모가 어떻게 알겠는가?

조금 더 자란 아기는 외마디 소리를 내고, 기분 좋게 까르륵거리고, 옹알이를 하고, 재미있어하는 어른의 관심에 반응해서 손가락질을 하거나 우스운 표정을 짓는다. 신생아 시절의 반사를 어느 정도 통제할 수 있게 된 아기는 등을 뒤로 젖히거나, 발차기를 하거나, 몸을 꿈틀거리면서 부모의 관심을 끌기도 한다. 대개 눈을 맞추려는 시도가 동반되므로 이런 동작이 부모의 주의를 끌려고 하는 행동임을 분명히 알 수 있다.

이제 아기가 얼마나 똑똑한지 생각해 보자. 자궁에서 나온 지 얼마 되지 않았지만 아기는 부모의 관심을 끄는 데 효과적인 방법을 동원한다. 버둥거리고, 웃고, 까르륵대고, 입술을 내미는 아기는 귀여워 보인다. 하지만 이 귀여움은 사실 아기가 원하는 것을 얻기 위한 책략, 매우 영리하고 효과적이며 실질적인 언어를 감추고 있는 술책일 뿐이다.

이번에는 부모의 똑똑함을 살펴보자. 처음으로 육아를 하게 된 부모는 정신없는 와중에 아기의 언어에 능숙해져야만 하기 때문이다.

게다가 이 언어는 배우기 쉽지 않다. 까르륵거리기, 울부짖기를 비롯해 여러 다른 소리에 숨은 의사소통의 단서는 대체 뭘까? 아이가 말을 배우기 전까지 이 언어를 해독하기는 말처럼 쉽지 않아서 시간과 수많은 시행착오가 필요하다. 온갖 노력을 기울여 봤자 확실히 알아낼 수 없을 때가 많다. 하지만 노력하는 것 자체가 중요하다.

이는 아이에게 더 확실한 안정감을 제공하며, 아울러 최적의 두뇌 발달에 꼭 필요한 핵심 요인인 부모 자식 관계를 돈독히 해 준다. 이것이 주파수 맞추기의 기본 역할이다.

두 번째 T: 더 많이 말하기

두 번째 T인 "더 많이 말하기"는 그저 사용하는 단어의 숫자만을 가리키지 않는다. 단어의 종류와 단어를 말하는 방식 또한 매우 중요한 요소다.

뇌가 돼지 저금통이라고 상상해 보자. 1센트짜리만 넣는다면 저금통이 꽉 차 봤자 대학 등록금에 별 보탬이 되지 않을 테고, 의대라면 더 말할 필요 없을 것이다.

마찬가지로 당신이 아기의 뇌에 똑같은 싸구려 단어만 집어넣으면 이 또한 대학 등록금에 보탬이 되지 않는다.

반면에 매일 아주 다채로운 단어를 집어넣는다면 뇌는 아주 풍성해져서 자기 등록금을 알아서 낼 수 있게 될지 모른다.

"주파수 맞추기"와 발맞춰 가야 하는 "더 많이 말하기"는 아이에게가 아니라 아이와 함께, 특히 아이가 지금 집중하고 있는 주제에 관해 이야기하는 것을 가리킨다. 구분이 애매해 보일지 모르지만, 이 차이가 TMW 방식의 핵심이다.

아이와 함께 더 많이 이야기하는 것은 아이와 부모 양쪽에 비슷한 수준의 참여를 요구한다. 주파수 맞추기와 똑같이 이 또한 애착 관계와 두뇌 발달에 꼭 필요한 요소다.

해설을 해 주자

뭔가를 하면서 누군가에게 자기가 하는 행동을 해설하라는 것은 상당히 이상한 제안으로 들릴지 모른다. 하지만 아이를 언어로 감싸는 또 하나의 방법인 "해설narration"은 어휘를 늘려 줄 뿐 아니라 소리 즉 단어와 행동 또는 사물의 관계를 보여 주는 역할을 한다.

씻기기, 닦아 주기, 기저귀 갈기, 건네기. 부모가 당연하게 받아들이는 일상 일거리는 아기에게 귀중한 자원이다. 특별한 것 없는 사건을 하나하나 말로 바꾸면 두뇌 발달과 애착 형성에 큰 도움이 되기 때문이다.

"엄마가 기저귀 갈아 줄게. 아이코, 많이도 쌌네. 냄새도 엄청 고약해!"
"자, 이제 새 기저귀로 갈자."
"음, 이 새 기저귀 한번 봐 봐. 겉은 하얗고 안쪽은 파란색이네."
"그리고 축축하지 않지. 만져 봐. 보송보송 부드럽네."
"기분이 훨씬 좋아졌지?"
"이제 예쁜 분홍색 바지를 다시 입혀 줄게."
"축축해도 보송해도 엄마는 우리 아가를 사랑해요!"

해설은 또한 유아가 일상 활동의 단계를 익히게 하는 방법이다. 실제로는 부모가 거의 다 해 주지만 목표는 언젠가 아이가 이런 활동을 혼자 해내도록 가르치는 것이다.

"이 닦을 시간이 됐구나. 제일 먼저 뭘 해야 할까?"
"우선 칫솔을 꺼내자! 네 칫솔은 보라색이고 아빠 건 초록색이네."
"이제 칫솔 머리 부분에 치약을 짜 보자."
"살짝, 아주 살짝 누르는 거야. 잘했어."
"이제 치카치카할 준비가 다 됐네. 위로 아래로, 뒤로 앞으로. 잊지 말고 혀도 닦자. 아, 좀 간지럽지?"

이런 과정을 통해 부모는 아이의 어휘를 늘리고, 독립심을 길러 주고, 보너스로 미래의 치과 비용까지 아끼게 된다.

행동을 읽어 주자

더 많이 말하기에 속하는 방법에는 "행동 읽어 주기"가 있다. 해설은 부모가 자신이 무엇을 하는지를 설명하는 것이라면 행동 읽어 주기는 아이가 무엇을 하는지 실황 방송하는 것이다.

"엄마 가방을 들고 있구나."
"가방이 꽤 무겁지."
"안에 뭐가 들어 있는지 한번 볼까?"
"아, 엄마 열쇠를 찾았구나."
"입에는 넣으면 안 돼요. 열쇠는 깨무는 거 아니야. 먹는 게 아니니까."
"네 트럭을 열쇠로 열어 보려고 하는구나?"
"열쇠는 문을 여는 데 쓰는 거야."
"이리 와. 엄마랑 같이 열쇠로 문 열어 보러 가자."

해설하기와 행동 읽어 주기는 둘 다 아이가 태어나자마자 쓸 수 있는 전략이다. 하지만 이 전략들에는 선행 조건이 있다. 반복되는 질문이나 길고 복잡한 문장이 너무 많으면 안 된다.

되도록 눈을 맞추면서 지금 당면한 사물이나 행동에 대해서 말하자. 가능하다면 아이가 언어와 따스함을 동시에 흡수하도록 안아 주면서 말하는 것이 바람직하다.

대명사를 빼자

어른에게 대명사는 공기처럼 당연하다. 그런데 대명사는 머릿속에만 존재하고 지금 눈앞에 있지 않으므로 무엇을 가리키는지 알아야만 이해할 수 있다.

그 사람……, 그분……, 그것? 아이는 당신이 무슨 말을 하는지 전혀 모를 것이다. 마이클 삼촌, 할머니, 세면대? 아, 이제 알겠다! 아이들만 그런 게 아니다. 만약 내가 "거기 가서 그것 좀 가져다주실래요?"라고 부탁한다면 당신은 어디로 가서 뭘 가져오겠는가? 같은 이유로 "집" "자동차" "길" "피자" 같은 명확한 꼬리표는 유아의 어휘 학습과 이해 모두에서 매우 중요하다.

아이가 끄적끄적 그린 작품을 당신에게 건넸다. 어떻게 반응해야 할까?

"그거 정말 마음에 들어!"

아니, 그렇지 않다.

"네 그림 정말 마음에 들어!"

바로 이거다!

꼬리표를 붙일 때마다 아이는 조금씩 더 이해하고, 아이의 두뇌 발달이 조금씩 촉진된다.

이런 간단한 기법의 절묘한 점은 아이의 나이와 어휘 수준과 관계없이 적용 가능하다는 데 있다. 더 풍부한 언어에 둘러싸일수록 아이는 단어를 듣고 의미를 배우는 데 익숙해지며, 그럴수록 배운 단어를 직접 쓰는 것이 훨씬 자연스러워진다.

지금 여기 없는 것에 관해 말하기

아이가 처음 말을 시작할 때 아이의 언어는 대개 바로 현재 당면한 환경에 관한 정보를 전달한다. 자기가 보고 있는 사물을 "멍멍이" "까까" "엄마"라고 부르거나, 지금 하는 행동을 "아야 해" "응가 해" "코 안 자"라고 설명하는 식이다. 눈에 보이는 사물이나 행동을 가리키는 이런 말을 "맥락화된 언어"라고 부른다.

하지만 더 자라면, 대개는 3~5세 사이가 되면 아이는 현재 눈에 보이거나 경험하고 있지 않은 사물 또는 사건에 관한 언어를 사용하기 시작한다. 이런 말을 가리키는 용어가 "탈맥락화된 언어"다.

이 수준의 언어를 쓸 줄 알게 되는 것은 지적 성장의 중요한 지표다. 맥락화된 언어는 눈에 보이는 사물이나 행동에 초점을 맞추며 동작과 표정, 억양의 도움을 받아 단어의 의미를 전달한다. 반면에 탈맥락화된 언어에는 이런 보조 수단이 없다. 눈에 보이는 참고 자료 없이 거의 온전히 이미 배운 단어에만 의존해야 하므로 훨씬 높은 수준의 정보 처리와 반응 능력이 필요하다. 그러므로 당연히 이는 아이의 두뇌 발달과 밀접한 관계가 있다.[8]

아이와 함께 "더 많이 말하기"를 할 때 탈맥락화된 언어를 쓰는 것은 그리 어렵지 않다. 그냥 아이에게 익숙한 단어를 써서 예전에 부모와 아이가 같이 했던 활동, 최근에 가지고 놀았던 장난감, 아이가 아는 인물에 관해 이야기하면 된다. 아이는 이 말을 이해하려면 지금 눈앞의 환경에서 단서나 도움을 얻지 못한 채로 자기가 아는 단어를 떠올려야 한다.

탈맥락화된 언어를 이해하고 거기에 반응할 줄 아는 것은 학교에 들어가기 전 갖춰 둬야 하는 능력이다. 대다수 학교 수업에서는 탈맥락화된 언어가 쓰이며, 이때는 부모가 옆에서 설명해 줄 수 없기 때문이다.

채워 넣기, 길이 늘이기, 발판 놓기

아이가 부모에게 시도하는 의사소통을 알아듣는 것은 동작 알아 맞히기 놀이와 비슷하다. 아이는 부모에게 안아 달라는 뜻을 어떻게 전할까? 두 팔을 치켜들어 전한다. 단어를 사용할 때도 대개는 "안아" "우유" "아니" 같은 짧고 쉬운 단어만 쓴다.

영유아의 언어 학습은 수동적 과정이 아니다. 인간은 모두 능력을 지니고 태어나지만 복잡한 언어 구조를 이해하는 발달은 전적으로 환경에 달려 있다. 적절하고 의미 있는 말을 일상으로 듣는 아이는 결국 자신 역시 그런 말을 사용하게 된다.

"안아, 안아."
"아빠가 안아 줬으면 좋겠어?"

이 대화는 시간이 지나면 이렇게 발전한다.

"안아 줘요, 아빠. 나 힘들어요."

말하는 법을 처음 배우는 아이는 불완전한 단어와 완성되지 않은 문장을 사용한다. "더 많이 말하기"의 맥락 안에서 활용되는 "채워 넣기"는 아이가 한 말의 빈 곳을 채워서 다시 말해 주는 방법이다.

"멍멍이 슬퍼"라는 문장을 채워 넣으면 "네 강아지가 슬퍼하는구나"
가 된다.

"채워 넣기"를 쓰면 "오류 정정"과는 달리 부정적 측면 없이 아이
에게 자연스럽게 뭔가를 말하는 더 나은 방법을 제시할 수 있다.

아이가 더 자라면 "길이 늘이기"로 복잡성을 더해 줄 수 있다. "코
자러 가"는 "자러 가고 싶구나. 시간이 꽤 늦어서 많이 졸리겠네"가
된다.

"길이 늘이기"에서는 아이가 이미 아는 단어를 쌓기 블록으로 써
서 더 정교한 문장을 만드는 법을 제시한다. 여기에는 부사나 형용
사, 부사구 추가 등이 포함된다. 이를테면 "아이스크림 좋아"는 "이
딸기 아이스크림 정말 맛있는데. 엄청 차가워!"가 된다.

"발판 놓기"는 아이의 말에 단어를 덧붙여서 언어 능력을 키워 주
는 방법이다. 예를 들어 아이가 한 단어를 쓰면 부모는 두세 단어로
대답한다. 아이가 두세 단어로 말하면 부모는 짧은 문장을 쓴다.

"채워 넣기, 길이 늘이기, 발판 놓기"는 모두 아이의 의사소통 능
력보다 한두 발짝 앞서 나간다. 그럼으로써 "더 많이 말하기"의 중요
한 목표인 더 정교하고 자세한 의사소통이 가능해지도록 이끄는 방
법이다.

세 번째 T: 번갈아 하기

마지막 T인 "번갈아 하기"를 실천하려면 아이를 서로 주고받는 대화에 참여시켜야 한다. 부모와 자녀의 상호작용에서 가장 바람직한 형태인 "번갈아 하기"는 아이의 두뇌 발달 면에서는 3가지 T 중 가장 중요하다. 말을 주고받는 의사소통이라는 필수 기술을 성공적으로 배우려면 부모와 아이 둘 다 적극적으로 참여해야 한다.

부모가 아이의 관심을 붙드는 방법은 무엇일까? 아이가 초점을 맞추는 주제에 "주파수 맞추기" 그리고 그 주제에 관해 "더 많이 말하기"다. 핵심은 부모가 먼저 의사소통을 시작하든 아이가 먼저 꺼낸 말에 대답하든 간에 아이가 반응을 보일 때까지 기다려 주는 것이다. 이렇게 해야 "번갈아 하기"라는 중요한 단계를 실행할 무대가 마련된다.

부모가 아이와 번갈아 하는 방법은 아이가 자라면서 꽤 달라진다. 심지어 말을 배우기 전에도 아기는 의사소통을 효과적으로 해낼 수 있다. 아기는 울어서 기저귀를 갈아 달라는 뜻을 전한다. 눈을 비비는 아기는 이제 잘 시간이라는 말을 하는 것이다. 아기와 대화는 의사소통의 단서를 읽어 내고, 단서를 해독하고, 반응하는 과정이다. 일반적으로 생각하는 대화는 아닐지 모르지만 이런 주고받기는 아기의 두뇌 발달 그리고 부모와 애착 형성에 중요한 역할을 한다.

아기가 자라 걷기 시작하면 번갈아 하기의 방식은 더 다양해진다.

아이는 아기 때부터 쓰던 표정과 동작에 덧붙여 처음에는 자기 마음대로 만들어 낸 단어, 단어 비슷한 것, 그리고 진짜 단어를 쓸 줄 알게 된다.

이때부터 부모가 이런 신호에 반응하고 다시 아이의 반응을 기다려 주는 것이 특히 중요해진다. 이제 막 말을 배우는 아이는 단어를 찾느라 애쓸 때가 많다. 때로는 너무 오래 걸려서 부모는 본능적으로 아이 대신 반응해 주고 싶어 한다. 그러면 아이를 더 많은 언어에 노출할 수는 있다. 하지만 대화는 거기서 끝나 버린다. 아이가 단어를 떠올릴 시간을 조금 더 주느냐 마느냐에 따라 번갈아 하기와 대화 종료가 갈릴 때가 많다.

번갈아 하기의 효과를 제한하는 단어로는 "무엇"이 있다. "이 공은 무슨 색일까?" "소는 뭐라고 말해?"처럼 "무엇"을 묻는 말은 아이에게 이미 잘 아는 단어를 떠올리라고 요구하는 데서 그치므로 주고받는 대화 연습이나 어휘 학습에서 중요도 순위가 매우 낮다. "예"나 "아니요"의 대답을 요구하는 질문 또한 대화를 계속 이어 나가거나 아이에게 새로운 어휘를 가르치는 데 별 도움이 되지 않는다.

반면 개방형 질문은 번갈아 하기의 목표에 딱 알맞은 바람직한 방식이다. 특히 유아를 상대로 대화를 시작하고 계속 이어 나갈 때는 이런 질문이 효과적이다. 단순히 "어떻게"와 "왜"만 사용해도 아이가 폭넓은 단어, 생각, 개념을 활용해 반응하도록 유도할 수 있다. "왜"라는 질문에는 고개만 끄덕이거나 손가락질만 해서 대답할 방법이 없다. "어떻게?"와 "왜?"는 사고 과정을 촉발하고 궁극적으로 문제 해결 능력으로 이어지는 좋은 질문이다.

3가지 T를 돕는 기술: 단어 만보계 LENA

앞서 우리는 디지털 기술의 부정적 측면, 특히 부모가 디지털 기기로 이메일을 쓰고 메시지에 답하고 실시간 뉴스 속보를 확인하느라 아이와 관계가 벌어지는 경우를 살펴보았다.

하지만 디지털 기술은 한편으로 TMW가 3가지 T를 제대로 실천하도록 돕는 중요한 요소다.

"언어 환경 분석 시스템Language Environment Analysis System"의 약칭인 LENA는 아동의 생애 초기 언어 환경을 들여다보는 창을 제공하는 중요한 도구다. 간단히 말해 단어를 세는 만보계인 LENA는 아이의 티셔츠 주머니에 쏙 들어가도록 디자인된 소형 디지털 음성 녹음기다. 사용자가 착용하고 있는 동안 LENA는 음향 환경을 최대 16시간까지 녹음한다. 결과물인 디지털 녹음 파일은 컴퓨터에 업로드되어 기존에 녹음한 기준치 및 교육 프로그램이 시작된 뒤의 녹음 파일과 비교 분석을 거친다.

LENA를 개발한 사람은 성공한 기업가인 테리 폴Terry Paul이다.[9] 테리 폴은 아내인 주디와 함께 수학 능력과 문해력 발달을 돕는 기술 기반 회사 르네상스 러닝Renaissance Learning을 세웠다. 회사는 성공을 거뒀다. 하지만 폴은 아동에게 미치는 긍정적 효과가 너무 느리게 나타난다고 생각했다. 일설에 따르면 그는 하트와 리즐리의 《의미 있는 차이》[10]를 읽고 대번에 아동의 생애 초기 언어 환경을 측정할 기술적 방법을 개발해야겠다는 생각을 떠올렸다고 한다. 폴이 가장 좋아하는 좌우명은 "측정하지 못하면 바꿀 수 없다!"였다.

만보계가 지속적 신체 활동을 촉진하는 효과가 있다고 밝혀졌듯, LENA 또한 아동의 언어 환경 정보를 연구자들에게 전달하는 것 외에 아이의 언어 환경 개선을 고무하는 중요한 역할을 한다. 부모가 목표를 정하고 과정을 추적하고 결과를 평가할 수단이 되어 주는 LENA는 노력의 결과가 기대에 미치지 못했을 때는 격려를 해 주고, 목표가 달성되거나 기대 이상일 때는 발전을 확인해 주는 동반자다. 그렇기에 LENA는 동기 부여에서 매우 중요한 도구가 된다.

TMW에서 우리는 초기에 개발한 교육 과정이 부모가 자녀에게 하는 말의 양을 늘리는 데 도움이 되는지 확인하기 위해 처음으로 LENA를 도입했다. 우리는 실제로 도움이 된다는 사실을 확인했다. 그러나 단어 양이 늘어나는 효과가 일시적이라는 점도 알아냈다. 그래프는 잠시 치솟았다가 다시 툭 떨어졌다. 이는 사람을 좌절시키거나 다시 생각하게 하는 결과였다.

우리는 다시 생각하기를 택했다. 첫 번째 생각은 이랬다. "결과를 우리만 확인하는 게 과연 바람직할까?" 이 질문에 답하기는 그리 어렵지 않았다. 우리는 프로그램에 참여하는 부모들을 만나 의견과 조언을 구했다. 그렇게 해서 갈고닦아 잘 조율된 TMW 프로그램을 개발하기 위한 길로 성큼 나아가게 되었다.

3가지 T의 강력한 효과

아기에게 젖을 먹일 수 없으면 아기를 건강하게 키우기 위한 대체품을 만들어 낼 방법이 있다.

하지만 인간의 뇌가 잠재력을 온전히 실현하게 하는 양분은 생애 초기에 아기에게 애정과 관심을 보이는 어른의 말뿐이다. 지금까지 과학으로 밝혀진 결과에 따르면 대체품은 존재하지 않는다.

모든 아이에게 이 양분을 충분히 제공하는 것, 이것이야말로 TMW의 연구자와 수많은 부모를 움직이는 동기다. 우리 목표는 바로 아이들이다.

앞서 말했듯 우리 TMW 이니셔티브의 신조는 아동의 뇌 가소성이다. 이 핵심에 "3가지 T"가 있다.

우리 목표는 모든 아이가 최적의 지적 발달을 이루도록 돕는 것이다. 이를 위해 TMW 교육 과정은 출생 후 3세까지 영유아의 언어 환경을 개선할 목적으로 설계되었다. "3가지 T"가 발휘하는 효과는 어휘를 늘리는 데 그치지 않는다. 이 효과는 수학 개념 도입, 문해력 발달, 자기 조절 능력과 집행 기능 키우기, 비판적 사고 능력과 감정적 통찰력, 창의력, 끈기 발달을 아우르는 다양한 분야에서 나타난다.

TMW는 과학을 토대로 활용해 최적의 두뇌 발달을 실현하는 프로젝트다.

책 함께 나누기: 아이에게 주파수를 맞추자

출생 직후부터 아이와 함께 이야기를 나누면 아이가 말을 시작하기 전부터 의사소통 능력 발달의 기반을 마련하는 데 도움이 된다.

마찬가지로 생애 첫날부터 아이와 함께 책을 읽으면 아이가 읽는 법을 배우기 전부터 문해력과 책에 대한 애정을 키워 줄 수 있다. 말하기와 마찬가지로 부모가 생후 첫 몇 년간 아이에게 어떻게, 얼마나 많이 책을 읽어 주는지는 아이의 학습 준비도는 물론 평생의 진로에 커다란 영향을 미친다.

아이와 함께 책 읽기의 중요성은 새로운 화두가 아니다. "손 내밀어 함께 읽기Reach Out and Read" "독서가로 키우기Raising Readers" "책 읽는 무지개Reading Rainbow" 등 여러 단체는 수십 년간 아이와 책 읽기의 이로운 점을 홍보하는 데 힘써 왔다. 2014년 미국소아과학회는 모든 부모가 출생 직후부터 자녀에게 책을 읽어 주어야 한다는 권고안을 발표하기도 했다.

이런 철학을 뒷받침하는 과학적 증거는 아주 많다. 영유아기에 양육자가 책을 읽어 준 아이는 유치원에 입학할 무렵 어휘가 더 풍부하고 수학 능력이 더 뛰어나다는 연구 결과가 있다. 독서에 열의가 있는 부모의 자녀는 읽는 법을 배우는 데 더 강한 흥미를 보이고, 결국 책을 좋아하는 사람으로 자랄 확률이 높아진다는 증거도 있다.[11]

하지만 TMW 프로그램에 참여한 엄마들 가운데는 아이에게 책 읽어 주기의 중요성을 잘 알면서도 처음에는 이를 탐탁잖게 여기는 사람이 꽤 많았다.

"애가 가만히 앉아 있질 않아요."

"책을 굳이 자기가 들겠다고 난리예요."

"아직 다 읽지도 않았는데 다음 장으로 넘기려고 들어요."

"애가 책 앞부분에 나온 이야기를 자꾸 다시 꺼내서 진도를 나갈 수가 없어요."

이런 엄마들의 말은 충분히 이해가 갔다. 엄마들은 아이에게 책 읽어 주기가 성공하려면 아이가 가만히 앉아 귀를 기울여야 하고, 그렇지 않으면 읽는 의미가 없다고 생각했다. 그런데 이들을 포함한 수많은 부모가 모르는 사실이 있다. 바로 책을 읽어 줄 때야말로 "주파수 맞추기"가 꼭 필요한 순간이라는 점이다.

책 읽어 주기는 일방적인 들려주기와 듣기가 아니라 "함께 나누기"여야 한다.

대화식 독서법: 책 함께 나누면서 3가지 T 활용하기

전통적으로 "이야기 시간"이란 부모가 책을 읽고 아이가 듣는 활동을 가리킨다. 그로버 화이트허스트Grover Whitehurst 박사가 세운 "스토니브룩 독서와 언어 프로젝트Stony Brook Reading and Language Project"에서 활용되는 "대화식 독서법"에서는 이 역할이 약간 달라진다.

이 프로젝트의 목표는 책을 읽는 과정에서 아이가 질문을 하거나 눈에 보이는 것 또는 자기 생각과 느낌을 이야기하는 등 더 적극적인 역할을 맡도록 이끄는 것이다. 그렇게 되면 아이는 이야기꾼이 되고, 부모는 청중의 역할을 더 많이 맡게 된다. 우리가 "책 함께 나누기"로 부르는 TMW의 방식 역시 이 대화식 독서법을 기본으로 삼는다.

예를 들어 보자.

부모의 무릎 위에 첫 쪽이 펼쳐진 동화책이 놓여 있다. 전통 방식대로 하자면 이제 부모는 책을 처음부터 끝까지 읽을 차례다. 하지만 3가지 T를 활용하면 중간 과정이 달라진다.

첫째, 부모는 책을 읽으면서 촉각을 세워 어떤 부분이 아이의 관심을 사로잡는지 파악하고 거기에 맞춰 초점을 옮긴다. 다시 말해 "주파수 맞추기"를 한다. 그 결과 아이는 자기 관심사가 아닌 다른 것에 억지로 초점을 맞출 필요가 없어지므로 훨씬 열린 마음으로 쉽게 배우게 된다.

책 함께 나누기의 둘째 요소는 "더 많이 말하기"다. 더 많이 말하기가 두뇌 발달에 이롭다는 점은 굳이 설명할 필요 없으리라. 아이의 나이에 따라 상세함의 수준은 달라지지만 지금까지 무슨 내용이 나왔는지, 앞으로 어떻게 전개될지, 사건이 등장 인물에게 어떤 영향을 미치는지 더 많이 말하다 보면 아이는 이야기에 훨씬 깊이 몰입하게 된다. 덧붙여 동화책에는 대개 일상적이고 익숙한 단어가 쓰이지만, 풍성하고 복잡하며 자주 쓰이지 않는 "질겁하다" "짓궂다" "신비롭다" 같은 단어가 종종 등장한다. 책에 관해 이야기를 나누며 이런 단어를 반복하다 보면 자주 쓰이지 않는 단어가 기억에 남는다.

"아기곰이 식탁에 앉아 있어."

"아기곰이 먹을 죽에서 김이 모락모락 나네. 아주 뜨거운가 봐! 곰이 지금 죽을 먹으면 어떻게 될 것 같아?" "아기곰은 죽이 식을 때까지 기다려야 해!"

"앗, 안 돼! 골디락스가 아기곰의 의자에 앉았어! 의자가 어떻게 됐지? 의자가 조각조각 부서지고 말았어. 엉망진창이야!"

셋째, 아이가 조금 더 큰 다음에는 책 내용 이야기를 할 때 더 많이 말하기에 "번갈아 하기"를 접목해서 줄거리나 자기 생각과 느낌을 묻는 개방형 질문을 활용하면 좋다. 더 열심히 기억을 되짚고 추측하기를 요구하는 이런 질문에 답하려면 아이는 더 높은 수준의 상상력을 동원해야 한다. 책에 적힌 대로 말하면 되는 질문이 아니기 때문이다. 그렇기에 탈맥락화된 언어를 사용해 볼 좋은 기회가 된다.

"골디락스가 아기곰의 의자에 앉았을 때 어떤 일이 일어났지?"
"그건 해도 되는 행동이었을까? 왜 하면 안 될까?"
"네 생각엔 곰 가족이 돌아오면 어떤 일이 일어날 것 같아?"
"자기 의자가 부서진 걸 보면 아기곰은 어떻게 할까?"
"곰 가족은 골디락스를 보고 뭐라고 말할 것 같니?"

책 함께 나누기의 또 다른 측면인 번갈아 하기는 영유아가 그림을 가리키거나, 그림책의 오려진 부분을 열거나, 책장을 넘기거나, 질문을 하거나, 질문에 답할 때마다 실천되는 것이나 마찬가지다.

물론 TMW의 "책 함께 나누기" 방식을 따른다고 해서 실제로 아이에게 책을 읽어 주지 말라는 뜻은 전혀 아니다. 아이가 부모 무릎에 올라가 이야기에 귀 기울이고 싶어 한다면 부모는 얼마든지 책을 읽어 줘도 된다. 자기 아이를 다정하게 꼭 안아 주며 책을 읽는 것만큼 행복한 일은 별로 없으리라. 실제로 그렇게 해 주기를 아이가 원한다면 이 또한 훌륭한 주파수 맞추기가 된다.

어린 아기와 책 함께 나누는 법

미국소아과학회와 마찬가지로 TMW 역시 몇 가지 간단한 변경 사항만을 추가한 책 함께 나누기를 영아 부모에게 권장한다.

아기는 말뜻을 이해하지는 못하지만 부모의 목소리, 책 읽는 리듬, 신체 접촉의 따스함에서 안정감을 느낀다. 이야기 듣기의 첫 번째 장점은 부모의 애정이 담긴 따뜻한 목소리일 테지만, 한데 엮여 문장을 이루는 단어의 억양은 언어가 작동하는 방식을 알려 주는 조기 교육에 해당한다.

신생아에게 책을 읽어 줄 때 목적은 내용 이해가 아니므로 굳이 어린이용 책을 고를 필요는 없다. 사실 밀린 신문을 읽거나 침대 옆 탁자에 지난 6개월간 놓여 있던 베스트셀러를 마침내 펼쳐 볼 좋은 기회일지 모른다. 그냥 첫 장을 펼친 다음 소리 내어 읽으면 된다.

4개월 무렵이면 아기는 책에 관심을 보이기 시작한다. 그러나 관심의 초점은 이야기를 듣는 것보다는 책이라는 물체 자체에 있다. 부모의 역할은 아기의 관심을 끄는 부분에 주파수를 맞추고 그 주제에 관해 더 많이 말하는 것이다.

"책을 네 손으로 들고 그림을 더 자세히 보고 싶은가 보구나. 그건 강아지야. 그리고 이건 뭘까? 고양이네, 그렇지?"

"네가 손으로 책장을 톡톡 칠 때 나는 소리를 들어 봐. 이 소리를 들으면 웃음이 나나 보네. 이제 엄마가 한번 쳐 볼게. 이제 엄마도 웃음이 나네."

"책을 바닥에 떨어뜨리는 게 재미있는 모양이구나. 아빠가 허리를 구부려서 책 집는 걸 봐 봐. 재미있지, 그렇지? 한 번 더 해 보자!"

손짓으로 활자 인식력 길러 주기

아이에게 책을 읽어 주면 어휘가 늘어난다는 연구 결과는 수없이 많다. 하지만 아이의 독서 능력을 키우고 싶다면 또 하나의 필수 요소인 "활자 인식"을 고려할 필요가 있다.

유아에게 글자는 뚜렷한 의미가 없는 구불구불한 선의 집합일 뿐이다. 읽기를 배운다는 것은 이런 선이 소리를 만들어 내는 글자며 한데 모여 단어를 형성한다는 사실을 이해하는 데서 출발한다.

이 점을 배우는 데 중요한 역할을 하는 것이 바로 손짓이다. 부모가 책을 읽어 주면서 단어를 손가락으로 가리키면 아이는 지금 들리는 소리와 책장 위의 특정한 선이 서로 관련되어 있다는 사실을 깨닫기 시작한다. 또한 이런 손짓은 언어마다 다른 읽기 방식, 이를테면 영어에서는 왼쪽으로 오른쪽으로, 위에서 아래로 읽으며 단어 사이는 공백과 구두점으로 구분된다는 점 등을 아이에게 보여 준다. 아이가 조금 더 자랐을 때 책에 생소한 단어가 나오면 책에 쓰인 단어를 손으로 가리켜서 아이에게 지금 들린 단어와 종이 위의 단어를 연결하는 법을 가르칠 수 있다. 이런 과정은 아이가 글과 그림의 관계를 이해하는 데도 도움이 된다. 향후의 독서 능력을 위한 아주 초보적인 예비 단계를 마련하는 동시에 활자 인식을 가르치는 좋은 방법이다.

활자 인식력 길러 주기의 유의미한 이점은 여러 연구에서 증명되었다. 양육자가 손으로 짚어 가며 책을 읽어 준 아이는 활자 인식이 증가했고, 부모가 손짓 없이 책을 읽어 준 아이들보다 더 뛰어난 읽기, 맞춤법, 독해 능력을 보였다.[12]

함께한 일상 경험 이야기하기

책에서 아이가 얻는 어휘와 문해 전 단계preliteracy(아직 글을 배우기 전의 예비 단계) 능력 같은 이점은 대부분 "구술 서사oral narrative" 또는 "이야기하기storytelling"를 통해 얻을 수 있다.

부모의 구술 서사 활동과 아이의 향후 독서 능력 및 학습 준비도 사이에 명확한 관계가 있음이 연구를 통해 증명되었다. 구술 서사(이야기하기) 훈련을 받은 부모의 3~4세 자녀는 탈맥락화된 어휘에서 유의미한 진전을 보였다. 이는 부모의 서사(이야기) 활용이 아이의 어휘에 긍정적 영향을 미친다는 점을 보여 준다.[13]

이야기하기가 곧 책 읽어 주기는 아니다. 이야기 소재가 상상의 왕국, 아름다운 공주님, 우주를 떠다니는 강아지여야 하는 것 또한 아니다. 물론 그런 것도 좋지만 유아에게는 최근에 식료품점에 장보러 갔다가 생긴 일, 공원에서 한 산책, 차를 타고 시내로 나간 일, 거품 목욕한 일 등 모든 일상 소재가 훌륭한 이야기가 된다. 줄거리가 좀 지루해 보일지 모르지만 아이들은 자기가 주인공인 이야기를 무척 좋아한다!

이번 역시 "3가지 T"가 큰 도움이 된다. 함께한 일상 경험에 관한 이야기는 아이가 공감하기 쉬울뿐더러 아이의 참여를 유도하는 효과가 있다. 이런 경험을 주제로 더 많이 말하다 보면 아이는 부가 정보와 자기 생각을 덧붙이고 싶어져서 스스로 "주파수 맞추기"와 "번갈아 하기"에 참여하게 된다. "그다음에 어떤 일이 있었지?" "그 사람들이 어디로 갔다고 생각하니?" "왜 그렇게 됐다고 생각해?" 같은 개방형 질문을 활용하면 아이의 참여를 한층 더 고무할 수 있다. 이런 종류의 이야기는 상상력과 어휘력, 깊이 있는 사고를 키워 주는 역할을 한다.

아이가 자라면 이야기에서 아이가 맡는 역할이 점점 커진다. 아기에게는 부모가 일방적으로 이야기를 할 수밖에 없다. 그러나 아이가 이야기에 참여할 만큼 자라고 나면 매일 함께 이야기하는 시간을 두는 것이 두뇌 발달에 큰 도움이 된다. 더 자란 아이는 이모 집에 다녀온 대단한 모험 이야기에 살을 덧붙이거나 이야기의 다음 부분을 맡는 등 부모와 번갈아 이야기할 수 있다.

이야기는 결국 깊이 있는 질문을 통해 더욱 개인화되고, 주제와 연관된 "생각과 감정"이 생겨난다. 이런 식으로 주파수 맞추기, 더 많이 말하기, 번갈아 하기는 적극적이고 열의 있는 참여를 이끌어 내는 열쇠가 된다.

이야기하기는 또한 유아가 "느낌"을 이해하는 데 도움을 준다. 미끄럼틀에서 굴러떨어진 아이는 다시 시도하기를 겁낼지 모른다. 소중한 봉제 인형을 잃어버린 아이는 무척 슬픈데 표현할 방법을 모를 수 있다.

사건과 거기에 얽힌 감정을 묘사하는 도구로 이야기를 활용해서 무슨 일이 일어났는지 더 깊이 이해하고 괴로움을 다스리는 방법은 어른뿐만 아니라 아이들에게도 효과가 있다. 이 방법을 꾸준히 적절하게 사용하면 아이가 감정을 이해하고, 구분하고, 표현하는 법을 배우고 자기 조절 능력까지 더 단단히 다지도록 도울 수 있다.

3가지 T로 수학 실력 길러 주기

우리 TMW의 수학 교육 과정은 부모들에게 평판이 매우 좋다. 부모가 자기 말의 힘을 활용해서 아이의 수학 토대를 마련하는 것을 도울 목적으로 설계된 이 전략 프로그램은 실천하기 아주 쉽다. 사실 너무 간단한 나머지 자신이 이미 이 전략을 쓰고 있었음을 뒤늦게 알아차리는 부모가 많을 정도다.

아마 가장 놀라운 점은 유아에게 수학에 대해 말하는 것만으로 초등학교에 들어갈 무렵 아이의 수학 능력을 크게 향상할 기반을 닦을 수 있다는 깨달음일 것이다.

유아기에 튼튼한 수학 토대를 마련하는 핵심 주제로는 숫자, 숫자 연산, 기하학, 공간 추론, 측정, 자료가 있다. 각 개념의 기초 원리는 아주 일찍부터, 아주 미묘한 방식으로 학습된다.

낯선 사람이 안으면 버둥거리는 아기는 수학 개념인 비교, 상관관계, 차이점 구별을 활용하고 있는 셈이다. 이런 식으로 생각해 보자.

- 익숙한 냄새: 좋음
- 익숙하지 않은 냄새: 나쁨

이렇게 하려면 정보를 수집하고 체계화하는 수학 능력이 필요하다. 이는 나중에 구별하고 분류하는 능력으로 진화해서 아이가 논리적으로 생각하고 세상을 이성적으로 파악하도록 돕는다.

아이스크림을 더 달라고 강력하게 주장하는 유아는 또 다른 수학 개념인 비교 측정을 활용하고 있다.

동요 〈맥도널드 아저씨의 농장Old MacDonald Had a Farm〉을 부르면서 후렴구의 "이야이야오"에 정확히 박자를 맞춰 폴짝폴짝 뛰는 세 살배기는 또 하나의 핵심 수학 개념인 패턴을 활용하고 있다. 패턴을 인식하는 능력은 아이가 문제 해결 능력과 예측 능력을 키우도록 돕는다.

유아기에 수학 토대를 닦을 영역 중 가장 두드러지는 것은 물론 숫자와 숫자 세기다. 아이가 처음에 숫자 세기를 배울 때는 기계적 암기부터 시작한다. "하나, 둘, 셋, 넷"이라고 말하면서도 이런 단어가 사물의 전체 개수를 나타낸다거나 단어의 상대적 위치가 크기와 연관되어 있다는 사실은 모른다. 즉 숫자를 나열할 때 열은 여섯이나 둘보다 뒤에 나오므로 여섯이나 둘보다 크다는 것은 아직 모른다는 뜻이다.

하지만 시간이 지나면 아이는 숫자가 특정 사물 묶음의 전체 수를 가리킨다는 원리, 다시 말해 넷이라는 숫자가 접시 위의 쿠키 전체의 수를 나타낸다는 사실을 이해하게 된다. 앞서 살펴보았듯이 "집합수의 원리"로 불리는 이 개념의 이해는 수학 능력 발달을 위해 거쳐야 하는 필수 단계다.

이는 숫자가 덧셈에만 쓰이는 것이 아니라 각 사물의 전체 개수, 여러 개 가운데 상대적 위치, 측정값을 나타내는 데도 쓰이기 때문이다. 심지어 때로는 식별 기호로까지 쓰인다.

수학을 제대로 배우려면 아이는 이런 맥락에서 각 숫자가 어떤 역할을 하는지 이해해야 한다. 3가지 T는 이 복잡한 과정을 수월하게 헤쳐나가도록 든든히 떠받치는 발판이다.

사방에 넘쳐나는 숫자와 수학 사고방식을 활용하자

숫자는 사방에 넘쳐난다. 편지 봉투, 신발 밑창, TV 리모컨에도 있다. 더 많은 숫자에 노출되고 부모가 숫자를 더 자주 가리킬수록 아이는 더 빨리 자기 힘으로 숫자를 알아보기 시작한다.

기저귀를 갈면서 아기 발가락을 세자. 아이 접시에 놓인 치즈를 손가락으로 일일이 가리키며 헤아리자. 유치원 다니는 아이에게는 계단을 오를 때마다 숫자를 세 보자고 권하자. 아이가 어느 정도 자라면 먼저 물건의 전체 개수를 말한 다음 1개씩 가리키며 세는 것을 보여 주자. "장난감 자동차가 10개 있네. 하나, 둘, 셋, 넷……." 이렇게 하면 각 물체를 한 번만 세야 하며 숫자는 그때까지 센 사물 "묶음"의 전체 개수를 가리킨다는 집합수의 원리를 가르칠 수 있다.

식사 시간, 놀이 시간을 비롯해 모든 시간을 아이가 즐겁게 숫자 배우는 시간으로 바꾸는 데 필요한 것은 "3가지 T"와 셀 만한 물건뿐이다.

- □ **주파수 맞추기**: 부모는 아침에 아이가 옷 입기를 도와주길 바라는 것을 눈치 챈다.
- □ **더 많이 말하기**: "네 우주복에는 똑딱단추가 5개 있어. 엄마가 세는 거 도와 줄래? 하나, 둘, 셋, 넷, 다섯. 똑딱단추 5개를 똑딱 잠그면 준비 끝이야."
- □ **번갈아 하기**: 아이가 차례를 넘겨받아 단추를 하나씩 눌러 잠그면서 엄마와

함께 숫자를 센다. "하나…… 둘…… 셋…… 넷…… 다섯."

아이가 조금 더 크면 숫자를 셀 때 간단한 덧셈이나 뺄셈을 추가해도 된다.

"넌 크래커가 2개, 엄마도 크래커가 2개 있어. 합쳐서 우리한테는 크래커가 4개 있는 거야."

"그런데 엄마가 크래커를 너한테 1개 주면 어떻게 될까? 그럼 네 크래커는 3개가 되고 엄마는 1개만 남겠네."

이런 단순한 전략이 아이에게 새로운 수학 개념을 더해 준다.

아이들은 기하학을 좋아한다

믿기 어려울지 모르지만 유아는 기하학을 매우 재미있어한다. 아이들에게 기하학이란 나무 블록으로 탑을 쌓거나, 퍼즐을 맞추거나, 알록달록한 콩주머니를 바구니에 던져 넣는 놀이기 때문이다.

가장 좋은 점은 이 재미있는 활동의 기반이자 도형, 공간, 위치를 다루는 분야인 기하학이 유아기의 수학 기초를 튼튼히 다지는 데 결정적 역할을 한다는 데 있다.

"3가지 T"를 활용해서 여러 가지 도형, 그리고 도형 사이 관계를 주제로 삼아 이야기하는 것은 기하학에 입문하기 딱 좋은 방법이다. 아이들은 이미 더없이 좋은 기하학 교구에 둘러싸여 있다. 주방 문은 직사각형이다. 접시는 원이다. 액자는 정사각형이다. 타일은 삼각형이다.

도형 안에 들어 있는 도형도 있다. 베개는 직사각형이지만 커버에는 물방울무늬가 잔뜩 있다. 냉장고는 커다란 직사각형이고, 냉장고 문은 그 안에 들어가는 더 작은 직사각형 2개다. 공원 벤치, 이층 버스, 슈퍼마켓 진열장의 음료수 캔, 아이스크림콘 등 아이와 함께하는 삶에는 숫자와 도형의 세계를 탐험할 기회가 가득하다.

기하학을 배울 때 없어서는 안 되는 요소는 우리가 이미 다루었던 공간 추론, 즉 도형 간 관계를 파악하는 능력이다. 공간 추론은 도형이나 물체를 다양한 위치로 시각화하고 머릿속에서 도형을 "조작"하고, 다른 도형과 관계를 고려해서 움직임을 상상하는 능력을 가리킨다. 우리는 신발 끈을 묶을 때, 남은 음식을 플라스틱 용기에 포장할 때, 고속도로로 진입하며 차선을 바꿀 때 공간 추론을 활용한다. 한편 유아는 퍼즐을 맞출 때, 장난감을 정리할 때, 놀이터 기구에 올라갈 때 같은 능력을 사용한다.

공간 단어에는 "직사각형"과 "정사각형"처럼 도형 자체의 명칭과 "구부러졌다" "똑바르다" "길다" "짧다" "꼬불꼬불하다"처럼 도형을 묘사하는 단어가 포함된다.

이는 언어의 중요성을 보여 주는 또 하나의 예다. 앞서 확인했듯 수전 레바인의 연구에서 2세에 더 많은 공간 단어를 아는 아이들은 네 살 반에 더 뛰어난 공간 능력을 보인다는 사실이 확인되었다.

공간 추론은 외과 분야 재능을 보여 주는 핵심 예측 지표다. 수술실에 들어서는 외과의는 수술을 성공적으로 마치는 데 필요한 특정 경로를 시각화하면서 정신적으로 인체 안에 들어서는 것이나 마찬가지다. 이런 능력이 세 살 이전에 퍼즐을 맞추면서 시작된다는 점을 생각하면 무척 흥미롭다.

아이가 외과 의사라는 진로를 택할 생각이 없더라도 퍼즐 조각이 들어갈 자리를 알아내거나 블록으로 요새를 짓거나 책을 책장에 다시 꽂으려면 공간 추론 능력이 필요하다. 공간 추론을 익히면 전반적인 문제 해결 능력이 좋아지며, 이는 문해력은 물론 과학, 기술, 공학, 수학 분야에서 향후 성취도를 예측하는 중요한 지표가 된다는 연구 결과가 있다.[14] 공간 추론은 성인이 된 뒤까지 갈고닦을 수 있는 능력이다. 그러나 일찍 시작하면 아이의 수학 토대를 다지는 중요한 첫걸음이 된다.

3가지 T로 공간 능력 키워 주기

"3가지 T"를 공간 관련 대화에 접목하는 것은 아이의 공간 능력을 키워 주는 효과적인 방법이다.

"크다" "작다"처럼 크기를 나타내는 말, "정사각형" "동그라미" 같은 도형 이름, "납작하다" "볼록하다"처럼 공간 특성을 나타내는 말 등 공간 관련 단어를 써서 이야기하기 좋은 기회를 찾아보자. 블록

쌓기, 그림 그리기, 나이대에 맞는 퍼즐 맞추기 같은 놀이 활동이나 침대 정돈하기, 장난감 치우기 같은 일상 활동은 모두 공간 단어를 활용하기 좋은 기회가 된다.

목욕 또한 3가지 T를 활용해서 아이의 공간 능력을 키워 주기 딱 좋은 시간이다.

□ **주파수 맞추기**: 유아가 욕조 안의 거품에 강한 흥미를 보인다.

□ **더 많이 말하기**: "거품이 커다랗고 하얀 담요 같네. 그리고 네 팔에는 거품으로 된 선이 생겼어. 똑바른 선이네. 그리고 봐 봐. 엄마가 작고 둥근 거품 섬을 찾아냈어. 물에 둘러싸인 섬이야. 거품 섬은 네 손하고 가까이 있어. 하지만 네 발하고는 멀어. 이건 동그라미야. 너도 물 안에서 동그라미를 만들 수 있을까? 네모도 만들 수 있어? 그건 좀 어렵지. 그럼 높은 산은 어때?"

□ **번갈아 하기**: "거품이 네 손을 덮고 있네. 거품이 아주 많아, 그렇지? 거품은 무슨 모양일까? 맞아, 동그랗지! 그리고 거품 속에 떠 있는 비누 좀 봐 봐. 비누는 무슨 모양이야? 직사각형이지? 그리고 이 때수건은 정사각형이네. 비누를 때수건 안에 넣어 보자. 이제 정사각형 안에 직사각형이 있네!"

이 모든 노력은 미래에 아이가 수학과 공간 추론 능력을 토대로 수준 높은 기술을 갖춰 흥미로운 여러 진로를 탐색할 수 있게 되었을 때 반드시 보상받게 된다.

측정 능력 길러 주기

측정은 우리 삶에 없어서는 안 되는 부분이므로 일찍부터 측정의 기초를 가르치는 것이 합리적이다.

측정은 요리나 청소, 몇 걸음이나 걸어야 하는지, 접시에 음식을 얼마나 덜어야 할지 판단할 때 쓰인다. 또 선반을 만들 때, 농구에서 슛을 할 때, 주차 미터기에 돈을 얼마나 넣을지 결정할 때 우리는 측정에 의존한다.

아이는 대개 구체적 경험과 관련된 언어를 통해 처음으로 측정을 접한다.

"네 기차가 아주 빨리 달리게 할 수 있어?"
"와! 정말 높은 탑을 만들었네."
"이 상자는 너무 무거워서 엄마도 못 들겠어."
"이 스파게티 가닥은 정말 길다."

아이가 길이, 무게, 높이, 속도 같은 사물의 특성이라는 개념을 어느 정도 이해하면 비교라는 렌즈를 통해 측정하는 법도 배울 수 있다.

"어느 기차가 더 빨리 달릴까?"
"와! 스탠드보다 더 높게 탑을 쌓았구나."

"아무래도 더 작은 상자를 들어야겠다. 이 상자는 너무 무거워서 엄마도 못 들겠어."

"이 스파게티 가닥은 접시보다 길어."

이런 것도 가능하다.

"너 정말 많이 컸구나. 이제 원숭이 그림 티셔츠가 너무 작아졌네. 더 큰 옷을 사야겠어!"

"아침 먹기 전에는 네 컵이 가득 차 있었는데, 지금은 비었네. 물을 다 마셨구나."

"공을 진짜 멀리까지 던졌구나! 아빠 공은 그만큼 멀리 못 갔어. 아빠 공이 훨씬 가까이 있는 거 보이지?"

"같이 힘을 합쳐서 케이크를 만들어 보자. 여기 컵 있어. 컵에 밀가루를 가득 채워 줄래? 잘했어. 이제 설탕을 넣어야겠다. 설탕은 밀가루보다 적게 들어가. 반 컵이면 돼. 설탕을 반 컵 채워 줄래? 아주 잘했어. 같이 케이크를 만드니까 정말 좋네."

"크다" "작다" "가득하다" "비었다" 같은 비교 단어는 아이가 "같다" 와 "다르다" "더"와 "덜" 같은 비교 개념을 이해하는 데 도움이 된다.

자료 수집과 이해 능력 높여 주기

아동이 자료를 이해해야 할 만한 일은 없으리라 생각할지 모른다. 그러나 사실 자료 이해는 이미 아이 삶의 일부며 유아기의 포괄적 수학 기초의 중요한 구성 요소다.

세상을 이해하기 위해 아이는 본능적으로 자기가 마주치는 사람, 동물, 날씨, 방 안의 사물, 마카로니의 맛 등 말 그대로 모든 것에 대한 정보, 즉 자료를 인식하고 수집한다. 이런 방법으로 아이는 자신이 살아갈 세상을 이해하고 그 안에서 자기 자리를 파악한다.

새로운 음식을 입에 댔다가 얼굴을 찌푸리고 뱉어내는 아기는 생애 초기에 자료 수집과 분석이 이루어진다는 좋은 예다. 크기가 다른 쿠키 2개 중에서 하나를 고르는 유아도 마찬가지다. 주황색과 녹색 젤리를 따로따로 골라낸 다음 개수가 더 적은 쪽을 오빠에게 주는 여동생, 자기 장난감 트럭과 친구의 트럭 크기를 눈대중으로 견주어 보는 유치원생도 그런 예에 속한다.

- ▫ **주파수 맞추기**: 아이가 아빠 신발을 신고 거실을 돌아다닌다.
- ▫ **더 많이 말하기**: "아빠 신발을 신고 있네. 너한테는 정말 크구나! 아빠는 발이 크니까 큰 신발을 신지. 아빠 발하고 네 발 크기가 얼마나 차이 나는지 봐 봐. 네 발이 훨씬 작지."
- ▫ **번갈아 하기**: "누구 신발이 더 크지? 아빠 거? 네 거? 맞아! 아빠 신발이 네

것보다 훨씬 크네. 하지만 네 발은 점점 자라는 중이야. 그래서 지난주에 신발을 새로 샀잖아. 예전 신발은 발가락 부분이 끼었지. 그건 너무 작아졌어."

패턴 인식 가르치기

사물이 어떤 식으로 패턴을 이루는지 이해하는 법을 배우려면 우리가 매일 보는 정보의 묶음 또는 자료에서 뉘앙스, 그러니까 미묘한 차이를 인식할 줄 알아야 한다.

패턴을 인식하고 구분하고 만들어 낼 줄 아는 능력은 아이가 논리적으로 생각하고 다음 일을 예측하는 데 도움이 되며, 이는 수학 학습뿐 아니라 일상생활을 파악하는 데 꼭 필요한 기술이다. 패턴은 아이가 수를 세고, 글을 읽고, 곡을 연주하고, 시계를 볼 수 있도록 도와준다.

어른들은 늘 패턴을 활용한다. 판매 전략을 세우기 위해 상점 주인은 매출 패턴을 확인한다. 소프트웨어를 만들기 위해 프로그래머는 패턴을 활용해 코드를 짠다. 환경미화원은 맡은 구역을 다 돌기 위해 경로 패턴을 사용한다. 의사는 질병을 진단하기 위해 건강한 상태라는 패턴을 이용한다.

아이들 역시 거의 같은 방식으로 패턴을 활용한다. 아기는 아빠가 기저귀를 갈아 주고 나면 새 잠옷을 입혀 주리라 예측할 줄 안다. 유아는 점심을 먹고 나면 낮잠 시간임을 예측한다. 어린이집에 다니는 아이는 엄마와 아빠가 퇴근하고 나면 가족이 함께 저녁을 먹는다는 것을 예측한다. 이런 예측이 가능한 것은 모든 사람, 심지어 아주 어린 아기조차 자기 일상의 패턴을 인식할 줄 알기 때문이다. 실제로 아이가 일상 습관에서 느끼는 안정감은 대부분 패턴의 익숙함에서 온다. 다음에 무슨 일이 일어날지 알면 아이의 뇌는 배움에 더 집중할 수 있다.

"3가지 T"는 아이에게 패턴을 가르치는 데 도움이 된다. 아기는 자기 귀에 들리는 소리를 반복하기를 좋아한다. 그러니 아기가 옹알이를 하면 최대한 오래 소리 주고받기를 계속해 보자. 유아는 노래와 춤을 좋아한다는 점을 활용하자. 익숙하고 반복되는 후렴이 있는 노래, 특히 신나는 율동이 딸린 노래를 부르면서 참여를 유도하자. 어린이집 다니는 아이를 데리고 놀이터에 가서 놀이 기구나 풍경에서 번갈아 가며 패턴 찾기 놀이를 하는 것도 좋다.

패턴은 빨랫감, 식탁, 동물원, 길거리, 차 안 등 온갖 곳에서 찾을 수 있다. 패턴은 어디에나 있고, 패턴에 관해 이야기할 기회 또한 마찬가지다.

마지막으로 덧붙이자면 수학은 모든 능력의 토대가 되는 기술 중 하나다. 스탠퍼드대학교 교육대학원 교수 데버러 스티펙Deborah Stipek 교수는 이렇게 썼다. "연구에 따르면 아동이 초등학교에 입학할 때 수학 실력은 향후 학업 성취를 예견하는 강력한 지표다. 한 연구에서는 유치원 입학 시 수학 실력이 이때의 문해력뿐 아니라 초등

3학년의 문해력까지 예측한다는 사실이 밝혀졌다. 유치원에 들어간 다음 수학 기본기를 배우기 시작할 수 있지만 이런 아이는 불리한 위치에서 출발하게 된다."

반대로 말하자면 수학 이해의 씨앗을 이미 품은 채로 학교에 들어가는 아이는 한발 앞서 배우기 시작한다는 뜻이다.[15]

과정 중심 칭찬 하는 법

우리가 아이에게 바라는 것은 매우 명확하다. 자기 잠재력을 실현할 능력, 안정성, 창의성, 공감 능력, 건설적 사고, 그리고 물론 어려움을 견디는 끈기다. 시도하고 또 시도하는 아이와 시도했다가 실패하면 거기서 멈추는 아이의 차이는 무엇일까?

앞서 이미 다루었듯 원인은 칭찬이다.

일부 TMW 부모가 칭찬이 과하면 아이의 "콧대가 높아질까 봐" 걱정된다고 했다. 우리는 자신이 하는 일을 지지받고, 스스로 잘하고 있는지 확인받고 싶을 때 아이는 부모를 쳐다본다고 설명했다. 하지만 우리 부모 세대와 마찬가지로 우리 또한 모든 칭찬이 좋은 결과로 이어지지는 않는다는 사실을 배워야 했다.

캐럴 드웩 교수의 연구에서 우리가 배웠던 교훈을 다시 짚고 넘어가자면 칭찬은 실제로 2가지 유형으로 나뉜다.

- 아이 자신을 칭찬하는 사람 중심 칭찬: "넌 정말 똑똑해."
- 아이의 노력을 칭찬하는 과정 중심 칭찬: "열심히 노력해서 퍼즐을 전부 맞췄네. 아주 잘했어!"

연구에 따르면 과정 중심 칭찬을 더 많이 들은, 그러니까 노력을 칭찬받은 아이는 어려운 과제를 쉽게 포기하지 않는 확률이 훨씬 높았다. 이러한 끈기는 학교에서나 인생에서나 더 나은 결과를 얻는 데 도움이 된다.

퍼즐을 맞추고 있는 유아를 떠올려 보자. 엄마가 함께 바닥에 앉아 관심을 보이며 주파수를 맞춘다. 아이는 퍼즐 조각을 들고 여기저기 빈 곳에 맞춰 보다가 마침내 맞는 자리를 찾아낸다. 엄마는 과정 중심 칭찬을 건넨다.

"퍼즐 조각이 딱 들어맞는 자리를 찾을 때까지 계속 시도하는 모습이 참 좋아. 끈기가 대단해! 그리고 결국 해냈네!"

그러면 아이는 포기하지 않는 것이 힘이라는 사실을 배우기 시작한다.

아이와 일상 상호작용에서 과정 중심 칭찬을 더 많이 활용하려면 어떻게 해야 할까? 먼저 아이를 관찰해서 아이가 뭔가를 잘 해내는 순간을 포착해야 한다. 유아는 아직 "좋은 행동"의 기본을 배우는 중이라는 사실을 기억하자. 기회가 닿을 때마다 언급해 주면 좋은 행동이 강화된다. 여기서는 "주파수 맞추기"가 매우 중요하다.

아이에게 관심을 쏟지 않으면 아이가 올바른 행동을 정확히 해낸 순간은 아무렇지 않게 지나가 버린다. 반면에 잘못한 순간은 항상 눈에 띄어 비판받는다. 하지만 "좋은" 행동을 칭찬하면 이 행동은 습관이 된다.

"먹는 동안 식탁에 똑바로 앉아 있다니 정말 잘했어. 아빠는 네가 참 대견해."
"그림에 진심으로 집중하고 있구나. 색깔을 다양하게 쓰는 게 참 좋네."
"네가 부드럽게 쓰다듬어 주니까 고양이가 아주 좋아하네. 기분이 좋아서 목을 가르릉 울리고 있어."

칭찬이 구체적이고 일관될수록 아이가 이해하기 쉽다. 더욱이 좋은 행동이란 어떤 것인지 배우기도 쉽다.

자기 조절과 집행 기능 길러 주는 법

지적 능력은 중요하다. 그러나 아이가 가만히 앉아 있지 못하거나, 시키는 대로 안 따르거나, 감정을 조절하지 못하면 아무리 똑똑해 봤자 소용없다. 집행 기능은 생애 초기 언어 환경의 중요성을 보여 주는 또 다른 예다. 양육자의 언어는 아이의 두뇌 발달을 도울 뿐 아니라 행동 방식에까지 큰 영향을 미친다.

원래 TMW 교육 과정에는 집행 기능이 포함되지 않았다. 집행 기능이 추가된 것은 TMW 엄마들이 우리 프로그램 개발과 개선 작업에 적극 참여하고, 그들의 의견이 전폭적으로 수용되고 있음을 보여 주는 증거다. 엄마들은 아이의 유아기 언어 환경을 개선한다는 TMW의 전략을 전적으로 수용했지만 조금 다른 것이 필요하다고 했다. 그들이 원한 것은 아이가 더 바르게 행동하도록 돕는 방법이었다.

이는 사실 통찰력 있는 제안이었다. 학교에서 잘해 나가려면 똑똑함만으로는 부족하기 때문이다. 오십까지 세고, ABC 노래를 부르고, 간단한 단어까지 읽을 줄 안다 한들 가만히 앉아 있지 못하거나, 시키는 대로 안 따르거나, 감정을 조절할 줄 모르는 아이는 유치원에 들어가서 첫날부터 뭔가를 배울 준비가 되었다고 할 수 없다.

그렇다면 부모가 아이의 집행 기능과 자기 조절 능력 발달을 도울 방법은 무엇일까?

물론 언어다. 말은 두뇌 발달을 돕듯이 행동 방식 형성도 도울 수 있다.

우리는 다들 실제로는 절대 하지 않을 행동을 하고 싶은 욕망을 품는다. 가게에서 당신에게 무례하게 구는 짜증 나는 점원에게 신랄하게 쏘아붙이거나, 냉장고에 든 달콤한 초콜릿케이크를 통째로 먹어 치우거나, 고속도로에서 당신 앞으로 위험하게 끼어드는 운전자에게 손가락 욕을 날리고 싶은 마음이 여기 속한다. 이는 인간의 본성이다.

하지만 이런 상황에서도 우리는 대개 자신의 감정을 조절하고 충동을 억누를 수 있다. 파괴적 충동을 실행하는 것과 자신을 진정시켜 긍정적 행동을 하는 것의 차이, 이것을 자기 조절이라 부른다.

자기 조절이 숨쉬기처럼 인간이 원래 타고나는 능력이었다면 이 세상은 완전히 다른 곳이었으리라. 어떤 사람은 파괴적 충동을 조절할 줄 알고 어떤 사람은 그러지 못하는 이유는 무엇일까? 앞서 이미 다루었던 원인 하나는 가정 내 만성 스트레스의 악영향이다. 스트레스로 영유아기에 과다 분비된 코르티솔은 아동이 자기 조절을 하지 못하게 되는 주요 원인이다. 하지만 가정 내 스트레스가 없더라도 자기 조절은 여전히 학습이 필요한 능력이다. 그렇기에 여기서도 언어가 중요해진다.

아이가 자신을 제어할 줄 알게 되기 전인 유아기에는 부모가 대신 조절해 준다. 아이가 친구 장난감을 마음대로 가져오면 대신 돌려주거나, 화가 났다고 형제자매에게 주먹을 휘두르지 못하게 막거나, 거실 벽에 물감을 치덕치덕 바르지 못하게 제지한다.

하지만 유아기에 아이에게 자기 조절을 가르치는 것은 지극히 중요하며, 이 능력이 평생을 좌우한다. 자기 조절은 집중력을 발휘하고, 시키는 대로 따르고, 문제를 해결하고, 충동을 억누르고, 감정을 조절할 때 필수 요소다. 학업 성취를 위해서는 학교에 입학하는 첫날부터 이 모든 기술이 꼭 필요하기 때문이다. 자기 조절 학습 또한 "3가지 T"가 효과적으로 활용되는 영역이다.

"3가지 T"는 "마음의 도구"와 그 자매 프로그램과는 달리 자기 조절 능력 발달에 초점을 맞춰 개발된 프로그램이 아니다. 하지만 3가지 T는 거의 모든 아동을 대상으로 여러 방면에서 자기 조절을 효과적으로 강화하는 데 도움이 되는 지침을 부모들에게 제공한다.

아이의 자기 조절 능력을 키워 주는 가장 좋은 방법은 "선택권 주기"다. 어른이 모든 결정을 대신 내려 주면 아이는 자기 행동이나 행동의 결과를 고려할 필요가 없다. 하지만 선택권이 주어지면 아이는 잠깐 멈춰서 선택지를 고민하고, 중요성을 비교하고, 하나를 고른 다음 자기가 내린 결정을 말로 하거나 실행해야 한다.

- ▢ **주파수 맞추기**: 이제 막 일어난 아이가 할아버지 댁에 간다고 잔뜩 들떠 있다.
- ▢ **더 많이 말하기**: "오늘 입을 옷을 같이 고르자. 할아버지 댁에는 좀 이따 갈 거야. 여기 보라색 원피스랑 분홍색 원피스가 있어. 보라색 원피스에는 아주 예쁜 꽃이 달려 있네. 분홍색 원피스는 소매에 레이스가 있고 주머니도 있네."
- ▢ **번갈아 하기**: "어떤 원피스를 입을래?" "분홍색?" "엄마는 네가 보라색을 고를 줄 알았는데!" "왜 분홍색을 골랐는지 가르쳐 줄래?" "주머니가 있어서 분홍색을 골랐어?" "아, 그럼 할아버지한테 받은 사탕을 주머니에 넣을 수 있겠구나!" "이 옷은 빙글빙글 돌 때 치마가 퍼져서 참 예쁜 것 같아." "아주 잘 골랐어."

선택권 주기는 건설적 방식으로 행동을 바꾸는 데도 효과적이다.

- **주파수 맞추기**: 아이가 유아용 식탁 의자에 앉기 싫다고 고집을 부린다.
- **더 많이 말하기**: "내 생각엔 네가 배가 고파서 좀 심통이 난 것 같네. 얼른 점심 먹자. 찬장에 뭐가 있는지 볼게. 파스타가 있네. 피클도 있고. 그런데 피클은 별로 안 먹고 싶을 것 같은데, 그렇지?"
- **번갈아 하기**: "그럼 땅콩버터 샌드위치랑 파스타 중에 뭘 먹을래?" "파스타, 파스타, 파스타! 넌 파스타를 정말 좋아해, 그렇지?" "파스타를 오목한 그릇에 담을까? 아니면 접시에?" "엄마가 파스타 상자를 흔드니까 재미있는 소리가 나지? 너도 흔들어 볼래? 흔들, 흔들, 흔들!"

"선택권 주기"는 아이가 혼자서 생각하는 힘을 길러 준다. "3가지 T"를 활용한 선택지 고르기는 아이의 뇌가 조절 능력을 연습하게 해 주는 데 더없이 좋은 방법이다.

자기 조절을 가르치는 최고의 방법: 본보기 보이기

자기 조절을 가르치는 또 하나의 방법은 자기 조절을 직접 보여 주는 것이다. 아이들이 행동을 가장 잘 배우는 것은 자신과 가까운 어른을 보고 따라 할 때다.

짜증이 나거나 속이 상할 때 부모는 아이에게 적절한 방식으로 자기 마음을 말하는 편이 좋다. 알맞은 어조를 사용해서 지금 기분이 어떻고 어떤 식으로 대처할 건지 말해 보자. 이 대화는 부모의 스트 레스 해소가 아니라 아이에게 문제에 대처하는 적절하고 건설적인 방식을 가르치는 것이 목표임을 잊지 말아야 한다. "3가지 T"는 여기 서도 효과가 좋다.

- **주파수 맞추기**: 엄마는 현관을 나서려다가 열쇠가 없음을 깨닫는다. 엄마는 짜증이나 스트레스가 드러나지 않는 목소리로 설명한다.
- **더 많이 말하기**: "또 열쇠를 잃어버리다니 어처구니가 없네. 열쇠를 잃어버린 게 이번 주에만 세 번째야. 나한테 좀 화가 나네. 이러다 회사에 늦겠다. 엄마 가 열쇠 찾는 거 좀 도와줄래?"
- **번갈아 하기**: "탁자 밑에 열쇠 있는지 찾아봤어? 엄마가 가끔 탁자 위에다 열 쇠를 두니까 거길 찾아본 건 좋은 생각이었어. 떨어졌을 수 있으니까. 싱크대 위도 한번 같이 찾아볼까?"

이 전략은 부모가 차분함을 유지하면서 아이에게 대응해야 할 때 도 도움이 된다.

- **주파수 맞추기**: 유아가 건포도가 든 그릇을 카펫 위에 쏟은 다음 밟고 돌아다 니는 바람에 건포도가 뭉개지면서 카펫 섬유 속에 박힌다. 아빠는 침착하게 대응한다.

- **더 많이 말하기:** "건포도 밟지 말아 줄래? 그러면 카펫이 더러워지고 네 양말 도 엄청나게 끈끈해져. 이 건포도 주워서 버리자. 더러워져서 먹을 수가 없어. 이제 물티슈를 가져와서 카펫을 닦자. 너 한 장, 아빠 한 장. 같이 닦아 보자."
- **번갈아 하기:** "건포도 닦느라 수고했어. 끈적한 발자국이 남지 않게 양말을 벗어서 아빠한테 줄래? 잘했어. 이제 가서 아빠랑 같이 손 씻자. 그런 다음 새로 다른 간식 줄게."

말할 필요도 없이 이런 식으로 대응하려면 상당한 정신적 에너지 를 쏟아야 하고, 부모가 엄청난 자기 조절 능력을 발휘해야 한다! 하 지만 건설적 문제 해결의 명확한 본보기를 보임으로써 부모는 아이 에게 문제 해결에 관해 평생 가는 교훈을 가르치는 셈이다.

자기 조절은 육아를 포함한 거의 모든 것의 건설적 토대가 된다!

지시는 자기 조절과 두뇌 발달에 효과가 없다

지시와 짧은 명령은 두뇌 발달 촉진에 가장 효과 없는 방법이다. 말을 사용해서 대답할 필요가 전혀 또는 거의 없기 때문이다.

"앉아."

"조용히 해."

"모자 써."

"책 이리 줘."

"그거 하지 마."

우리 직관과는 완전히 반대다. 아이에게 내가 원하는 바를 정확히 전달하면 효과가 있어야 마땅하다. 그리고 당시에는 통하는 것처럼 보인다. "그만해!" 부모가 오성 장군처럼 위엄 있게 말하면 아이는 실제로 행동을 멈춘다. "모자 써"라고 말하면 정말로 모자를 쓴다. 하지만 그 말로 제지되거나 성취된 것은 그 순간의 행동일 뿐 지속되는 습관은 아니다.

아이에게 말하는 방법은 무수히 많다. 그러나 모든 방법이 두뇌 발달에 똑같은 영향을 미치는 것은 아니다. 특히 문제가 되는 것은 지시문이다. "3가지 T"의 완벽한 안티테제에 해당하는 지시문은 대개 딱딱한 어조와 거친 말투를 동반하며, 대답을 요구하는 일이 거의 없다. 아이에게 언어가 전달되지만 두뇌 발달이 일어나지 않는다는 뜻이다.

왜냐면 사고방식을 활용하자

TMW에서 지시문 대신 권장하는 대안은 "왜냐면 사고방식"이다.

늘 하는 집안일 처리는 원래 바쁘다. 이 방정식에 유아가 더해지면 아무리 무던한 부모라 한들 눈앞에 닥친 일을 처리하느라 허둥대

곤 한다. 대체로 이렇게 정신없을 때 명령문이 불쑥 튀어나온다.

아침에 아이를 데리고 현관문을 나서려는 부모가 이렇게 말한다.

"가서 신발 신어."

생각은 필요 없다. 운이 좋다면 아이는 가서 신발을 신을 것이다.

TMW의 대안은 이렇다.

"데이비드 삼촌네 갈 시간이야. 신발을 신는 게 좋겠어. 왜냐면 신발을 안 신으면 빗물에 발이 흠뻑 젖을 거거든. 그러면 발이 아주 시릴 거야. 그러니까 가서 신발 신자."

"왜냐면 사고방식"은 어떤 행동을 하는 데는 합당한 이유가 있으며, 그냥 부모의 명령으로 하는 것이 아니라는 점을 아이가 이해하도록 도와준다. 이는 원인과 결과, 행동의 영향, 그리고 어떤 일을 특정한 방식으로, 특정한 때에 해야 하는 이유를 판단하는 법을 배우는 첫걸음이다. 또한 더 수준 높은 학습에 필수인 비판적 사고를 배워 가는 과정이다.

아이가 말썽을 부릴 때도 부모는 화가 나서 지시를 내린다.

아이가 부모의 휴대전화를 집어 들고 끈적거리는 손가락으로 터치스크린을 꾹꾹 누른다, 부모는 이렇게 반응한다.

"전화기 내려놔! 당장!"

아니면 이럴 수도 있다.

"탁자 위에 전화기 내려놔 줄래? 떨어뜨리면 전화기가 망가질 수 있어. 그럼 오늘 우리가 어떻게 지냈는지 궁금해서 이모가 전화해도 이모랑 얘기할 수가 없잖아."

"아침 먹어"라고 말해서 아이에게 아침을 먹일 수는 있다. 하지만 아이에게 이유를 알려 주면 건강을 위해 음식이 필요하다는 평생 가는 교훈을 선사할 수 있다.

"계단에서 놀지 마"라고 말해서 아이가 내려오게 할 수는 있다. 하지만 이유를 얘기해 주면 아이는 특정 활동을 할 때 잠재 위험을 평가할 필요가 있다는 평생 가는 교훈을 얻게 된다.

이 평생 가는 교훈은 하루아침에 생겨나지 않는다. 하지만 부모가 일관성 있게 대응하면 "왜냐면 사고방식"으로 쌓인 일상 습관은 아이의 사고 체계에 자리 잡는다. 그래서 언젠가는 부모가 말하지 않아도 아이가 알아서 신발을 신는 날이 온다.

물론 앞서 이미 다루었듯 지시하는 말이 타당할 뿐 아니라 꼭 필요할 때도 있다.

아이가 차가 많이 다니는 길로 굴러가는 공을 쫓아 달려오는 차 바로 앞쪽으로 뛰어간다. 평온하게 "찻길로 뛰어가지 말아 줄래? 빠르게 달려오는 차에 치이면 많이 아플 거야"라고 말하고 있을 때가 아니다.

여기서는 "멈춰! 차가 오잖아!"라는 명령문이 적절하다. 이 말은 아이의 두뇌 발달에 도움이 되지 않는 것은 분명하다. 하지만 이 경우에는 그렇게 해야 한다.

긍정적 측면은 아이의 비판적 사고 능력이 발달하고 있다는 점이다. 부모가 "왜냐면 사고방식"을 일상으로 활용하면 언젠가는 판단과 분석을 배운 아이의 뇌가 "안 돼!"라고 알아서 말하게 된다. 이것이야말로 우리의 궁극적 목표다.

3가지 T로 창의성 길러 주기

예술은 부모가 생각하는 아이의 주된 진로에 포함되어 있지 않을 때가 많다. 물론 크레용과 딱풀쯤은 어느 집에나 있다. 그렇지만 예술은 대개 의대 아니면 공대 진학 또는 프로그래밍 공부 준비의 곁다리 정도로 취급받는다.

하지만 창의성은 과학 분야에서도 새로운 세계, 뭔가를 해내는 새로운 방법, 아무도 하지 못했던 새로운 생각을 발견하는 중요한 수단이다. 실제로 아주 어릴 때부터 창의적으로 생각하도록 격려받은 아이는 배움을 위한 더 탄탄한 토대를 갖추고 학교에 들어가게 된다.

창의성은 재능이나 기량이라기보다는 탐색과 발견, 상상을 즐기는 성향에 가깝다.

어떻게 하면 아이가 탐색하고, 발견하고, 상상하도록 이끌 수 있을까? 예술은 TMW의 정식 교육 과목은 아니지만 "3가지 T" 원칙은 여기서도 유용하게 쓰인다.

3가지 T와 음악

음악은 매우 다양한 측면에서 아이의 두뇌 발달에 이로운 영향을 준다.

음악은 언어와 의사소통을 가르치고, 움직임을 자극해서 소근육 발달과 신체 성장을 촉진한다. 듣는 능력을 길러 주고, 추상적 사고와 공감, 수학을 담당하는 뇌의 신경 경로를 강화한다. 생각과 감정을 표현할 창의적 배출구를 제공하고, 상상력을 불러일으킨다. 아이의 모든 측면이 음악에 자극받고, 음악에서 이로운 영향을 받는다.

음악과 "3가지 T"는 아주 잘 어울린다.

- **주파수 맞추기**: 노래를 부르면 목소리가 더 흥미롭게 들리므로 아이가 좀 더 오래 집중할 확률이 높아진다.
- **더 많이 말하기**: 마음에 드는 노래를 골라서 부르고, 부르고, 또 부르자.
- **번갈아 하기**: 율동 하나하나, 손뼉 한 번, 함께 부른 소절 하나하나가 전부 "자기 차례"다.

〈장미 주위를 둥글게 돌자Ring Around the Rosie〉와 〈6펜스의 노래를 부르자Sing a Song of Sixpence〉 〈나는 작은 찻주전자I'm a Little Teapot〉 같은 노래는 아이가 일상 대화에서는 쓸 일이 별로 없는 단어를 접하게 해 준다. 〈5마리 작은 원숭이Five Little Monkeys〉 〈하나, 둘, 구두 버클을 채워라One, Two, Buckle My Shoe〉〈이 할아버지This Old Man〉 같은 노래는 숫자와 숫자 세는 법을 알려 준다. 〈폈다 오므렸다Open Shut Them〉〈요크의 공작님The Noble Duke of York〉〈호키 포키Hokey Pokey〉는 공간 개념을 강화한다. 〈맥도널드 아저씨의 농장〉이나 〈빙고Bingo〉는 아이에게 패턴을 가르쳐 준다.

아이의 두뇌 발달 촉진이 이렇게 재미있을지 누가 알았을까?

아이들은 음악 만들기도 좋아한다. 나무 숟가락으로 냄비를 두드리거나, 장난감 기타를 치거나, 피아노 건반을 누르면서 소리를 만들어 낸다. 음악으로 자신을 표현하는 방식에 옳고 그름은 없으므로 아이의 자신감과 자존감을 길러 주기에 딱 좋은 기회다.

3가지 T와 시각 예술

회화, 소묘, 조각을 포함하는 시각 예술 또한 아동의 발달에 큰 영향을 미친다.

미술은 소근육 발달에 도움을 줄 뿐 아니라 아이가 말로 하지 못하는 생각과 감정을 표현하는 통로가 된다. 이는 특히 아직 말로 표현할 줄 모르는 아주 어린 유아에게 중요하다. 시각 예술에서는 옳고 그른 방식이 없으며, 중요한 것은 창작자의 마음이다. 필요한 것은 빈 종이와 크레용, 그리고 상상력뿐이다. 정기적으로 미술 활동을 한 아이가 읽기와 자기 조절에서 더 뛰어난 모습을 보인다는 연구 결과도 있다.

아이가 자신의 예술 표현력을 탐색할 때 부모가 3가지 T를 활용할 방법은 얼마든지 있다.

- **주파수 맞추기**: 어떤 활동을 하든, 무슨 재료를 쓰든, 어떤 아이디어를 내든 아이가 하자는 대로 맞춰 주자. 아이는 반짝이 물감을 전부 섞어서 칙칙한 갈색으로 만들 수도, 종이에 직선과 구불구불한 선을 잔뜩 그릴 수도 있다. 손끝에 풀을 가득 발라서 두꺼운 종이에 손자국을 덕지덕지 남길 수도 있다. 그냥 예술의 흐름에 몸을 맡기게 두자.
- **더 많이 말하기**: 아이가 하는 활동을 말로 풀어 주자. 예술 활동을 말로 설명하다 보면 평소에는 자주 쓰지 않는 형용사와 동사를 선보일 기회가 생긴다.
- **번갈아 하기**: 아이가 쓰는 재료, 고른 색깔, 작품의 진행 상황, 그 밖에 아이의 의도에 관해 개방형 질문을 하자.

평가나 비평이 아니라 창작 과정에 초점을 맞춘 말을 건네 보라. 그러면 아이는 작품을 자신만의 말로 묘사할 수 있게 된다. 이런 활동은 분석 능력과 자기 생각 전달 능력 발달을 돕고, 독립적 사고와 자신감을 키워 준다.

3가지 T로 상상 놀이 함께 하기

상상 놀이는 아동 발달에서 중요한 이정표다. 상상력을 활용해서 놀 줄 알게 된 아이는 세상을 탐색하는 방법, 어떤 의미에서는 세상에 자신만의 개성을 덧칠하는 방법을 손에 넣는 것이나 마찬가지다. 상상 놀이는 생각과 감정을 표현하는 안전한 가상 공간이다. 여기서 아이는 의사소통과 문해 전 단계 능력을 배운다. 이를 통해 사회적 기술이 강화되며 더 심오하고 수준 높은 사고가 가능해진다.

상상 놀이를 할 때 아이는 이미 아는 어휘를 최대한 활용할 뿐 아니라 들어 보기는 했으나 완벽히 이해하지는 못한 단어까지 끌어내 쓰게 된다. 놀이에 초대받은 부모는 아이가 놀이의 주도권을 쥐고 있는 상황에서 부모와 상호작용으로 뭔가를 배우도록 도와줄 기회를 얻는다.

- **주파수 맞추기**: 앞으로 나서지 말고 조연을 맡아서 아이가 주도권을 쥐게 하자. 온전히 자기가 만들어 낸 세상에서는 아이가 책임을 맡아도 좋다.
- **더 많이 말하기**: 전개되는 이야기 내용을 바꾸지 않으면서 대화의 길이를 늘이고 폭을 넓힐 방법을 찾아보자.
- **번갈아 하기**: 놀이가 계속되도록 개방형 질문을 하자. "다음엔 어떻게 되는데?" "엄마가 걔한테 뭐라고 말해야 해?" "궁전은 어떻게 생겼어?" "이제 어떻게 할까?"

아이가 자라면서 상상의 유형 또한 달라진다. 유아의 상상 놀이는 장난감 찻잔으로 차를 마시거나 나무 블록을 귀에 대고 전화 받는 시늉을 하는 것처럼 혼자 하는 놀이일 때가 많다. 어린이집 다닐 나이가 되면 역할 놀이와 분장 놀이 등 상호작용이 추가된 형태의 상상 놀이가 등장한다. 여기에 어울려 주는 부모는 두뇌 발달과 창의력, 자녀와 관계 증진이라는 이점뿐 아니라 재미라는 보너스까지 얻을 수 있다.[16]

창의성은 아이의 자아 확립을 돕는다

장난감을 눌러 삑삑 소리를 내려는 아기는 창의적 사고를 보여 주는 예다. 쌓기 놀이용 컵으로 기차를 만들려는 유아는 창의적 사고를 선보이는 중이다. 망토를 입고 슈퍼 영웅 흉내를 내는 어린이의 머릿속에서는 창의적 사고가 일어나고 있다.

창의력을 표현하도록 허락받은 아이의 뇌 속에서는 어마어마하게 많은 일이 벌어진다. 그중에서 가장 좋은 것은 독립적 사고다.

수학과 읽기는 전적으로 이미 확립된 규칙을 학습하는 데 달려 있다. 하지만 예술은 규칙에 별로 구애받지 않는다. 마음껏 예술을 탐색하는 아이는 예술의 도움으로 세상을 이해하고 그 안에서 자아를 확립하기 시작한다.

이런 창의성은 수많은 세월이 흐른 뒤 세상에 긍정적 영향을 끼

치는 혁신적 발전으로 이어질 수 있다. 아이들에게 예술을 권장해야
하는 이유가 하나 더 있는 셈이다.

네 번째 T: 디지털 기기를 끄자

집중하지 않는 사람을 두고 "넋이 빠졌다"고들 한다. 요즘 이렇게
"넋이 빠진" 사람을 가만히 살펴보면 십중팔구 "디지털에 빠져" 있
다. 이런 단절 또한 두뇌 발달에 영향을 미치며, 이 영향은 당연히 긍
정적이지 않다.

부모가 "어 그래"나 "잠깐만" 또는 완벽한 침묵 같은 반응밖에 보
이지 않을 때는 주파수 맞추기, 더 많이 말하기, 번갈아 하기 모두 불
가능하기 때문이다. 따라서 "디지털 기기 *끄기*Turn It Off"를 네 번째 T
로 추가해야 할지 모른다.

디지털 시대 이전의 부모는 어떻게 아이의 관심을 붙들어 뒀을
까? 색칠 공부? 쌓기 블록? 장난감 악기? 아기 인형?

그렇다면 지금은?

슈퍼마켓 통로에서 카트에 식료품을 채워 넣는 부모를 관찰해 보
자. 카트 안에서는 어리디어린 아이가 디지털 기기, 대개는 부모의
스마트폰을 가지고 놀고 있다. 아이를 보지 마라. 지나가는 어른들을
살펴보라. 충격받은 사람이 있는가? 놀란 사람은? 이 광경을 보고
"쯧쯧"이라고 반응하는 사람이 하나라도 있는가? 아이와 부모 사이

에 대화가 전혀 없음을 눈치채는 사람이 있는가? "이런, 정말 큰 기회가 그냥 날아가네?"라고 말하는 사람은?

사는 데 필요한 일상 업무를 해치우는 데는 엄청난 시간과 엄청난 노력이 든다. 이를 부정하는 사람은 아무도 없다. 하지만 우리가 이 산더미 같은 일을 해내려 하는 것은 궁극적으로 더 편안한 삶을 누리기 위해서다. 냉장고에는 음식이 있고, 청구서는 제때 처리되고, 차에는 기름이 채워져 있는 삶.

하지만 배울 줄 알고, 안정되고, 부모와 따뜻하고 수용적인 관계를 맺을 줄 아는 아이 또한 장기 관점에서 삶을 편안하게 해 준다. 부모가 가장 중요하게 여기는 목표는 결국 인생의 어려움에 건설적이고 지적인 방식으로 대처할 줄 아는 안정된 아이를 키워 내는 것이다. 아이가 아주 어릴 때부터 꾸준히 쌓아 올린 긍정적 상호작용은 이 목표를 이루는 데 큰 효과를 발휘한다.

슈퍼마켓에서 부모는 쇼핑 카트든 사과든 아이가 관심을 보이는 대상에 주파수를 맞추고, 아이가 관심을 보이는 여러 대상에 관한 정보를 제공하며 더 많이 말하고, 스튜에 넣을 채소를 어떤 모양으로 자를지 또는 어떤 시리얼을 살지 아이와 의논하면서 번갈아 이야기할 수 있다.

아이의 말에 귀 기울이기는 아이에게 말하기만큼, 어쩌면 그 이상으로 중요하다. 아이가 어릴 때 말하는 만큼 귀 기울였던 부모는 15년 안에 매우 만족할 만한 결과를 얻게 될 것이다. 물론 삶 또한 한결 편안해진다.

덧붙여 이런 지혜는 슈퍼마켓에만 국한되지 않는다. 식당에서, 공원에서, 서점에서 얼마든지 응용할 수 있다.

지나친 디지털 기기 사용이 아동에게 해롭다고 여기는 것은 TMW만이 아니다. 미국소아과학회에서는 2세 미만 유아에게 TV나 디지털 기기를 일절 사용하지 말라고 권장한다. 2세 이상 아동의 경우는 기기 사용 시간을 하루 1~2시간으로 제한해야 하며, 부모가 시청 내용에 제한을 두어야 한다고 조언한다. 이 권고안에서 말하는 디지털 기기에는 컴퓨터, 태블릿, 스마트폰, 심지어 유아용으로 나온 게임기까지 스크린이 달린 모든 기기가 포함된다.

▫ **주파수 맞추기**: TV가 아이에게 주파수를 맞출 방법은 없다. 아이가 화면에서 벌어지는 상황에 완전히 푹 빠진 것처럼 보여도 아무런 학습이 일어나지 않는다는 사실이 과학으로 증명되었다. TV는 뇌의 일방통행이다.

▫ **더 많이 말하기**: 쉿……. 디지털 기기에 몰두해 있는 사람에게 더 많이 말하려고, 아니 한 마디나마 건네려고 해 본 적 있는가? 잘 될 턱이 없다.

▫ **번갈아 하기**: 디지털 기기는 번갈아 할 줄을 모르며, 절대적 집중을 요구한다. 상호작용에서 디지털 기기의 역할은 정해져 있고 절대 바뀌지 않는다. 심지어 "질문"에 정확히 답하라는 유형의 콘텐츠조차 아이가 지시에 따르는 것일 뿐, 주고받기가 아니다.

대화에 질문이 포함된 TV 프로그램도 있다. 그러나 아이가 답을 맞히고 받는 반응은 미리 정해진 것일 뿐, 아이 자신 또는 아이의 답에 주파수가 맞춰져 있지 않다. TV는 대화를 이어 나갈 줄 모른다. 물론 재미는 있겠지만 부모와 아이의 상호작용과 같은 수준을 기대할 수는 없다.

3장에서 다루었던 퍼트리샤 쿨 박사의 연구에서는 9개월 아기들을 두 집단으로 나누어 한쪽에는 실제 사람이 말하는 중국어를, 다른 한쪽에는 DVD에 나오는 사람을 통해 중국어를 들려주었다. 결과적으로 DVD를 본 아기들은 훨씬 더 집중하는 것처럼 보였지만 실제 사람에게 들은 집단보다 배운 것이 훨씬 적었을 뿐 아니라 영어만 들었던 집단과 비교해도 거의 차이가 없었다. 직접 사람의 말을 들었던 아기들만 실제로 중국어 발음을 배웠다.

쿨 박사의 연구 결과는 아이들에게 중국어 발음 대신 새로운 과제 수행을 가르친 조지타운대학교의 연구에서 흡사하게 재현되었다. 이 연구에서는 12~24개월 아기들을 두 집단으로 나눈 다음 생쥐 인형이 끼고 있는 장갑을 벗기는 시범을 반복해서 보여 주었다. 쿨의 연구에서와 마찬가지로 한 집단은 실제 사람이 행하는 시범을 보았고 다른 집단은 DVD로 시청했다.

결과는 거의 똑같았다. 시범을 실제로 본 아이들은 별 어려움 없이 행동을 똑같이 흉내 냈다. 시범을 DVD로 본 아이들은 행동을 전혀 따라 하지 못했다.

결론은 이것이다. 아동의 뇌는 직접 사회적 상호작용을 할 때 가장 잘 배운다.

디지털 다이어트를 하자

오늘날 우리 삶에서 디지털 기기를 지워 없애는 게 가능할까? 알다시피 나는 지금 이 글을 컴퓨터로 작성하고 있고, 어느 정도 쓰면 다른 이들에게 검토해 달라고 이메일로 보낼 테고, 그러기 전에 먼저 휴대전화로 전화를 걸어 자리에 있는지 확인할 예정이고, 자리에 없으면 메일을 보냈다고 알리는 문자를 보낼 것이다.

우리 아들 애셔는 아래층에 있다. 일주일에 한 번, 학교 수업이 끝났으니 느긋하게 노는 금요일 오후여서 아들은 가장 친한 친구 6명, 잭, 놀런, 고러브, 조니, 제이슨, 벤과 미식축구 게임인 〈매든 2015Madden 2015〉를 하는 중이다. 아니나 다를까 끊임없이 울리는 비명과 환성, 마구 쏟아지는 훈수를 듣자 하니 상호작용이 활발한 모양이다. 물론 나는 애들이 밖에 나가서 약식 미식축구를 한판 하는 편이 더 좋지만 상호작용이 일어나고 있음은 분명하다.

그러므로 디지털 기기도 나름의 역할을 한다. 하지만 디지털 기기 사용은 분명히 주의 깊게 살펴야 하는 습관이며, 부모와 아이의 상호작용에 방해된다면 줄여야 마땅하다. TMW에서는 이를 "디지털 다이어트"라고 부른다.

이 다이어트를 위해서는 먼저 디지털 섭취량을 솔직하게 기록해야 한다. 단백질, 브로콜리, 초콜릿 섭취량을 기록하듯 하루에 어떤 기기를, 왜, 얼마나 오래, 얼마나 많이 사용하는지 확인하자. 여기에는 기기 사용, 페이스북이나 트위터 같은 소셜 미디어, 그리고 물론 당신이 20년간 만난 적 없는 친구가 지금 뭘 하는지 알아내려고 구글링하는 것까지 전부 포함된다.

다음 단계는 디지털 기기가 인간관계, 특히 아이와의 관계를 얼마나 방해하고 있는지 확인하는 것이다. 마지막 단계에서는 기기를 쓰는 시간대, 쓰는 방식, 쓰는 양을 꾸준히 관찰하는 의식적 노력을 기울여 섭취량을 조절해야 한다.

1800년대 초 알렉산더 그레이엄 벨은 아버지에게 자신이 발명한 물건이 "집을 나서지 않고도 친구와 대화를 나눌 수 있도록" 해줄 거라는 편지를 썼다. 그 뒤 1876년 3월 10일 처음으로 성공한 전화 통화에서 벨은 자기 조수를 사무실로 호출했다. "왓슨, 이쪽으로 오게. 자네가 필요해." 알렉산더 벨은 이렇게 해서 놀랍도록 현대적인 시대의 막을 열었다.

그렇다면 곧 다가올 "현대적" 미래는 과연 어떤 모습일지 생각해볼 필요가 있다. 머리를 길게 기르고 "전쟁 말고 사랑을 나눠요"라고 쓰인 티셔츠를 입은 히피의 철학은 여전히 의미 있으나 전혀 현대적이지는 않다. 우리는 아직 디지털이라는 빙산의 일각밖에 보지 못했다. 내일은 디지털 관점에서 오늘과는 크게 달라질 테고, 아마 디지털은 우리 삶을 더 많이 차지할 것이다.

알렉산더 벨이 자기 사무실에는 전화를 두지 않았다는 사실은 매우 흥미롭다. 전화가 있으면 과학 연구에 방해가 되리라는 생각에서였다고 한다!

디지털 기기가 아이의 성장을 도울 수 있을까?

워싱턴D.C.의 지식인 단체 뉴 아메리카New America에서 유아 교육 이니셔티브Early Education Initiative와 학습 기술 프로젝트Learning Technologies Project의 책임자로 일하는 리사 건지Lisa Guernsey는 미디어 문해력 전문가다. 비영리 단체 세서미 워크숍Sesame Workshop에서 조앤 갠즈 쿠니 센터Joan Ganz Cooney Center를 설립한 마이클 레바인Michael Levine은 아동 발달과 아동 정책 전문가다. 두 사람은 디지털 기술이 부모와 자녀의 상호작용, 아이의 언어와 문해력 발달을 강화하는 데 쓰일 수 있을지 오랫동안 고민했다.

이들은 함께 쓴 책《탭, 클릭, 읽기: 스크린 세상에서 자라나는 예비 독서가Tap, Click, Read: Growing Readers in a World of Screens》에서 우리를 디지털 시대의 학습이라는 낯선 세계로 데려간다. 이 책에서는 우리 시대의 특징을 고려해서 어떻게 하면 훨씬 더 많은 아동을 도울 새로운 사고와 교육 방식을 개발할 수 있을지 자세히 검토한다. 건지와 레바인이 초점을 맞춘 대상은 신생아부터 8세까지의 아이들이다.

건지와 레바인은 "스마트폰, 터치스크린 태블릿, 주문형 비디오 VOD가 이미 거의 온 사방에 깔린" 세상, 쌍방향 기기가 넘쳐나는 디지털 세상에서 "아이들에게 읽는 법을 가르친다는 것의 진정한 의미"를 알아내고자 했다. 이들은 질문의 답을 찾기 위해 새로운 디지털 기술에 관련된 특징과 습관 가운데 아동의 문해력을 기른다는 목적에 부합하는 것과 피해야 하는 것을 구분하고, 각기 다른 아이, 서로 다른 교육 과정에 따라 답이 어떻게 달라지는지 살폈다.

이런 질문이 탐구된다는 것 자체는 매우 고무적이다. 점점 뚜렷해지는 디지털 기술의 영향을 피할 길이 없기 때문이다. 하지만 문해력이 우리 삶에서 필수 요소라지만 아이가 글을 이해하게끔 이끄는 인간 대 인간의 상호작용에는 그보다 훨씬 큰 의미가 있다.[17]

부모와 양육자에게 의존하면서 성격과 능력이 형성되는 영유아기에는 특히 그렇다. 생후 3년까지 언어 환경은 문해력 발달만이 아니라 아이가 어떤 사람으로 자랄지에 영향을 미친다. 또한 언어 환경을 구성하는 것은 말 자체만이 아니다. 말하는 방식, 말이 전달되는 상황, 그리고 부모 또는 양육자의 따스함과 인간적 반응이 모두 중요하다.

디지털 기술로 이 모든 것을 재현하기란 그리 만만한 일이 아닐 것이다.

6장

세상을 바꾸는 육아

부모와 자녀가
함께 성장하는 사회 만들기

세상을 개선하기 위해 누구든
단 한 순간도 기다릴 필요가 없다는 건
얼마나 멋진 일인가.

— 안네 프랑크

우리 아이들이 살아가야 할 올바른 세상

이 연구의 궁극 목표는 무엇일까? "3000만 단어"라는 격차를 없애서 결국 어떤 목표를 이루려는 것일까? 우리 사회의 궁극 목표는?

당연히 모든 아이가 교육, 사회, 개인 측면에서 최대로 자기 잠재력을 실현하게 하는 방법을 찾는 것이다. 이는 나라 전체의 핵심 철학일 뿐 아니라 근본 수준에서 우리 사회를 더 안정되고 튼튼하게 하는 방법이다.

과학적 증거는 명확하다. 사람은 피부색이나 부모의 지갑 두께, 태어난 나라와 상관없이 누구나 아직 개발되지 않은 수많은 가능성이라는 비슷한 조건을 안고 출발한다. 그렇다면 출생 후에 벌어지는 놀라울 정도의 성취 격차는 왜 생겨날까?

나는 당신이 이 책을 읽을 때 이 책의 내용 또는 현재 진행되는 연구가 당신 아이, 내 아이 또는 누군가의 아이에게 국한된 이야기라고 생각하지 않았으면 한다. 궁극적으로 보면 이는 모든 아이가 살아가야 할 미래 세상에 관한 이야기다.

미래는 점점 더 많은 아이가 최적의 성취를 이루지 못하고 어른이 되는 세상이 될지도 모른다. 아니면 전체 인구 중 대다수가 양질의 교육을 받고 뛰어난 문제 해결 능력을 갖춰 생산적이고 안정된 사람으로 성장하는 세상이 될 수도 있다.

유토피아라고?

아니다. 이것이 바로 상식적이고 실용적인 세상이다.

언어 환경은 부모의 재산이나 교육 수준과 무관하다

지난 40년간 미국에서 극적으로 증가한 임금 격차[1]는 아이들에게 고스란히 반영되었다. 오늘날 미국에서는 전체 아동 수의 거의 절반인 3200만 명 이상이 저소득 가정에서 살아간다.

이런 불평등이 아동의 학습 성과에서 나타나는 격차로 이어진다. 이 증거를 토대로 수십억 달러의 공적 자금이 취학 전 교육 프로그램에 투입되었다. 내가 보기에 이는 뜻깊고 중요한 일이다.[2]

하지만 기대만큼 결과가 나오지 않고 있다. 이유가 뭘까? 취학 전 교육 프로그램이 연구에서 밝혀진 문제의 근본 원인에 영향을 미치지 못하기 때문이다. 바로 생후 3년까지라는 결정적 시기에 아이들에게 일어나는 일 말이다. 결국 수십억 달러라는 공적 자금은 거의 실질적인 교육 효과 개선보다는 문제가 벌어지고 난 뒤 사후 교정에 쓰이고 만 셈이다.

이 문제가 단순히 사회경제적 원인에서 비롯되지 않는다는 점은 매우 중요하다. 풍족하든 가난하든 언어 환경은 가정마다, 부모에 따라 다르다.

이 사실은 오늘날 노트북 컴퓨터, 스마트폰, 태블릿 등 디지털 기술로 인한 부모와 자식 간 상호작용 감소가 소득과 관계없이 발생한다는 점에서 뚜렷이 드러난다. 아무 놀이터에나 가서 아이들이 정글짐에서 뛰어놀 때 부모를 잠시 지켜보면 이 말이 무슨 뜻인지 금방 알게 된다.

사회경제적 지위나 교육 수준과 관계없이 거의 모든 부모는 아이를 올바른 궤도의 출발점에 세우는 데 필요한 어휘를 갖추고 있다. 따라서 이는 단순히 부모가 언어 환경의 중요성을 이해하느냐, 그리고 필요할 때 즉시 지원을 제공할 준비가 되어 있느냐에 달린 문제다.

우리가 자기 삶을 하나의 이야기, 우리가 주인공인 소설로 생각한다면 1장 첫 번째 쪽은 우리가 태어난 환경, 그러니까 앞으로 이어질 내용을 예고하는 단계일 것이다. 1쪽에서 벌어지는 일은 우리가 통제할 수 없다. 하지만 하트와 리즐리를 포함한 여러 학자의 연구가 증명했듯 우리가 듣는 말, 말이 전달되는 방식, 말에 대한 우리의 반응은 우리가 어떤 사람이 되고, 어떤 식으로 삶에 대처해 갈지를 상당 부분 결정하는 강력한 요인이다.

100퍼센트는 아니지만 나머지 이야기에서 매우 많은 내용이 이 "말"에 따라 정해진다.

아이의 잠재력 실현은 부모와 양육자에게 달려 있다

그렇다면 잠재력의 싹을 지니고 태어난 신생아는 어떻게 잠재력을 실현하는 어른으로 자라날까? 여기가 바로 부모와 양육자가 등장하는 지점이다.

이 책은 겉으로는 아동과 지적 능력의 가소성에 관한 이야기처럼 보인다. 그러나 이 책의 핵심 주제는 사실 필수적이고 강력한 부모의 역할이다.

부모가 자신의 중요성을 깨닫지 못한다는 뜻이 아니다. 당연히 우리는 잘 안다. 그렇지 않으면 왜 우리가 부모로서 뭔가를 할 때마다 그렇게 해도 되는지, 제대로 하고 있는지 걱정하며 안달하겠는가?

하지만 최근까지 우리는 제대로 해낼 확률을 높이기 위해 과학의 도움을 받을 기회가 거의 없었다. 자기 아이를 위할 뿐 아니라 더 넓은 시각에서 바라보며 모든 아이의 삶을, 나아가 아이들이 살아갈 세상을 더 나아지게 할 방법을 알려 줄 과학적 토대가 없었다.

그러므로 우리가 과학 연구를 통해 유아기의 두뇌 발달에서 언어의 중요성을 나타내는 비유인 "3000만 단어"라는 격차를 인식하게 된 것은 유례없이 좋은 기회다. 이를 계기로 부모는 자기 아이의 궁극적 잠재력을 실현하도록 돕는 자신의 힘을 이해하게 된다. 더불어 이 힘을 더욱 강화하는 단계별 방법까지 손에 넣는다. "3000만 단어"라는 격차의 의미를 이해하는 것은 모든 아이가 자신의 운명을 바꾸도록 무대를 마련하는 데 도움이 된다.

이런 의미에서 과학적 근거가 가리키는 방향은 명확하다. 학업 성취 격차를 줄이기 위해서는, 세상 모든 아이가 잠재력을 실현하도록 보장하기 위해서는 과학적 증거에 근거해 잘 설계되고 꼼꼼히 관리되는 프로그램이 있어야 한다. 그리고 아이들을 돕기 위해 만들어지는 이런 프로그램의 성공 여부는 부모와 양육자에게 달려 있다.

오클라호마주 털사에 있는 유아 교육 및 가족 발전 프로그램인 공동체 행동 프로젝트Community Action Project, CAP의 총책임자 스티브 다우Steven Dow가 "거대한 모순"이라고 부르는 문제가 여기서 발생한다.

아이의 유아기는 사실 부모의 이야기다. 사람들은 나중에 아이가 이루는 지적 성취에 부모가 끼치는 영향이 얼마나 중요한지 이미 알고 있다. 그런데 학업 성취도 격차를 메우기 위한 프로그램 개발과 개혁 정책에서 부모는 뒷전으로 밀려날 때가 많다. 토론 과정에서 언급되기는 한다. 그러나 결국 부모는 대개 필요한 변화를 불러오는 핵심 요인이 아니라 부가 항목으로 취급받는다.[3]

그리고 역사의 아이러니도 있다. 하트와 리즐리가 아동의 학업 성취에 미치는 부모의 영향에 관한 장기 연구를 시작한 것은 아이들의 입학 준비도를 높이려는 그들의 취학 전 교육 프로젝트가 실패로 돌아갔기 때문이다.

교육 프로그램 설계에 반드시 부모를 참여시키자

취학 전 교육의 중요성에는 의심의 여지가 없다. 하지만 아이가 배움을 위한 선행 조건조차 갖추지 않은 채로 교육 프로그램에 들어가면 학습이 아닌 교정이 필요해진다. 취학 전 교육에 최대한 힘을 실어 주려면, 그리고 학업 준비도가 부족해서 학교생활 내내 "따라잡기"에 급급하거나 실패하지 않게 하려면 아이들은 배울 준비가 되어 있어야 한다.

그렇기에 탄탄한 유아 교육 프로그램을 설계하려면 부모의 존재를 포함해서 생각해야 한다는 사실이 분명해진다. 부모야말로 추가 지원이 필요한 아이에게 학교에 들어갈 준비를 시켜 주는 당사자다. 따라서 유아 교육 프로그램은 부모가 아이의 필수 두뇌 발달이 일어나는 생후 3년 동안 최적의 언어 환경을 제공하도록 도와야 한다. 가정 방문은 부모가 언어 목표를 세우는 데 도움이 되고, 세심한 추적 관찰은 부모가 언어 목표를 달성하는 데 도움이 된다. 유아 교육 프로그램 설계를 정확히 평가하고 확실한 성공을 거두려면 프로그램 내에 처음부터 평가와 개선 절차 또한 마련해 두어야 한다.

유아 교육에 성공하려면 강력한 지원 체계가 있어야 한다. 육아에 개입하는 과거의 방식에는 문제가 있었고[4] 더 많은 연구나 증거를 토대로 한 프로그램 개발이 필요하다. 그러나 더 나은 결과가 나오는 것은 유아기에 부모 또는 아이의 주 양육자가 함께 노력하는 파트너로서 적극 참여할 때뿐이다. 이 사실이 과학으로 증명되었으므로 부모를 포함하려는 노력은 필수다.

국가 차원에서 부모의 참여가 중요함을 이해하고 지원이 필요한 지점에 적절한 지원을 제공하지 않는다면, 극단적으로 말해서 수백만 명의 아이들은 평생 따라잡기만 하다 끝날 수 있다.

우리가 과연 이 일을 해낼 수 있을까?

우리는 몸속에서 특정 암세포를 찾아내 공격하는 작디작은 항체를 만들어 낼 수 있고, 맨해튼에 살면서 버튼 몇 개 눌러서 상하이에 있는 친구와 지금 시청하는 TV 프로그램을 두고 수다를 떨 수 있으며, 달에 우주인 12명을 보낼 수 있다.

그렇다면 이 과제 역시 당연히 해낼 수 있다.

모든 부모는 자녀가 행복하고 성공하기를 바란다

펜실베이니아대학교 사회학 교수 아네트 라로Annette Lareau는 기념비적 저서 《불평등한 어린 시절Unequal Childhoods》[5]에서 여러 사회 계층의 서로 다른 육아 방식을 비교했다. 라로를 비롯한 학자들은 계층 격차를 공고히 하는 원인이 여기에 있다고 지적했다. "미국에서 사회 계층 배경은 개인의 행동을 제한하고 변화시킨다." 라로 교수는 이렇게 썼다. "그러므로 우리가 따라가는 인생 경로는 평등하지도 않고 자유의지로 선택된 것도 아니다."[6]

이러한 발견은 9~10세 아동이 있는 다양한 사회경제 계층 가정의 일상생활을 집중 관찰한 끝에 나온 연구 결과다. 라로의 의도는 "초등학생 자녀가 있는 가족의 일상 리듬을 현실적으로 파악"하려는 것이었다.[7]

하트와 리즐리는 단순한 관찰자를 자처했다. 반면에 라로와 그녀의 팀은 "가족의 반려견"과 비슷한 존재가 되고자 했다고 한다.[8] "우리는 부모들이 우리를 신경 쓰지 않고 지나쳐 다니면서 자연스럽게 옆에 있도록 허용해 주기를 바랐다."[9]

라로의 팀은 수치로 표현되는 자료를 모으기보다는 가족의 일상에서 드러나는 사회성 서사를 매개로 활용해서 가족의 사회적 패턴에 사회경제적 특성이 나타나는지 탐색했다.

라로 교수의 연구에 참여한 가족은 총 88개 가정이었다. 그중 12개 가정은 일상생활에 적극 참여하면서 집중 관찰하는 것을 허락해 주었다. 그래서 연구팀은 야구 경기, 종교 예배, 친척 모임, 장 보기, 미용실, 이발소까지 따라다니고 심지어 집에 하루 묵어가기까지 했다.[10]

사회경제적 배경이나 집안 전통과 관계없이 모든 가족은 자기 아이에게 비슷한 희망을 품는다. 라로 교수는 이렇게 말했다.

"모든 가족은 하나같이 자녀가 행복하기를, 자라서 성공하기를 바랐다."[11]

목표는 같지만 육아 방식은 가정마다 다르다

중산층 부모는 일종의 열광적인 의욕을 보이며 "아이의 재능, 자기주장, 기술을 키워 주려고" 애썼다.[12] 이들은 아이를 차에 태우고 이 활동, 저 활동을 정력적으로 찾아다녔다. 라로 교수는 이를 "혼신의 양성"이라고 불렀다.

더불어 "중산층 가정에서는 대화가 훨씬 많았으며 (······) 이는 아이가 언어 순발력을 키우고, 어휘 폭을 넓히고, 권위 있는 인물을 더 편안하게 대하고, 추상 개념에 더 익숙해지는 데 도움이 되었을 가능성이 컸다."[13] 이런 가정의 부모는 "논리를 강조했고" "토론과 언어유희"를 장려했다.[14] 지시문은 "건강과 안전 관련 문제를 제외하고는" 거의 쓰지 않았다.[15]

라로 교수는 사회경제적 지위가 낮은 가정의 육아를 "'자연 성장'으로 이루어지는 성취"라고 불렀다.[16] 이런 가정 아이들의 삶은 훨씬 덜 체계적이었다. 절대 규칙은 어른에게 복종하고 권위를 존중해야 한다는 것뿐이었다. 그 밖에는 거의 자유방임에 가까웠다. 아이들은 부모의 간섭 없이 자기들끼리 자유롭게 놀았고, 삼투압처럼 무의식적으로 "부모의 방식"을 조금씩 받아들이며 자연스럽게 흘러가듯 자라났다.

부모의 언어에서 나타나는 차이점 또한 분명했다. 이런 가정의 부모는 토론이나 논쟁보다는 단순한 지시를 선호했다. 예를 들어 아이에게 씻으라고 할 때 "욕실"이라고만 말한 다음 수건을 건네는 식이었다.[17]

이런 차이가 나는 원인은 꼭 필요하지 않은 말이나 외부 활동을 하는 데 쓸 수 있는 시간, 돈, 에너지 등 자원의 현격한 차이에 있다고 분석할 수는 있다. 그렇지만 중요한 것은 아이들 간의 차이, 특히 교육 성취에서 차이가 매우 뚜렷하다는 사실이었다.

당신은 아이의 미래를 바꿀 수 있다

아네트 라로의 "혼신의 양성" 대 "자연 성장" 육아 방식을 접하고 나는 캐럴 드웩의 연구를 떠올렸다. "혼신의 양성"과 "성장 마인드셋"은 비슷한 점이 많아 보였기 때문이다. 2가지 모두 아이의 지적 능력은 변할 수 있으며, 아이의 끈기와 능력 향상을 위해 의식적 노력이 필요하다는 생각을 토대로 삼는다.

같은 맥락에서 겉으로 드러나지는 않더라도 "자연 성장"에는 "고정 마인드셋"과 연관된 개념, 변하지 않는 타고난 능력이라는 개념이 담겨 있다. 정해진 능력이라는 이 믿음은 앞서 말한 대로 부모가 권위 있는 사람 역할을 제외하고는 "혼신"의 노력을 기울이지 않는 원인으로 작용할 가능성이 크다.

그렇다면 우리가 정의하는 "육아 문화"의 차이가 어떤 의미에서는 아이의 발달이 이미 정해져 있다고, 또는 그렇지 않다고 여기는 부모의 무의식적 생각 또는 믿음을 반영한다고 볼 수 있지 않을까? 달리 말해 부모가 자기 아이의 미래를 바꿀 수 있다는 점을 인식하지 못한다면 왜 굳이 노력을 기울이겠는가?

라로 교수가 강조한 대로 라로의 팀이 관찰한 가족은 모두 사회경제적 지위가 어떻든 간에 자기 자녀가 잘되기를 바란다는 점에서는 같았다. 차이점은 이 목표를 이루기 위해 "부모가 자신의 바람을 실현하고자 어떻게 행동하는가"에 있었다.[18]

다른 중요한 요인의 영향을 무시하려는 것이 아니다. 사회경제 계층에 따른 아동 성취도 격차의 모든 측면이 단순히 "믿음"에 달린 문제라고 말하려는 것도 아니다. 라로가 설명한 대로 사회경제 계층은 건강 관리, 취업 기회, 사법 체계, 정치 등 다양한 영역에서 장기간에 걸쳐 누적되는 영향을 미친다. 실제로 사회경제 계층이 인생 경로와 사회경제적 지위 상승에 미치는 큰 영향력을 이해하고 탐구하는 것은 민주적 미래를 위해 사회과학자들이 해내야 할 중요한 과업이다.[19]

여기서 나는 생각에 잠겼다.

지적 가소성을 바라보는 부모의 마인드셋이 양육에 영향을 미치며, 이 점이 아이의 지적 성장 결과를 좌우한다는 사실을 알게 되고,

아네트 라로의 연구 논문까지 읽었다. 그런 뒤 나는 이런 부모의 마인드셋이 아기가 태어나기 전에 이미 자리 잡고 있어서 출산 첫날부터 뚜렷이 드러나는지 확인해 보고 싶어졌다.

그래서 예전에 시카고대학교병원 산부인과 병동에서 TMW가 진행했던 연구 결과를 다시 들춰 보았다. 마인드셋이 이미 자리를 잡았는지 확인하기 위해 우리는 갓 출산한 엄마들에게 다음 명제에 동의하는지 반대하는지 물었다.

"아기가 얼마나 똑똑하게 자랄지는 대체로 타고난 지능에 달려 있다."

사회경제 계층과 관계없이 많은 엄마가 이 명제에 반대했다. 그런데 찬성한 소수 중에서는 사회경제적 지위가 낮은 엄마의 비율이 상위 계층보다 유의미하게 높았다.

물론 가장 우려스러운 점은 부모가 어떻게 해도 아이의 지적 잠재력에 긍정적 영향을 미칠 수 없다고 믿는다면 아이는 지적 발달에 필수인 추가 지원을 받기 어려워진다는 것이다.

하지만 이런 믿음에서 왜 사회경제적 차이가 나타나는지 주목할 필요가 있다.

이 문제는 매우 복잡하기에 추측만으로 답을 낼 수는 없다. 그러나 꽤 확실하게 짐작 가는 바는 있다. "넌 배울 수 없고 해낼 수 없어." 개인으로든 집단으로든 갖가지 방법으로 끊임없이 반복해서 이런 말을 들으면 이 믿음은 뼛속까지 스며들 수밖에 없다. 그리하여 지적 성장의 가소성이라는 개념은 기회조차 얻지 못하고 만다.

물론 이런 편견이란 짐을 짊어진 채 자랐으나 환경을 극복한 사람도 많다는 점을 무시하려는 건 아니다. 하지만 이 고정관념이 너무 무거워서 에너지를 빼앗기는 바람에 성공하지 못하는 사람이 수없이 많다.

사람은 대부분 "너는 해내지 못할 거야"라고 속삭이는 자기 마음의 소리를 들을 때가 있다. 끈질김이라는 재능을 지닌 이들은 이 목소리를 극복한다. 하지만 오랫동안 "넌 똑똑하지 않으니까 절대로 해낼 수 없어"라는 외부의 합창과 극복하기 어려운 사회적 제약이 이 속삭임을 뒷받침하고 강화하면 계속 나아가고자 하는 의욕이 완전히 꺾여 버린다.

그렇기에 이후 우리 연구에서 일어난 변화는 매우 고무적이었다.

아이의 능력은 바뀔 수 있다

우리는 "신생아 교육 프로그램" 개발을 위해 잘못된 믿음에 사로잡힌 엄마들을 다시 만났다. 그리고 놀라운 변화를 목격하게 되었다.

이 엄마들, 즉 갓 태어난 자기 아기가 이미 내용이 정해진 책과 같다고 여겼던 엄마들 가운데 상당수가 이제 아기를 귀엽고 사랑스러우며 뭐든 될 수 있는 잠재력을 지닌 존재로 보고 있었다. 그리고 자신이 아이의 잠재력을 키우는 데 일조할 수 있다고 생각했다. 우리

가 목격한 현상은 단편일 뿐 통계상으로 유의미하다고 주장할 정도
는 아니었다. 그렇지만 희망을 느끼게 하기에는 충분했다.

한 줄기 희망을 본 나는 즉시 과학 논문을 뒤지기 시작했다. 부모
의 "마인드셋"을 바꾸면 육아 "문화"가 달라진다고 증명한 연구가 있
는지 알고 싶었다. 즉 능력이란 고정된 것인지 변하는 것인지에 관
한 부모의 관점이 바뀌면 의식적으로 나서서 아이의 노력을 지원하
는 방향으로 육아 방식도 달라지는지 알아낸 사람이 과연 있을까?

현재 네브래스카 아동 청소년 가족 학교 연구 센터 박사 후 과정
연구원으로 재직 중인 엘리자베스 무어먼Elizabeth Moorman(지금은 무
어먼 킴으로 성이 바뀌었다)과 일리노이대학교 심리학 교수 이바 포머
랜츠Eva Pomerantz는 일곱 살 반인 아이가 있는 엄마 79명을 대상으로
이 문제를 조사했다.[20]

무어먼 킴과 포머랜츠는 부모의 고정 마인드셋이 아이의 지적 성
장을 적극 지원하지 않는 육아 방식으로 이어질 것이라는 가설을 세
웠다. 다시 말해 지능은 변하지 않는다고 믿는 부모는 아이가 학습
에 어려움을 겪으면 개선의 여지가 없는 "고정된 능력" 탓이라고 여
길 터였다. 그 결과 이런 부모는 학습을 위한 건설적 방법을 제시하
기보다 아이가 "그럴듯해 보이게" 만들려고 든다. 다시 말해 스스로
배우려고 노력하도록 이끌기보다는 문제를 푸는 방법을 직접 알려
주어 실패라는 낙인을 피하게 하려고 한다. 이런 엄마는 아이에게
좌절감을 드러낼 가능성 또한 더 컸다.

무어먼과 포머랜츠의 가설에는 부모가 성장 마인드셋을 갖추면 아이의 능력이 고정되지 않고 변할 수 있음을 이해하는 데 도움이 되리라는 내용이 포함되었다. 그 결과 이들은 아이가 배움에 어려움을 겪으면 이를 아이에게 배우는 방법, 쉽지 않겠지만 차근차근 나아가는 건설적인 방법을 가르쳐 줄 기회로 여길 터였다.

올바른 길을 알았으면 실제로 걸어가자

이 연구에서 엄마들은 "성장 마인드셋" 집단과 "고정 마인드셋" 집단에 무작위로 배정되었다. 그런 뒤 연구팀은 양쪽 집단에 아이가 가장 정확한 아동 지능 검사인 "레이븐 지능 검사Raven's matrices test"를 받는다고 알려 주었다.

"고정 마인드셋" 집단에 배정된 엄마들은 이런 말을 들었다. "레이븐 지능 검사는 아이의 타고난 선천 지능을 검사합니다." "성장 마인드셋" 집단에 배정된 엄마들은 이런 말을 들었다. "레이븐 지능 검사는 아이의 지적 잠재력을 검사합니다."

그리고 사전에 모든 엄마는 검사 도중 얼마든지 아이를 돕거나 돕지 않아도 된다는 지시를 받았다. 검사는 아이들이 풀기에는 너무 어려운 난도로 조작되어 있었다. 연구원들은 아이가 애를 먹을 때 엄마가 어떻게 반응하는지 관찰했다.

자기 아이에게 "타고난" 능력이 있다고 믿는 "고정 마인드셋" 집단에 배정된 엄마들은 건설적 지원을 제공하지 않았다. 대신에 적극적으로 나서서 눈에 띄게 통제하려는 모습을 보였다. 이들은 아이가 혼자 답을 찾도록 격려하기보다는 정답 맞히는 법을 알려 주는 비율이 훨씬 높았다. 일부 엄마는 심지어 아이의 연필을 빼앗아서 답을 직접 써넣기까지 했다. 고정 마인드셋 집단 엄마들은 아이가 어쩔 줄 몰라 하거나 좌절하는 모습을 보일 때 건설적이지 않은 대처법, 이를테면 비판 같은 방법을 쓰는 비율 또한 유의미하게 높았다. 이는 이미 쓰러진 상대에게 펀치를 날리는 것이나 마찬가지다.[21]

한편으로 건설적이지 않은 육아법의 반대가 곧 "건설적" 육아 방식은 아니었다는 점도 매우 흥미롭다. 즉 부모에게 "성장 마인드셋"이라는 틀을 제공하는 것만으로 건설적 육아 방식이 저절로 따라오지는 않았다. 실제로는 통제 중심의 비건설적 방법이 좀 더 적게 쓰이는 정도에 불과했다.

왜일까?

아이의 지적 능력이 변할 수 있다는 사실을 깨달았다고 해서 부모가 이 지식을 활용하는 방법까지 알게 되지는 않기 때문이다. "아기는 똑똑하게 태어나지 않는다"가 곧바로 "아기는 부모의 말 덕분에 똑똑해진다"로 연결되지는 않는다. 방향은 올바로 잡았을 수 있다. 그러나 목적지에 도달하려면 실제로 이 올바른 길을 걸어가야 한다.

트리샤 이야기: 실패를 이기는 건 노력뿐이다

트리샤는 여섯 자녀 포샤, 마젤란, 피에르, 토니, 마커스, 노엘에게 입버릇처럼 말했다. "실패를 이기는 건 노력뿐이야." 두뇌 발달에 관한 책 한 권 읽은 적 없고, 육아에 관한 사회과학 실험 자료를 본 적조차 없는 트리샤는 성장 마인드셋 육아의 화신과 같았다. 끈기와 교육, 기대가 트리샤표 육아의 핵심이었다.

동네 사람들에게 "T여사"라는 애칭으로 불린 트리샤는 학교를 중1까지밖에 다니지 않았고 평생을 가정부로 일했다. T여사는 넘어설 수 없을 것 같은 장애물에 맞닥뜨려도 결연히 성취를 향해 나아가도록 아이들을 열심히 밀어주었다. 가히 캐럴 드웩, 제임스 헤크먼, 앤젤라 더크워스 같은 교수들의 정신적 선구자라고 할 수 있었다. 내가 만약 영계 교신을 믿는 사람이었다면 이 교수들의 연구에 T여사가 어떤 식으로든 영향을 미쳤다고 생각했을지 모른다.

노예의 손녀였던 T여사는 아직 노예제의 잔재가 걷히지 않았던 1921년에 태어났다. 일리노이주 이스트세인트루이스의 전화나 TV는 당연히 없는 좁아터진 아파트에서 여섯 아이를 키우느라 애쓰며 그녀는 아이들을 혼란스러운 바깥세상으로부터 지키기 위해 손이 닳도록 일했다. 양식이 부족할 때는 "테네시 시골 근성"을 발휘해서 농부와 사냥꾼들에게 사 온 다람쥐와 너구리를 요리해서 식비를 아꼈다.

하지만 집에는 항상 읽을거리를 마련해 두었다. 중고 서점에서 한 권에 5센트짜리 보급판 책과 시사 잡지 《라이프Life》《룩Look》 과월호를 잔뜩 사 왔다. 더불어 아무리 좋은 부모라도 아이를 난처하게 만들 수 있다는 사실을 증명이나 하듯 T여사는 담임 선생님들에게 자기 아이들이 교육 잠재력을 실현하는 데 필요한 것을 반드시 얻을 수 있게 해 달라고 간곡히 부탁하는 내용을 담은, 맞춤법과 문법 오류투성이인 편지를 써 보냈다.

본인의 학력은 중1이 끝이었지만 그녀는 자기 아이들이 배울 만큼 배우게 하겠다고 굳게 마음먹었다. 힘들었던 인생 경험에도 자신에 대한 믿음을 잃지 않았고, 그 연장선상에서 자기 아이들 역시 믿었다. 세상에서 보기 드문 정말 훌륭한 성품이었다. 그녀의 아이들은 정말 운이 좋았다.

T여사에게 "고정 마인드셋" 따위는 전혀 없었다!

"엄마는 우리를 키우면서 전체……, 그러니까 우리 가족의 생존에 대한 집단 책임감을 강하게 심어 주셨어요." 트리샤의 딸 포샤는 말한다. "한 사람의 욕구가 전체의 욕구보다 중요시되는 일은 없었죠. 우린 한데 뭉쳐서 서로 사랑하고 도와야 했어요. 엄마는 교육, 그리고 무엇보다 열심히 노력하는 것을 가치 있게 여기셨고 이 생각을 가족 전체에 퍼뜨리셨어요. 우리는 무엇이 옳고 무엇이 그른지 확실히 배우면서 자랐죠. 엄마는…… 당시 상황을 잘 이해하면서도 우리에게 큰 기대를 하셨어요."[22]

트리샤가 아이들에게 품은 큰 기대는 단순히 거기서 끝나지 않았다. 트리샤 덕분에 아이들 또한 자신에게 큰 기대를 품었다. 또 그녀는 이런 기대를 충족하는 데 필요한 결정적 도구인 교육을 아이들에게 제공하려고 애를 썼다. 그렇지 않다면 뭐 하러 《라이프》 잡지를 그렇게나 많이 샀겠는가? T여사가 이런 식으로 은근히 일러 주었기에 아이들은 자신이 알아 가야 하는, 발을 들여야 하는 또 다른 세상이 있음을 알았다. "여기." 그녀는 말했다. "읽어 봐. 세상에서는 이런 일이 일어나고 있단다."

트리샤는 아이들에게 다른 것도 주었다. 세상의 모든 어려움에 맞서 견디는 "그릿"이었다. "우리 여사님 자식이라 다행인 날이야"라는 말은 여섯 남매 사이에서 "오늘 정말 힘든 날이었어"라는 뜻으로 통했다. "하지만 우리 모두 정말 끈질기게 앞으로 밀고 나갔어요." 포샤는 말한다. "가능성이 거의 없는데 역경에 정면으로 맞서서 계속 헤쳐나가는 느낌이었죠."

그렇다면 트리샤의 딸 포샤는 대체 누굴까? 그녀는 저개발국 아동 발달을 돕는 비영리 단체 "1온스 예방 기금Ounce of Prevention Fund"에서 프로그램 개혁을 맡은 수석 부대표이자 "에듀케어 학습 네트워크Educare Learning Network"의 총책임자인 포샤 커넬Portia Kennel이다. 유아 교육 부문에서 두각을 나타내는 이 조직들은 유아 교육 정책을 설계하는 동시에 부모들과 함께 활동하는 2가지 임무를 맡고 있다. 에듀케어가 설립한 첫 번째 유아 교육 센터는 이제 양질의 교육을 제공하는 국가 표준으로 인정받는다. 이 일을 시작한 사람이 바로 포샤 커넬이다.

"성장 마인드셋"이 부모에게서 자식에게 전해질 수 있음을 보여 주기 위해 1온스 예방 기금에서 처음 시도한 유아 교육 프로그램인 "베토벤 프로젝트"는 그다지 성공적이지 못했다. 포샤는 포기하거나 아니면 같은 프로젝트를 조금 더 진행해 볼 수 있었다. 하지만 트리샤의 딸인 포샤는 자신의 최종 목표가 아이들의 삶을 나아지게 하는 것임을 명확히 알았고, 1온스 예방 기금이 더 잘 해낼 수 있음을 믿었다. 먼젓번 프로그램을 폐기한 다음 그녀는 놀랍도록 효과적인 에듀케어 프로그램을 설계했고, 이는 곧 국가 표준 모델이 되었다. 이 것이야말로 성장 마인드셋의 완벽한 예시 아닐까.

암으로 오랫동안 고통받던 T여사가 겨우 예순다섯에 세상을 뜬 것은 몹시 애석한 일이다. 그녀는 자신이 육아에 기울였던 노력의 최종 결실을 자기 눈으로 보지 못했다. 하지만 사람은 자신이 끼친 선한 영향력으로 계속 살아가는 것이 사실이라면 T여사는 길고 풍성하고 영원한 미래를 누릴 것이다.

엄마의 실수투성이 맞춤법과 문법을 창피하게 여겼던 아이는 이제 어른이 되어 부모들, 특히 엄마들이 아이의 발달에 미치는 부모의 영향을 이해하도록 돕고 아이에게 필요한 격려와 지원을 제공하도록 이끄는 중대한 역할을 맡고 있다. 포샤야말로 T여사가 남긴 유산의 산증인이다.

여담이지만 포샤라는 이름은 《베니스의 상인》에서 따온 것이 아니다. 실은 1940년부터 1970년까지 방송된 라디오 드라마 〈포샤 인생에 맞서다Portia Faces Life〉에서 인생의 역경을 헤쳐나가며 정의를 위해 싸우는 강인한 여성 변호사인 주인공 이름이다. 포샤 커넬에게 매우 걸맞다고 할 수 있겠다.

우리가 모든 부모에게 T여사의 정신을 조금씩 심어 줄 수 있을까? 아니면 부모는 이미 다들 그런 면이 있는데 스스로 깨닫지 못하는 걸까? 까다로운 질문이다.

만약 당신이 부모가 닦아 놓은 길을 따라 상하좌우를 전혀 살피지 않고 부모의 등만 바라보며 똑바로 걸었고, 당신이 바랐던 것보다 훨씬 낮은 곳의 풍경만 눈에 들어오는데 당신이 걸어야 할 길은 이 길뿐이라고 생각했다면, 무슨 수로 당신 자녀에게는 그렇게 믿지 말라고 가르치겠는가? 인생 경로를 수정할 대안이 있다는 생각을 전혀 해 보지 않은 부모에게 어떻게 해야 성장 마인드셋을 심어 줄 수 있을까?

내가 이 질문을 꺼내자 포샤는 웃음을 터뜨리더니 자기가 어렸을 때 에듀케어가 있었다면 T여사가 당장 등록하러 찾아왔을 거라고 지적했다.

성공적 육아란 무엇인가?

성공적 육아의 정의를 가장 잘 표현한 사람은 작가 웨스 무어wes Moore다.

"우리는 모두 자기 기대의 산물이다." 그는 이렇게 썼다. "누군가가 어느 시점에 이런 기대를 우리 마음에 심고, 우리는 이 높은 기대 또는 낮은 기대에 맞추어 살아간다. 내 삶에서 달랐던 점이라고는 내가 자라고 성숙할 때까지 기꺼이 내 꿈을 꼭 붙들어 준 사람들이 있었다는 것, 그리고 그들 또한 내 꿈의 일부였음을 내가 깨달았다는 것뿐이었다."[23]

웨스 무어가 말하고자 하는 내용은 어린 시절 우리에게는 "성장 마인드셋"의 도움뿐 아니라 우리 등 뒤를 지켜 줄, 우리가 너무 깊이 추락하지 않게 막아 줄 부모가 필요하다는 뜻이다.

한번은 누군가가 내게 이렇게 말했다. "자기 아이가 두려움 없이 날아오르기를 바란다면 실수하더라도 바로 아래서 자신을 받아 줄 누군가가 있다는 사실을 확실히 알려 줘야 해요. 그렇게 하면 아이는 정말로 높이 날아오를 때까지 시도하고 또 시도할 거예요."

사회적 고정 마인드셋 깨뜨리기

2012년 포샤 커넬은 10여 년 전부터 그때까지 에듀케어 프로그램을 졸업한 아동의 부모들을 모아 에듀케어 동문 네트워크를 조직하자는 요청을 받았다. 졸업생 부모들은 지역 사회에 뭔가 보답을 하고 변화의 촉매 역할을 하고 싶다고 했다.

포샤는 첫 번째 모임이 끝내줬다고 평했다. 부모들은 단체의 기본 구조를 알아서 짜 왔을 뿐 아니라 넘쳐나는 계획과 아이디어로 아동 보육에 폭넓고 긍정적인 영향을 미칠 탄탄한 조직의 틀까지 그 자리에서 잡아 버렸다.

그리고 이때 목격한 광경의 진짜 의미가 포샤에게 다가왔다. 에듀케어는 단순한 아동 지원 프로그램이 아니었다. 부모에게도 인생을 바꾸고 시야를 넓히는 경험이었다. 이 점은 포샤에게 큰 영감을 주었다.

그런 다음 두 번째 깨달음이 불현듯 찾아왔다. 졸업생 부모들과 첫 모임을 치른 뒤 포샤는 자기 동료들에게 돌아가서 부모들이 어떤 일을 해냈고 얼마나 큰 잠재력을 보였는지 열심히 설명했다. 그러자 다소 놀라운 반응이 돌아왔다. 어떤 동료들은 포샤처럼 흐뭇해하며 귀를 기울였다. 그런데 포샤가 놀라운 경험이라고 생각한 부모들과 모임에 시큰둥하거나 별로 반응이 없는 이들도 있었다.

그래서 포샤는 궁금해졌다. 부모를 바꾸어야 할 대상으로만 생각하다 보니 의도치 않게 그들에게 부정적 이미지를 덧씌운 걸까? 또, 부모들에게 "성장 마인드셋"을 심어 주려고 열심히 노력하는 와중에 자기도 모르게 부모들을 "고정 마인드셋"으로 바라보게 된 이들이 있는 건 아닐까? 그래서 이들은 부모들이 드러내는 놀라운 성장 잠재력과 실제 성장을 보지 못하는 걸까?

"오해하지는 마세요." 포샤가 강조했다. "우리 분야에는 최고의 인재가 모여 있고, 우리가 하는 일은 정말 중요해요. 나는 그저 어느 정도는 우리도 자기 생각의 틀을 바꿀 필요가 있지 않은가 하는 생각이 들었을 뿐이에요."

이 말을 들은 나는 궁금해졌다. 사회 전체에도 고정 마인드셋이 존재할까?

내가 포샤를 찾아간 건 부모와 양육자의 고정 마인드셋 육아를 성장 마인드셋 육아로 바꾸는 법을 더 자세히 배우고 싶어서였다. 이제 나는 원하던 답을 얻었다. 그런데 더 많은 질문이 생겨났다.

세상에는 사회 문제가 뿌리내리게 만든 사회적 고정 마인드셋이 있는 걸까? 문제가 너무 오랫동안 존재했기에 우리는 문제를 변경하거나 변화시킬 수 없고, 문제를 해결할 만한 방법이 있을 리 없다고 섣불리 판단한 건 아닐까? 그리고 이 점은 문제 개선을 돕기 위한 정책이 필요한지 결정할 때 영향을 미치는 요소일까?

과학에는 반론의 여지가 없다. 인간의 두뇌가 발달하는 중요한 시기는 출생 후 3년까지다. 그렇다고 촛불 4개를 불어 끄는 날 두뇌 발달이 끝난다는 말은 아니다. 그렇지만 분명 결정적 시기는 3년이다.

또한 과학은 두뇌 발달에서 필수 요인이 무엇인지 알려 준다. 아이는 적절한 양분이 필요하다. 아이는 적절한 언어가 필요하다. 자연은 친절하게도 뭔가를 요구한 다음 그 조건을 채우는 데 필요한 것을 곧바로 공급해 준다. 거의 모든 부모는 외부 도움 없이 최적의 발달을 위해 아이에게 필요한 것을 제공할 능력이 있다.

그렇다면 항상 일이 잘되지는 않는 이유는 무엇일까? 우리는 머리를 맞대고 난해한 원인을 파헤쳐 볼 수 있겠지만, 간단히 말해 음식에 대한 인식은 거의 본능에 가까운 반면 풍부한 언어가 필요하다는 인식은 최근에 생겨났기 때문이 아닌가 한다. 과학적 증거도, 제대로 된 평가도 나온 지 얼마 되지 않았다.

어쨌거나 우리가 생애 초기 언어 환경의 중요성을 잘 안다고 해도 아직은 반드시 그렇게 하도록 유도하는 장려책이 부족하다. 교육 투자는 거의 항상 유치원에서 고등학교까지의 아이들을 대상으로 삼는다. 물론 이때 역시 중요한 시기다. 하지만 앞서 말했듯 이런 비용은 이미 생겨난 문제를 수습하는 데 쓰이게 된다. 문해력, 수학, 심지어 집행 기능에서 보이는 문제의 뿌리는 과학으로 증명되었듯 생후 3년까지의 시기에 발생한다. 이 문제의 영향이 결국 학생들의 학업 성취도 격차로 나타나므로 이를 해결하려면 생애 초기 3년에 집중하는 새로운 정책이 필요하다.

제임스 헤크먼 교수는 이런 말을 했다. "전통 교육 정책은 성취도 격차의 근본 원인을 해결하지 못한다. 기울어진 운동장을 바로잡으려면 정부는 부모에게 투자해서 부모가 자기 자녀에게 더 많이 투자할 수 있도록 도와야 한다."[24]

시카고대학교 공공정책학 교수 애리얼 칼릴Ariel Kalil은 유아 교육 프로그램과 비교해서 부모 지원 프로그램이 제한적인 데는 다른 이유가 있다고 주장했다. 정부가 가족을 관리할 수 있는 집단으로 여기지 않기 때문이다. 칼릴에 따르면 정부는 가족을 사적 결정권자로 간주한다.

하지만 공공 정책은 두뇌 발달에 관한 과학적 증거와 최적의 아동 성장 및 발달을 보장하는 전략을 널리 알리는 데 중대한 역할을 한다. 이런 일을 하는 공공 정책 이니셔티브는 부모가 선호하는 방식을 바꾸는 것이 아니다. 그보다는 행복하고 건강하며 생산적인 어른을 키워 낸다는 부모의 목표 실현을 돕는 도구를 제공한다고 보는 편이 옳다.

태어난 첫날부터 지원하자

변화를 끌어내기 위해서는 아이 자신, 아이가 자라서 될 어른, 그리고 어른이 활동할 나라 전체에 발생할 궁극적 결과와 과학 양쪽을 이해하려는 의식적이고 폭넓은 노력이 요구된다.

유아기 교육 투자에는 문제가 존재하며 조치가 필요함을 이해하는 수많은 이해당사자의 새롭고 강력한 추진력이 필요하다. 그렇다고 취학 아동을 위한 현재 프로그램을 없애자는 말이 아니다. 프로그램을 탄생 첫날부터로 확장하자는 말이다.

달리 말하면 유치원부터 고등학교까지 투자 비용에서 최상의 이득을 거두고 싶다면 우리는 유치원에 입학하는 아이들이 최적의 수준으로 배울 준비를 마치도록 지원해야 한다.

이런 준비는 불가능하지 않다. 일리노이주 주지사 부인이며 이 문제와 관련된 과학 분야에 조예가 깊은 다이애나 라우너Diana Rauner는 일리노이주에서 아기가 태어나는 모든 집에 가정 방문을 시행하는 프로젝트를 추진하고 있다. 정말 능동적이고 현명한 방법이다.

사회적 성장 마인드셋이 필요하다

마법 지팡이 같은 해결책은 없다. 우리가 모든 아이의 지적 가소성을 믿기만 하면 모든 아이가 알아서 잠재력을 모두 실현하면서 성장하게 되는 건 아니다. 현재 미국 내 학업 성취도 문제에는 다양한 측면이 있으며, 국민 전체가 최고의 능력을 발휘하게 하려면 국가 차원에서 다루어야 할 일이 무수히 많다. 하지만 좋은 출발점은 될 수 있다.

통계는 우리 아이들에게 학업 성취도 격차라는 문제가 있음을 명확히 보여 준다. 과학은 우리에게 이 문제를 해결할 방법을 제시한다. 물론 한 가지 프로그램을 개발해서 여기저기에 다 사용할 수는 있다는 뜻은 아니다. 하지만 과학을 토대로 문제를 정확히 정의한 다음, 다시 과학을 활용해서 지속적 검토를 통한 수정을 거치며 진화하는 프로그램을 설계할 수는 있다. 그렇게만 된다면 이 심각하고 끈질긴 문제는 역사의 뒤안길로 사라질 것이다.

하지만 이 민주주의 사회에서 무슨 일이 일어날지 결정할 수 있는 것은 다수의 대중뿐이다.

운을 이기는 것은 적극적 참여다

우리는 생애 초기 언어 환경의 중요성을 미국 토착 문화의 일부로 만들어야 한다. 모든 부모, 아니 모든 사람은 이 점을 이해할 필요가 있다.

부모가 지원을 원하면 이런 지원이 마치 미국이란 나라의 제2의 본성인 것처럼 즉각 제공되어야 한다. 그리고 프로그램은 탄탄한 과학적 토대 위에, 아이의 발달에서 부모의 중요성을 충분히 고려하며 설계되어야 한다.

또한 우리는 지원 프로그램이 요구되고 제공된다는 자체가 우리 사회에 존재하는 격차를 드러내는 것이 아님을 인식할 필요가 있다. 이는 오히려 엄청난 다양성이 혼재하는 미국이라는 나라에서 우리가 아이 자신과 나라 전체를 위해 모든 아이가 잠재력을 온전히 실현하고 지적 능력, 안정감, 생산성을 확보하도록 도와야 한다는 상호 합의에 이르렀음을 확인해 주는 증거다.

앞서 탄생은 운에 달린 제비뽑기라고 설명한 바 있다. 이런 운은 아이가 어떤 부모에게서 태어나는지에 그치지 않는다. 어떤 나라에 태어나는지까지로 확장된다. 미국은 잠재력이 넘치는 나라다. 하지만 우리가 이 잠재력을 실현할지 못 할지는 사람들의 적극적 참여에 달려 있다.

과학 기반 교육 혁신에 과감히 투자하자

과학은 부담스럽고 전문가만 아는 영역으로 여겨지곤 한다. 하지만 그래서는 안 된다. 과학이란 단순히 문제를 파악하고, 이해할 수 있을 만한 요소들로 분해하고, 연구하고, 또 연구하고, 차근차근 공들여 다시 짜 맞춰서 문제의 원인, 그리고 궁극적으로 해결책을 찾아내는 과정을 가리키기 때문이다.

브루킹스 아동 가족 센터Brookings Center on Children and Families와 국가 우선순위 프로젝트National Priorities Project 예산 위원회의 공동 책임자인 론 해스킨스Ron Haskins는 수십억 달러가 드는 사회 복지 프로그램 대다수가 거의 또는 전혀 효과가 없다고 말했다.[25] 심지어 효과가 있는지 없는지 판단하기 위한 자료조차 수집하지 않는 프로그램이 많다.

TMW를 비롯해서 아이의 성취도 개선을 위해 노력하는 프로그램에서 핵심은 효율성이다. 그렇기에 우리는 문제를 파악하는 단계와 효율적 해결책을 설계하고 갈고닦는 단계 양쪽에서 이데올로기나 우리 "믿음"이 아니라 과학을 토대로 삼는다. 우리 일은 질문이나 재평가할 필요성이 생겼다고 중단되지 않는다. 궁극적 목표는 모든 아이가 반드시 잠재력을 실현할 기회를 얻게 하는 것이며, 우리와 동료 단체들은 이 목표를 성취하기 위해 일한다.

물론 기금 마련도 중요한 요소다. 이제 우리는 취학 아동과 성인에게서 나타나는 많은 문제의 원인이 첫 3년에 있음을 안다. 그런데도 과학적으로 검토된 교육 프로그램을 개발하기에 알맞은 자원을 찾기는 매우 어려울 때가 많다.

잭 숀코프와 동료들은 "혁신의 최전선Frontiers of Innovation"이란 역동적 연구와 개발을 위한 플랫폼을 만들고 있다. 연구자와 실무자, 정책 입안자, 투자자, 시스템 전문가가 힘을 합쳐 새로운 아이디어를 설계하고, 시험하고, 실패에서 교훈을 얻으면서 역경에 처한 아이들의 성취를 대폭 개선하기 위해 노력하는 플랫폼이다.

숀코프 박사는 이렇게 말했다. "대대적 변화를 일으키려면 박애주의에 바탕을 둔 지원과 더불어 과학 기반의 혁신에 과감하게 투자할 필요가 있다. (……) 프로그램의 질을 개선하고 전문 지원을 늘리는 것은 매우 중요하다. 하지만 창의적 실험과 아이디어 실행, 평가, 그리고 효과가 있는 것뿐 아니라 효과가 없는 것에 관한 정보 공유를 위해 투자가 필요한 영역도 있다. 이 필수 연구 개발 분야 지원을 위해 벤처 정신에 입각한 자선 활동이 필요한 상황이다."[26]

어떤 어려움에도 굴하지 않는 엄마들의 열정과 헌신

나를 비롯해 이 분야에서 일하는 많은 사람은 성장 마인드셋 팀 소속이다. 아동 발달 연구소 소장으로, 수술실에서 놀라운 잠재력을 목격하는 소아 외과 의사로 일하다 보니 나는 삶의 복잡함에 대처하느라 자연스레 알게 된 진리를 새삼 깨달았다.

문제란 온 힘을 다해 결연한 노력을 기울일 때만 풀리기 시작한다. 우리 프로그램의 엄마들 역시 이와 같은 마음가짐을 품고 있다.

TMW의 일부인 엄마들을 만나면서 내 마음에 가장 와닿았던 것이 있다. 자기 아이의 두뇌 발달을 돕는 프로그램 설계에 참여하게 된 엄마들의 들뜬 모습이었다. 엄마들은 이것이 연구 프로젝트임을, 우리에게 강력하고 문서로 잘 정리된 해결책이 있기는 하지만 정말 효과가 있는지 알아내기 위해 이 프로젝트가 만들어졌다는 것을 잘 알고 있었다. 엄마들의 열정은 우리에게까지 전염되었다.

이 가운데 일부 엄마는 지적 능력과 학습을 고정 마인드셋으로 바라보며 육아를 시작했다. 하지만 아이의 학업 성취에서 부모가 결정적 요인이며 언어와 긍정적 강화, 안정감이 중요하다는 사실을 이해한 뒤에는 자신의 육아에 새로운 관점을 도입하기 위해 부단히 노력했다.

TMW의 일원이 되기 위해 얼마나 많은 신체와 정신 에너지가 필요한지 알고 나서 나는 이 엄마들에게 더욱 감복하게 되었다. 특히 사회경제적 스펙트럼의 한쪽 끝에 자리한 엄마들의 삶이 얼마나 고된지 잘 알기에 더욱 그랬다.

가난 때문에 정말로 스트레스와 괴로움을 겪는 것은 그런 어려움을 글로 읽는 것과 완전히 차원이 다르다. 그저 지독하게 힘들다는 말로밖에는 표현되지 않는다. 심지어 "힘들다"라는 말조차 수박 겉핥기일 뿐이다. 그런데도 여전히 자기 아이의 삶을 더 나아지게 하겠다는 의욕과 의지를 잃지 않는 이 엄마들에게 존경심을 품지 않을 수 없다.

TMW 엄마들의 나이는 19세부터 41세까지 각기 다르고, 자녀 수도 1명부터 4명까지 다양했다. 친척 집 소파를 전전하며 살아가거나, 연구 조교에게 가정 방문을 보내기 망설여질 정도로 위험한 우범 지역 아파트에 사는 엄마들도 있었다. 실제로 가정 방문 기간에 엄마와 아이가 폭력 사건, 심각한 질병을 비롯해 여러 가지 힘든 일을 겪는 사례가 발생하곤 했다.

나는 이 엄마들에게 고마워해야 한다. 한 번도 본 적 없는 끈기를 보여 주는 이 여성들에게 나는 직접 감사를 표하기도 했다.

양 세대 접근법: 부모와 아이 모두에게 이로워야 한다

하지만 성장 마인드셋을 심는다고 하루아침에 성공이 찾아오지는 않는다. 가난, 소득 불평등, 그리고 부모와 아이 양쪽에 영향을 미치는 기회 격차와 관련된 수많은 걸림돌이 존재하기 때문이다.

성장 마인드셋 접근법은 "자기 힘으로 알아서 일어나라"라는 말을 돌려서 표현한 것이 아니다. 그보다는 모든 사람 안에는 아직 개발되지 않은 잠재력이 있으며 알맞은 프로그램과 알맞은 지원이 있으면 성공을 거둘 수 있다는 인식에 가깝다.

자선 단체와 정부가 주도하는 성공 프로그램 전반에서 장애물로 작용하는 것이 하나 있다. 가족 근로 연구소Families and Work Institute 소장이자《내 아이를 위한 7가지 인생기술Mind in the Making》의 저자인 엘렌 갤린스키Ellen Galinsky는 이를 "두 갈래 물길"이라고 불렀다.[27]

유아기부터 성인이 되어 취업할 때까지를 연구한 선구자인 갤린스키는 전통적으로 부모를 위한 프로그램과 아동을 위한 프로그램이 이분법으로 나뉜다고 설명한다. 아동에게 초점을 맞추는 단체는 대개 부모에게 "희생"을 요구한다. 반대로 인력 개발 및 복지 개혁 프로그램은 대개 성인을 대상으로 삼고 자녀에 대한 고려는 거의 하지 않으며, 아동에게 희생을 요구할 때가 많다. 그 결과 이쪽 아니면 저쪽이 아무 도움이나 지원을 받지 못한 채 방치된다.

양 세대 동시 접근법은 이 점을 고려해 교육, 경제, 건강, 안전 관련 기반을 동시에 마련해서 부모와 자녀 모두의 삶을 개선하고 안정성을 확보하는 방법이다. 이 방법은 부모와 아이 양쪽을 명확한 성장 마인드셋 관점으로 바라보는 데서 출발한다.

사실 1980년대와 1990년대에 양 세대 접근법이 처음 쓰였을 때 결과는 썩 좋지 못했다. 이런 결과가 제대로 검토되지 않았다면 이 아이디어는 그냥 버려졌을지 모른다. 하지만 자세한 조사가 시행되면서 놀라운 성공으로 이어질 가능성이 있는 중요한 실마리가 발견되었다.[28] 이를 계기로 단순한 취업 알선 대신 직업 교육 프로그램이 도입되었고, 부모가 자상한 부모와 생계 부양자라는 2가지 역할을 동시에 해내도록 돕는 프로그램이 생겨났다.[29]

이 양 세대 접근법은 오클라호마주 털사에서 스티븐 다우가 설립한 "공동체 행동 프로젝트"에서 중요한 구성 요소다.[30] 공동체 행동 프로젝트의 "커리어어드밴스CareerAdvance"는 미국 내에서 처음으로 도입된 양 세대 프로그램으로 손꼽는다. 이 프로그램은 의료 보조사, 약사 조수, 치위생사, 물리치료 보조사, 간호사 등 보건 관련 종사자와 연계해서 부모에게 높은 수준의 교육을 제공함으로써 털사시가 운영하는 강력한 육아 교육 시스템인 "얼리 헤드 스타트 센터Early Head Start Centers"와 "헤드 스타트 센터Head Start Centers"를 한층 탄탄하게 보강해 준다. 부모 교육과 훈련은 "털사 커뮤니티 칼리지Tulsa Community College" "털사 테크놀로지 센터Tulsa Technology Center"와 협업으로 이루어진다.

프로그램 간 조화를 위해 커리어어드밴스에서는 해당 프로그램에 참여하는 부모의 자녀를 얼리 헤드 스타트에 등록하고 부모에게는 육아 강의를 제공한다. 스티븐 다우와 그의 팀은 경탄스러운 일을 해내고 있음에도 여전히 효과 있는 것과 없는 것을 확인하기 위해 과학적 검토를 멈추지 않는다.

사회 관련 프로그램이 다 그렇듯 아직은 모든 해답이 나오지는 않았다. 하지만 이런 프로그램이 아동과 부모에게 중요하고 긍정적이며 건설적이라는 사실 하나만큼은 확실해 보인다.

많은 TMW 엄마가 TMW 프로그램을 마친 뒤 자신도 계속 공부할 수 있으면 좋겠다는 간절한 바람을 우리에게 털어놓았다. 아이가 풍성하게 피어나도록 돕는 자신의 놀라운 힘을 목격하면서 묻어 두었던 자신의 꿈이 깨어나고, 자신의 잠재력을 바라보던 고정 마인드셋이 바뀌었는지 모른다. 그렇다면 참으로 고무적인 일이다.

7장

퍼뜨리기

좋은 것은
함께 나누어야 한다

자기 행동으로 어떤 결과가 나올지는 결코 알 수 없지만
아무것도 하지 않으면 아무 결과도 나오지 않는다.

— 마하트마 간디

왜 마취는 받아들이면서 소독은 무시했을까?

아이들에게 현명하게 투자할 정도로 교육에 신경을 쓰는 나라에는 뭔가 특별한 점이 있다. 바로 안정성, 생산성, 그리고 지적이며 건설적인 문제 해결 능력이다.

모든 사람, 모든 나라는 그 나름의 문제가 있다. 사람 사이, 나라 사이 차이점은 문제가 있느냐 없느냐가 아니라 문제를 어떻게 해결하느냐에 있다. 수많은 어린이가 자기 잠재력을 최대로 펼치지 못하는 나라라면 나라 자체도 잠재력을 제대로 펼치지 못한다.

모든 사람이 똑같이 생각할 필요는 없다. 하지만 궁극적 결론은 느낌이 아닌 생각, 근거 있는 이성적인 생각에 기반을 두어야 한다. 그러기 위해서는 유아기에 충분한 양분을 얻은 두뇌와 탄탄하고 훌륭하고 쉽게 이용할 수 있는 교육이 필요하다.

생애 초기 언어 환경은 아동의 향후 학습 궤도를 결정하는 핵심 요인이다. 미국에서 성적이 좋은 아이들과 성적이 나쁘거나 중퇴하는 아이들을 가르는 학업 성취도 격차는 크다. 사실 이 엄청난 분열은 단순히 "크다"란 말로는 다 표현되지 못한다.

과학을 통해 이 성취도 격차의 근본 원인은 밝혀졌지만 효율적 해결책을 실행하기 위해서는 한 단계가 더 필요하다. 나라의 모든 부모, 아니 모든 어른이 이 문제와 필요한 해결책을 이해함으로써 국가 차원의 의견 교환과 프로그램 설계에 한몫 거들어야 한다.

보건 의료 정책 전문가 아툴 가완디Atul Gawande는 《뉴요커》에 기고한 통찰력 넘치는 글 〈느린 아이디어Slow Ideas〉에서 혁신적 개념이 받아들여지는 여러 방식을 보여 준다. 무엇이 아이디어를 퍼뜨리는가? 사람들이 잘 설계된 개념을 받아들이거나 무시하는 원인은 어디에 있는가? 아이디어에 동참하고 싶어지게 하는 요인은 무엇인가?[1]

1800년대 의학계에서는 2가지 중대한 발견이 이루어졌다. 바로 마취와 소독이었다. 마취는 참을 수 없는 고통을 진정시키고 수술대에서 환자가 날뛰는 것을 막았다. 소독은 수술 봉합 부위가 눈에 보이지 않는 세균으로 감염되는 것을 막았다. 당시에는 감염이 너무 흔해서 외과의들은 상처에서 나오는 고름이 회복 과정의 일부라고 믿었을 정도였다.

2가지 발견 모두 의학과 외과 분야에서 비할 바 없이 큰 진보였다. 하지만 자리를 잡은 것은 마취뿐이었다. 수술 전 손 씻기나 수술

사이에 수술복을 갈아입는 등의 단순한 조치는 시간 낭비 취급을 받았다.

외과의 J. M. T. 피니J. M. T. Finney는 1800년대 말 아직 손 씻기가 보편화되지 않았던 시절 매사추세츠종합병원에서 인턴으로 일하던 시절을 회고했다. 외과 의사들은 수술 도구를 석탄산에 담그기는 했다. 그렇지만 여전히 지난번 수술에서 묻은 피와 내장으로 뻣뻣해진 검은색 가운을 입은 채로 수술실에 들어갔고, 그런 수술복을 "바쁜 의료인의 상징"으로 여겼다. 왜일까? 마취와 소독이라는 2가지 개념이 받아들여지는 과정이 달랐던 이유는 무엇일까? 가완디는 "가시성"과 "즉시성"이 원인이라고 설명한다.

"하나는 눈에 보이고 즉각 느껴지는 문제(고통)를 물리치지만, 다른 하나는 (……) 수술이 끝난 뒤까지 영향이 나타나지 않으며 눈에 보이지 않는 문제(세균)와 싸운다." 가완디는 이것이 "중요한데도 실현되지 못하는 아이디어에서 자주 보이는 패턴"이라고 지적한다.

취학 아동의 문제는 생애 초기부터 시작된다

유치원에서 고3까지 학생들에게서 나타나는 성취도 격차는 통계 자료에서 매우 뚜렷이 확인된다. 못 본 척하기란 불가능하다. 또한 이 격차가 성인이 된 아이들의 삶에 미치는 영향에서 눈을 돌리는 것도 불가능하다.

반면 태어나서 3년까지는 상대적으로 눈에 띄지 않는 기간이다. 성취도 격차는 9개월에 벌써 나타나기 시작하지만[2] 통계를 세밀히 분석하지 않으면 잘 드러나지 않는다. 마음먹고 살피지 않으면 더 큰 아이들에게서 나타나는 문제는 우리가 그 문제를 관찰한 시점에 시작되었다고 착각하기 쉽다. 그 결과 문제가 눈에 띄게 된 이후에야 움직이는 것이 관례가 되었다. 하트와 리즐리, 그리고 그 뒤를 따른 예리한 과학자들의 통찰력 덕분에 뒤늦게나마 우리는 취학 아동에게서 보이는 문제가 훨씬 먼저 생겨난 문제의 가시적 결과일 뿐이라는 사실을 알게 되었다.

하지만 문제가 언제 시작되는지 안다고 해서 어떻게 대처해야 할지 저절로 알게 되는 것은 아니다. 적절한 해결책을 설계하려면 우선 문제가 왜 발생하는지 알아내야 한다. 일찌감치 생애 초기 언어 환경이 낮은 학교 성적의 원인이 되는 요인이라는 가설을 세웠던 하트와 리즐리도 자신들의 생각을 떠받칠 탄탄한 통계 자료를 수집해야만 했다.

그러나 앞서 살펴보았듯 문제의 원인을 발견했다고 해서 꼭 원인을 제거하는 데 필요한 해결책 시행으로 이어지는 것은 아니다. 의사들이 감염과 염증의 관계를 이해했다고 해서 즉각 손 씻기와 수술복 갈아입기가 수술의 보편적 절차에 편입되지 않았던 사례와 비슷하다.

과학을 잘 아는 의사들에게조차 변화는 쉽지 않았다. 그러나 이후

급속도로 퍼지는 침습성 박테리아가 치명적 결과로 이어지는 감염의 원인이라는 사실이 외과 사고방식의 구조 자체에 포함되면서 수술 과정이 달라졌다. 외과의들은 이제 수술실이라는 무대에 오르기 전에 손을 철저히 씻고 살균한 장갑을 끼고 살균한 수술복을 입었고, 수술에 관련된 다른 이들 또한 모두 그렇게 하기 시작했다. 결과는 즉각적이고 반론의 여지가 없었으며 개선 폭은 기대를 한참 뛰어넘었다. 시간이 걸렸지만 결국 이 습관은 살아남았다.

생애 초기 언어 환경은 영유아의 두뇌 발달에 결정적 영향을 미친다. 모든 아동이 최적의 두뇌 발달을 거치도록 돕기 위해서는 필요한 시점과 상황에 맞춰서 잘 설계된 효율적 지원이 즉각 제공되어야 한다. 하지만 이런 일이 가능해지려면 먼저 유아기 언어 환경의 중요성이 국민 차원에서 널리 받아들여져야 한다. 이 단계가 선행되지 않으면 아툴 가완디가 설명한 대로 곧장 효과적 해결책으로 이어지지 못하는 "느린 아이디어"가 되고 만다.

가장 가치 있는 미개발 자원, 아이들

미국은 석유, 천연가스, 석탄, 구리, 납, 몰리브덴, 인산염, 희토류, 우라늄, 알루미늄, 금, 철, 수은, 니켈, 칼륨, 은, 텅스텐, 아연, 목재 등의 자원이 풍부한 땅이다. 석탄 보유량은 전 세계 매장량의 28퍼센트에 달한다.[3] 국가 경제 규모 또한 세계 최고로 손꼽힌다.[4]

하지만 미국에서 가장 가치 있는 자원은 따로 있다. 바로 아이들이다. 점점 세계화하는 국제 사회에서 미국이 차지할 위치는 국민이 얼마나 뛰어나게 사고하는지, 얼마나 철저하게 문제를 분석하고 건설적으로 문제를 해결하는지에 달려 있다.

머지않아 새로운 세대의 시민이 우리 자리를 대신해서 생산적이고 이성적이며 안정적인 민주 사회를 일구는 임무를 넘겨받을 것이다. 우리에게는 선택의 여지가 있다.

우리는 아이들이 최적의 발달을 거치도록 노력함으로써 높은 자질을 갖춘 미래 시민을 양성하는 데 힘을 보탤 수도 있고, 그러지 않을 수도 있다.

두 번째로 가치 있는 자원, 우리 자신

부모의 말, 생애 초기 언어 환경에서 단어의 양과 질은 놀랍도록 강력한 동시에 미국뿐 아니라 세계 대다수 나라에서 충분히 활용되지 못하는 천연자원이다.

컬럼비아대학교 국립 빈곤 아동 센터National Center for Children in Poverty에서 2013년 진행한 연구에 따르면 약 3200만 명의 아동이 저소득 가정에서 살고 있으며, 최소 생활 수준인 빈곤선 이하에서 사는 아동도 1600만 명에 달했다.[5]

어디에나 예외는 있다. 하지만 상급 학교 진학률이 가장 낮고, 향후 학업과 삶에서 성취 전망이 어둡고, 타고난 지적 잠재력이 자기 생각 또는 우리 생각보다 훨씬 큰 아이들이 바로 이들이다. 연구에서 밝혀졌듯 이 아이들의 부모 중 절대다수는 자기 아이가 공부를 잘하기를 바란다. 그러나 숫자로 계산할 수 없는 빈곤의 개인적·사회적 스트레스와 적절한 지원 부족이 합쳐지면서 이런 바람은 이루어지지 않을 때가 많다.

그런데 꼭 그래야 할 필요는 없다. 현재 미국에서는 모든 답이 나온 상황은 아니지만 적어도 우리 아이들과 이 나라의 미래를 개선하기 시작하는 데 필요한 것들은 갖춰져 있다. 실제로 세심히 설계되고 꼼꼼히 추적 관찰되는 프로그램을 일단 가동하면 점점 더 명확한 답이 뚜렷이 드러날 것이다. 여기서 필요한 것이 적재적소에 투입되는 현명한 투자다. 정확한 가치에 관해서는 아직 논쟁의 여지가 있지만, 노벨상 수상자 제임스 헤크먼은 취약 계층 아동을 대상으로 한 양질의 유아 교육에 투입되는 비용이 학업 성취도 개선과 건전한 행동, 성인이 된 후의 생산성을 통해 매년 7~10퍼센트의 경제 이득을 거둔다는 사실을 밝혀냈다.[6]

하지만 대대적 참여가 없다면 이 책은 그저 탁상공론일 뿐이다. 첫 번째 단계는 문제를 이해하는 것이다. 그러나 장기 해결책에는 모든 이의 관심이 필요하다. 우리가 힘을 합쳐야만 잘 설계되고 과학적 방식으로 다듬어진 프로그램이 모든 아이의 앞날을 밝히도록 도울 수 있다.

여기서 "우리"는 누구일까? "우리"는 문제를 이해하는 개인이자 적극 나서서 이 중요한 목표를 지키려고 애쓰는 수호자들이다. 가족과 아이들에게 언어 프로그램을 제공하고 프로그램이 성공하도록 절차를 다듬는 진취적 단체들이다. 공적 영역과 사적 영역에서 도움이 필요한 가족에게 체계적 지원을 제공하는 크고 작은 협력 집단들이다. "우리"는 모든 부모가 첫 3년 동안 언어 환경이 아이에게 미치는 중요성을 이해하도록 정보를 제공한다.

무엇보다 "우리"는 단순히 믿는 데서 그치지 않고 과학에 의지해서 문제를 정의하고 효율적 해결책을 설계하는 사람들이다. 한편으로는 아이가 반드시 자기 잠재력을 최대로 실현할 기회를 얻게 하려고 뜨거운 열정을 발휘하기도 한다. 프로그램이 완벽하지 않더라도 우리는 기죽지 않는다. 최적화된 성공을 위해 프로그램을 개선해 나갈 뿐이다. 우리의 궁극적 목표는 모든 아이의 삶이 더 나아지게 하는 것이다.

어떻게 하면 "부모의 말"이 지닌 영향력을 사람들이 보편적으로 이해하게 할 수 있을까? 2007년 우리가 처음 프로그램을 시작했을 때 나는 이런 생각을 하기 시작했지만 내가 감을 잡기 시작한 것은 2013년 가을이 되어서였다.

2013년 백악관 산하 과학기술정책실Office of Science Technology Policy에서 나와 우리 팀에 "3000만 단어 격차 메우기Bridging the Thirty-Million-Word Gap" 콘퍼런스 주최를 도와 달라는 요청이 들어왔다. 이

콘퍼런스는 미국 보건복지부와 백악관 과학기술정책실, 백악관 사회개혁시민참여실Office of Social Innovation and Civic Participation, 미국 교육부의 협력으로 이루어질 예정이었다. 목적은 나라 전체의 연구자, 실무자, 자금 제공자, 정책 입안자, 이론가가 한자리에 모여 미국의 학업 성취도 격차 문제 해결에 도움이 될 양육자 교육 및 기타 방안을 토론하는 것이었다.[7]

이 콘퍼런스는 리처드 탈러Richard Thaler 교수와 캐스 선스타인Cass Sunstein 교수의 저서 《넛지Nudge》가 불러일으킨 관심의 결과물이기도 했다. 행동경제학에 뿌리를 둔 넛지 이론에서는 사소한 사회적 개입, 즉 팔꿈치로 살짝 찌른다는 뜻의 "넛지"가 대규모로 긍정적 행동을 부를 수 있다고 설명한다. 저자들이 보여 준 대로 넛지 이론은 임신 중 흡연부터 다락방 단열 시공, 자선 단체 기부까지 온갖 문제에 적용될 수 있다. 《뉴욕타임스》에 기고한 글 〈공공 정책, 대중에게 맞게 만들어져야Public Policies, Made to Fit People〉에서 리처드 탈러는 3000만 단어 격차를 메울 수단으로 "행동 넛지" 사용법을 제시한다.[8] 이 글에서는 우리 프로그램, 그리고 블룸버그 자선 재단 주최 시 단위 공모전[9]에서 대상을 받은 전 도시 가정 방문 프로젝트인 "프로비던스 토크Providence Talks"가 중요한 예로 다뤄졌다.

아이러니하게 이 콘퍼런스는 정부 담당자들과의 합동 프로그램이 될 예정이었으나 막판에 정부에서 발을 빼는 바람에 정부 협력 기관은 전부 빠지게 되었다. 어쨌거나 콘퍼런스 진행에 문제는 없었다.

모임의 목적에 관한 강력한 공감대가 형성되었고, 이 책에서 언급한 내로라하는 사회과학자들이 대거 참석했다.

이처럼 많은 헌신적 연구자와 실무자, 정책 입안자, 투자자가 한 공간에 모여 언어 습득/노출에서의 차이, 즉 "단어 격차"과 그에 따른 엄청난 악영향을 메우는 방법을 찾는다는 공통의 관심사에 적극 관심을 쏟는 광경은 매우 고무적이었다.

넛지, 자연스러운 일상 언어가 큰 변화를 일으킨다

알고 보면 넛지 이론은 매우 흥미롭다. 이 문제 해결의 첫 단계로 리처드 탈러와 캐스 선스타인의 개념을 활용하면 작은 행동 넛지로도 부모의 언어 행동에 변화를 일으킬 수 있다는 뜻이다.

내가 보기에는 이런 변화를 대규모로 일으키고 계속 유지되게 하려면 더 적극적인 추가 조치가 필요했다. 이 점을 깨달은 나는 대규모 변화란 어떤 모습이어야 하는지를 포함해서 내가 생각하는 TMW의 궁극 목표가 무엇인지 차근차근 정리하기 시작했다.

나는 초기의 가정 방문 프로그램을 되풀이하는 것이 TMW의 최종 목표라고 여긴 적은 없었다. 하지만 부모의 말이 지닌 힘을 사회 구조 안에 심어 넣으려면 산부인과 진료실과 병동, 내과 진료실, 영유아 건강 검진, 그리고 특히 부모들 사이에서 전해지는 입소문을 모두 포함한 국가 차원의 담론에서 이 힘이 중요하게 다뤄져야 한다는 사실을 깨달았다. 이런 미래상은 우리 콘퍼런스 보고서 〈생애 초기 언어 격차 메우기: 규모 확장 계획Bridging the Early Language Gap: A Plan for Scaling Up〉[10]에 잘 담겨 있다.

부모의 말과 언어가 두뇌 발달에 필수 양분이 된다는 사실이 보편적 이해를 얻으면 이는 대중의 상식과 유아 보육 문화의 필수 구성 요소가 되고, 모든 부모는 이런 말을 듣게 될 것이다.

"아기에게 말을 걸고, 아기에게 다정하게 말하고, 아기의 반응을 끌어내세요."

여기서 말하는 변화는 자연스러운 발화나 언어 문화 관습을 바꾸려는 것이 아님을 이해할 필요가 있다. 생애 초기 언어 교육은 사람들에게 원래 쓰던 단어를 바꾸라고 요구하거나 전통 언어 습관을 깎아내리려는 것이 절대 아니다.

생애 초기 언어 교육의 목적은 번갈아 말하기와 관심 보이며 말하기 같은 방법으로 부모와 아이의 상호작용을 강화해 입학 준비도를 높이는 데 있다. 그러므로 오히려 부모는 자신에게 가장 자연스러운 언어, 발화 패턴, 이야기를 활용하는 편이 바람직하다.

대중에게 사랑받는 성공적인 유아 교육 전략에는 미국의 놀랍도록 다양한 인구 구성의 문화, 민족, 인종 배경을 반영하는 영상, 그림, 노래, 서사가 포함되어야 한다.

언어 환경은 공공 보건의 핵심 지표다

미국은 백신 접종이나 성조숙 비율 같은 공공 보건 지표에 관심을 쏟고 있다. 아동의 생애 초기 언어 환경이 두뇌 성장의 결정적 촉매라면 생후 3년 또는 5년까지의 언어 환경 또한 국가 공공 보건의 척도로 취급받고 추적 관찰되어야 마땅하다. 단어 만보계 LENA와 비슷하게 특수 설계된 기기를 활용하면 이는 실행 가능한 공공 보건 정책이 될 수 있다.

이 방법이 현재 시행되지 않는 이유 가운데 하나는 아이가 자라서 일단 학교라는 환경에 발을 들인 뒤에 추적 관찰하는 편이 훨씬 쉽기 때문이다. 하지만 거의 1200만 명에 달하는 5세 이하 아동이 어떤 형태로든 기관에서 운영하는 보육을 받고 있다. 이는 장기 학습 변수 평가를 포함해서 유아의 언어 환경을 추적 관찰하기에 상당히 적합한 조건이다. 가정에서 아이를 돌보는 양육자들도 자발적 지원으로 언어 환경 평가 기회를 제공받을 수 있다.

유아 교육계에서는 이미 생애 초기 언어 환경의 질을 측정하고 개선하는 작업의 중요성을 인식하고 있다. 하지만 "1온스 예방 기금"의 교육 질 개선 팀장 앤 핸슨Ann Hanson은 이 작업의 실천에 상당한 애로 사항이 있다고 설명한다.

"현재 우리는 교실 구조와 보육사의 자격 요건, 교사와 아동의 상호작용 등 유아 교육 프로그램에서 중요한 여러 지표를 모니터링하고 있습니다. 하지만 진짜 기회를 얻으려면 가장 중요한 것에 초점을 맞춰야겠죠. 유아기 언어 환경이 발달의 토대가 된다는 것이 과학적으로 밝혀졌다면 우리는 이 환경을 개선하기 위해 교육자들이 시기적절하고 알맞고 유용한 자료와 전략을 확보하도록 어떤 종류의 도구와 지원이 필요한지 먼저 알아내야 합니다."

앤 핸슨은 언어를 포함한 학습 환경의 질을 평가하는 데 널리 쓰이는 방법이 있기는 하지만 대개는 1년에 1번만 시행되므로 효과가 제한적이라는 또 다른 문제점을 지적했다. 생애 초기 언어 환경을 공공 보건 핵심 지표로 규정하면 유아기 언어 프로그램의 개발과 개선 지침을 만드는 데 유용한 자료를 적절한 시기에 얻을 수 있다.

워싱턴대학교 부교수이자 "보육 질 유아 교육 연구 전문 개발 센터Childcare Quality and Early Learning Center for Research and Professional Development" 소장인 게일 조지프Gail Joseph는 보육 기관의 언어 환경 연구로 이 문제를 다룬다. 아직 연구 초반이지만 조지프와 동료들은 LENA를 사용해 전달되는 단어의 수와 주고받는 대화의 길이를 모두 검토해 보면 보육사가 아이들에게 쓰는 언어와 아이들의 발달 수준 사이에 긍정적 관계가 나타난다는 점을 밝히는 중이다. 조지프 교수는 보육 질을 평가하는 데 유용하게 쓰일 언어 환경 평가 기준을 골라낼 수 있으리라 기대하고 있다.

유아에게 최적인 언어 환경을 정의하는 것은 유아 보육 종사자의 교육 과정을 설계하는 데도 도움이 된다. 이런 척도는 유아 교육 초급 자격증인 아동 발달 보조사 자격Child Development Associate Credential 기준이나 유아 교육 기관의 아동 대상 프로그램에 포함될 수 있다. 그 결과 수백만 아동의 부모는 자기 아이가 풍부한 언어 환경에서 보살핌받고 있다는 확신을 얻을 수 있다. 이는 또한 가정 방문 서비스를 받는 가족에게 확실한 길잡이가 될 것이다.

무엇보다 이 기준이 공공 보건 지표에 통합되면 사회경제적 지위에 상관없이 모든 사람이, 모든 공동체가 이를 활용할 수 있다는 사실이 중요하다.

소아과 의사와 간호사의 역할도 중요하다

거의 모든 아동의 건강을 책임지는 보건 의료 체계는 논리상으로 부모에게 생애 초기 언어 환경의 중요성을 가르치기 적합한 무대다. 이상적으로는 정확히 그렇게 되는 것이 옳다. 하지만 이상이 늘 현실과 딱 들어맞는 것은 아니다.

소아과 의사이자 저술가로 전국 단위 프로젝트인 "손 내밀어 함께 읽기"의 책임자인 페리 클래스Perri Klass 박사에 따르면 일반 환자와 가장 많이 접하는 1차 의료기관 소아과 의사와 간호사는 부모가 자기 아이의 인지 발달을 돕는 역할을 하도록 지도하는 것이 매우 중요하다는 점을 잘 이해하고 있다.[11] 이들은 "예방 지도" 차원에서 아이가 어떤 식으로 성장하고 발달하는지, 건강하고 안전한 성장과 발달을 위해 부모가 해야 할 일은 무엇인지 조언한다.

하지만 이런 대화에는 시간이 걸리고, 의료인의 의도가 아무리 좋다 한들 항목별로 진료비가 발생하는 미국 의료계 현실상 제한된 시간에 쫓기기 마련이다.[12] 많은 개인 의원과 병원에서 엄청나게 많은 환자를 보는 소아과 의사는 당장 급해 보이지 않는 영역은 "시간이 있을 때만" 다루라는 압력을 받고 있으며, 이런 영역에는 아이의 최종 발달에 언어 환경이 미치는 영향을 부모가 이해하도록 돕는 일과 같은 발달 관련 "예방 지도"가 포함되어 있다.

"우리는 모두 시간의 압박을 느낍니다." 클래스 박사는 말한다. "확인해야 할 것이 너무 많아서 우리는 병리학 진단이나 드문 질환, 백혈병 환자 한 명을 못 보고 지나칠까 봐 노심초사하죠. 하지만 행동이나 발달 문제에 관한 예방 지도가 많은 아동에게 매우 중요하다는 사실 또한 압니다. 그래서 우리는 한정된 시간에 2가지를 다 해낼 방법을 찾아야 해요."

우리에게 희망을 주는 단체와 사람들

"언어 격차 메우기"의 첫 번째 공식 백악관 모임은 백악관 과학기술정책실 마야 샨카Maya Shankar와 동료들이 "실패 없는 작은 노력Too Small to Fail" 프로그램과 "도시 연구소Urban Institute"의 협력을 얻어 2014년 10월에 개최했다.

"언어 격차 줄이기"에 헌신할 것을 표명한 수많은 단체와 이 중대한 문제에 지원을 아끼지 않겠다고 선언한 정부 기관이 한데 모인 자리의 분위기는 매우 뜨거웠다.

미국 보건복지부의 자금 지원으로 "언어 격차 문제 해결책 연구 네트워크" 보조금이 캔자스대학교 주니퍼 가든스 프로젝트에 수여되어 역사적 업적을 기렸다. 수여 대상에는 하트와 리즐리의 초등 3학년 후속 연구에 참여한 데일 워커 교수가 포함되어 있었다. 하트와 리즐리의 과학 후계자인 워커와 동료 학자 주디스 카타Judith Carta 교수, 찰리 그린우드Charlie Greenwood 교수는 공동체 내에서 이 중대한 연구를 계속 이어 가고 있다.

아이들의 낮은 학업 성취도 문제를 해결하기 위해 노력하는 여러 프로그램은 놀라운 성과를 내고 있다. 아래 목록이 좋은 예다. 이 외 여러 프로그램이 이 책 뒤쪽 '유아 교육 단체 및 프로그램'에 자세히 설명되어 있다.

- 에듀케어
- 만들어지는 마음
- 프로비던스 토크
- 손 내밀어 함께 읽기
- 아기와 함께 이야기해요
- 실패 없는 작은 노력

이런 프로그램은 아이의 적절한 발달에 결정적 역할을 하는 부모의 역량을 키우는 데 초점을 맞춘다. 나아가 국가 차원에서 정부의 지원으로 모든 아이의 입학 준비도를 높이고 장기적으로 학업 및 개인의 성취도를 끌어올리는 것을 도울 대규모 프로그램이 생겨날 수 있도록 토대를 탄탄하게 다지고 있다.

TMW의 3000만 단어 프로젝트는 과학적 증거에 근거한다

TMW의 궁극 목표는 아동의 생애 초기 언어 환경 개선의 필요성을 널리 알리고 이 일을 가능하게 하는 여러 프로그램을 지원하는 국가 차원의 움직임을 끌어내는 것이다. 우리는 모든 아이가 자기 잠재력을 실현한 기회를 얻게 하겠다는 굳은 의지를 품고 열정의 힘으로 움직인다. 그렇지만 우리를 이끄는 길잡이는 이성에 근거한 과학이다.

TMW의 연구는 과학적 증거를 기반으로 신생아실, 소아과 진료실, 가정 방문 프로그램, 보육 프로그램, 지역 내 단체 등 이미 존재하는 환경에서 활용될 수 있는 교육 과정을 개발하는 데 초점이 맞춰져 있다.

TMW의 프로그램 설계는 적용할 환경의 조건에 맞춰 달라질 수 있다. 하지만 토대를 이루는 기본 원칙은 변하지 않는다.

"아이들은 똑똑하게 태어나는 것이 아니라 부모와 양육자의 말 덕분에 똑똑해진다."

아이의 언어 환경을 풍부하게 하는 핵심 원칙인 "3가지 T" 또한 그대로 유지된다.

"주파수 맞추기, 더 많이 말하기, 번갈아 하기."

여기에 따르는 중요한 부가 조건은 부모의 말과 중요성을 보편 상식으로 정착시키는 일이다. 그래서 소아과 의사나 신생아실 간호사, 보육 교사 등이 3가지 T를 활용하라는 얘기를 꺼내면 부모가 바로 알아듣도록 하는 것이다. 유아 교육과 보육을 포함한 아동 관련 직종 종사자 또한 교육 과정 또는 온라인을 통해 3가지 T 원칙을 배워두면 자기가 돌보는 아이들에게 자신의 말이 얼마나 중대한 영향을 미치는지 이해하는 데 도움이 된다.

보건 의료와 교육 전문가, 보육 종사자와 부모의 연계는 궁극적으로 아이들의 지적 성장에서 문화적 토대가 될 탄탄한 공동체를 만드는 데 이바지할 것이다.

디지털 기술 역시 여러 방면에서 도움이 되며, 다른 분야에서 종종 그렇듯 사람들에게 프로그램을 널리 이해시키는 원동력 역할을 한다. 우리 교육 과정에서 쓰는 컴퓨터 기반 기기에는 다양한 장점이 있으며, 여러 전략의 효과를 측정해서 평가하고 필요하다면 방법을 다듬는 데 도움이 되는 기술이 내장되어 있다.

프로그램 수정에 도움이 되면서 익명성을 보장하는 방식의 자료 수집 또한 가능하다. 칸 아카데미Khan Academy 웹사이트가 이런 자료를 기반으로 운영된다. 이처럼 상호작용형 웹 디자인을 활용해서 영유아 자녀를 둔 부모에게 과학적이고 접근하기 쉬운 생애 초기 언어 프로그램을 무료로 제공하는 것은 TMW 이니셔티브가 그리는 미래 중 하나다.

"당신에겐 당신 생각보다 훨씬 엄청난 힘이 있어요"

세상의 모든 소아과 의사, 보건 의료 종사자, 교사가 아이의 생후 3년 동안 언어 환경이 얼마나 중요한지 안다고 해도 부모가 모르면 아무 의미가 없다.

영유아의 언어 환경은 전적으로 부모 또는 주 양육자에게 달려 있다. 이들 없이는 아이에게 필요한 성장이 아예 일어나지 않는다. 처음 TMW를 시작했을 때 나는 종종 아기들의 머리를 빤히 바라보면서 그 순간에 엄청난 속도로 연결되는 뉴런을 상상했다. 이제 나는 아기를 보살피는 어른들을 바라보면서 생각한다.

"당신에겐 당신 생각보다 훨씬 엄청난 힘이 있어요. 당신이 이 사실을 알았으면 좋겠어요."

TMW 가정 방문 교육의 첫 번째 시험 운영이 끝나고 나서 우리는 어떤 방법이 효과 있었고 어떤 것은 없었으며 어떤 식으로 바꾸면 좋을지 피드백을 듣기 위해 엄마들을 한자리에 모았다. TMW 부모들은 개발 과정에 적극 참여해서 다음번 가정 방문 연구 계획을 세우는 데 필요한 의견을 제공하는 파트너다.

이 모임에서 우리는 풍부한 정보를 얻었다. 가정 방문은 집 단위로 이루어지므로 그때까지 엄마들은 한 번도 만난 적이 없었다. 그럼에도 이 여성들은 평생 친구였던 것처럼 공감대를 형성했고, 원래 있었던 위원회처럼 일사불란했다. 연구에서 자신의 역할이 얼마나 중요한지, 특히 프로그램의 효과를 강화하는 데 솔직한 평가가 얼마나 필요한지 잘 이해하고 있는 듯했다. 서로 의견을 주고받으며 갈수록 다듬어진 결정을 내리는 엄마들 사이에는 묘한 친밀감이 흘렀다. 우리에게 아이디어를 제시하는 이들에게서 TMW의 다음 연구에 자신이 중요한 역할을 하고 있다는 자부심과 프로그램 개선에 도움을 주고 싶다는 의지가 강하게 느껴졌다.

토론 내용에는 그들이 무엇을 배웠는지, 그리고 그 지식을 실제 육아에 어떻게 활용했는지, 이를테면 너무 피곤해서 말하기가 어려울 때 아이들과 어떻게 대화했는지 등이 포함되어 있었다. 처음에는 낮은 LENA 점수를 기록했던 엄마들이 어느새 프로그램의 관록 있는 베테랑처럼 의견을 내고 있었다.

긍정적인 사회적 강화는 가끔 실로 놀라운 결과를 끌어낸다. 그날의 대화는 엄마들 자신과 우리 모두에게 영감을 주었다. 그들은 우리가 교육 과정을 보완하는 데 필요한 결정적 피드백을 주었다. 거기서 그치지 않고 우리 프로그램을 어떻게 널리 알릴지, 심지어 한층 더 놀랍게 "왜" 알려야 하는지를 이야기했다. "언어 격차 줄이기" 운동이 탄력을 받기 몇 년 전에 이 모임이 있었음을 생각하면 이 여성들의 선견지명은 정말 감탄스러운 수준이었다.

엄마들은 TMW 운동에서 창의적이고 필수적인 역할을 했을 뿐 아니라 이 운동의 필요성을 인식했다는 점에서 확실히 시대를 앞서 있었다.

하지만 나는 엄마들이 미처 생각하지 못한 점을 알아차렸다. 그들은 WIC 사무실 게시판을 활용해서 TMW를 알리자는 의견을 내놓았다. WIC는 "Special Supplemental Nutrition Program for Women, Infants, and Children"의 약자로 임산부와 영유아 영양 지원 프로그램이다.

그러나 실제로 메시지를 퍼뜨리는 데 가장 효과 있는 수단은 바로 그들 자신이었다. 그리고 내 생각이 옳았다. 나중에 알게 된 사실이지만 이 엄마들은 TMW 관련 정보를 직장 동료들이나 교회 사람들과 공유했을 뿐 아니라 어린 자녀가 있는 형제자매에게 직접 3가지 T를 가르쳐서 활용하도록 도운 이들까지 있었다.

노셔 컨트랙터Noshir Contractor 교수와 레슬리 드처치Leslie DeChurch 교수는 공동 논문 〈대규모 사회 변화를 이루기 위한 사회 연결망과 인간의 사회 동기 통합Integrating Social Networks and Human Social Motives to Achieve Social Influence at Scale〉[13]에서 "과학 발견을 공공에 이로운 방향으로"[14] 이끌기 위해서는 무엇이 필요한지 설명한다.

이들의 연구 목적은 과학에 근거한 중요한 아이디어가 공동체 내에 뿌리내리게 하는 체계를 개발하는 것이었다. 이들은 아무리 강력한 과학적 증거로 뒷받침되는 혁신이라도 일반에 받아들여지려면 반드시 "몇몇 과학자에게 받아들여지는 진실에서 많은 사람이 상식적 믿음이자 표준으로 여기는 방향으로"[15] 나아가야 한다고 지적했다.

컨트랙터와 드처치는 이른바 "오피니언 리더"가 행동 변화를 가속하고 혁신적 사고를 받아들인다는 측면에서 공동체 전체의 태도와 행동에 미치는 영향을 추적 관찰했다. 오피니언 리더는 "그 사람이 뭔가를 승인하면 (……) 공동체 내에서 행동 변화의 연쇄와 새로운 표준이 발생하는 사람"[16]으로 정의되었다. 다시 말해 아툴 가완디의 "느린 아이디어"를 "빠른 아이디어"로 바꾸는 사람들이다.

그렇기에 입소문을 "퍼뜨리는" 이 엄마들의 중요성은 절대 과소평가되어서는 안 된다.

제임스 이야기: 좋은 건 사람들한테 알려야 한다

"전파하기" 또한 TMW의 핵심 정책에 속한다. 우리는 모든 부모를 중요한 오피니언 리더, 즉 사람들이 태도를 바꾸고 기반이 탄탄한 혁신을 받아들이게 하는 중요한 인물로 여긴다. 이제 전파하기는 우리 프로그램에서 훨씬 더 국제적이고 발전된 요소로 자리 잡았다.

한편 한 개인이 얼마나 큰 영향을 미칠 수 있는지를 TMW가 아직 걸음마를 하고 있던 시절에 보여 준 사례가 있었다. 그 주인공은 바로 제임스였다.

"왜 친구들에게 얘기하냐고요?" 제임스가 말했다. "친구네 아이들도 우리 애랑 똑같은 혜택을 받았으면 해서죠. 난 마커스만 이런 걸 배우거나 유리한 위치에 서게 하고 싶지는 않거든요."

TMW 프로그램을 마칠 무렵 TMW 관련 정보를 사람들에게 어떤 식으로 퍼뜨리는지 설명하면서 제임스는 우리 팀에 이렇게 말했다. 내가 들어 본 가운데 손꼽히게 이타적이고 뛰어난 사회성이 드러나는 말이 아니었을까 싶다. 제임스는 자기 아들이 "다른 아이들보다 낫기를" 원하지 않았다. 자기 아들이 남보다 더 많이 갖기를 바라지도 않았다. 그는 남의 아이들 모두가 자기 아들과 같은 것을 갖게 되기를 바랐다.

30대 초반인 제임스는 키가 컸고, 고등학교를 졸업했고, 음악을 사랑했고, 월마트에서 상품 진열하는 일을 했고, 자기 아이의 두뇌를 최대한 발달시키는 방법에 관한 유용한 지식을 이제 막 배운 참이었다. 가볍게 입소문을 내는 데 만족하지 못했던 제임스는 애틀랜타와 인디애나폴리스에 사는 친구들과 정기적으로 화상 통화를 했고, 아들의 어린이집 선생님에게 얘기를 전했고, 심지어 자기 친동생까지 프로그램에 참여하도록 설득해 냈다. 당시 "전파하기"는 막 TMW의 원칙으로 자리 잡기 시작했을 뿐이었지만 제임스에게는 이미 삶의 일부였다. 제임스의 메시지가 TMW의 메시지와 늘 100퍼센트 겹치지는 않았으나 그의 말은 언제나 명확하고 건설적이었다.

나는 제임스와 그의 아들 마커스를 우리 이비인후과 병동에서 만났다. 제임스는 마커스의 중이염과 만성 호흡 곤란 증세로 정기 진료를 받으러 왔다. 아빠와 아들 사이의 애정에는 논란의 여지가 전혀 없었다. 나와 처음 만났을 때 13개월이었던 마커스는 아빠에게 매우 강한 애착을 보였다.

드문 일이지만 나는 그 둘을 처음 만났을 때를 분명히 기억한다. 사회경제적 지위와 관계없이 아이를 데려오는 보호자는 대개 엄마였기 때문도, 마커스가 늘 깔끔한 차림새에 아직 혼자 걷지 못할 무렵부터 아빠와 똑같은 디자인에 크기만 작은 나이키 운동화를 신고 다녔기 때문도 아니었다. 누가 보든 제임스가 마커스에게 엄청난 애정을 쏟고 있으며 마커스의 아빠임을 자랑스러워한다는 점이 분명했기 때문이었다.

"마커스는 항상 미소를 짓고, 장난을 치고, 소리 내서 웃어요. 소리도 많이 지르고요. 모든 것에 활기를 불어넣죠, 아들은 내 목숨이에요. 마커스 덕분에 난 매일 웃으면서 일어나요." 제임스는 말했다. "언제쯤 마커스가 처음으로 말문이 트일지, 언제 갑자기 훌쩍 커서 수학 문제나 뭐 그런 걸 풀게 될지 상상이 안 가요. 그냥 놀라울 뿐이죠."

제임스는 잠시 숨을 골랐다.

"솔직히 난 아빠가 될 준비가 안 돼 있었어요. 그런데 마커스가 태어나자마자 내 삶이 완전히 변했고, 난 곧장 어른이 되어야 했죠. 2월 12일, 그러니까 아들이 태어난 첫날부터 난 아들이 내 어린 시절보다 더 나은 삶을 살게 하려고, 내가 어릴 때 갖지 못했던 유리한 조건을 갖춰 주려고 할 수 있는 일은 뭐든 다 하려고 했어요."

내 환자 중에서 TMW 과정에 참여하는 가족은 드문 편이다. 하지만 제임스의 성품, 마커스와의 관계, 그의 인생철학에는 특별한 데가 있었다. 그래서 나는 진료를 보러 온 제임스에게 마커스의 두뇌 발달을 돕는 법을 자세히 배워 볼 마음이 있는지 물었다.

나중에 왜 내 제안을 받아들였는지 묻자 제임스는 이렇게 말했다. "내가 마커스를 발전시킬 수 있게 나 자신을 발전시키는 데 도움이 될 것 같았거든요." 완벽한 대답이었다.

제임스는 월마트 근무 시간과 TMW 교육 시간이 겹치지 않도록 맞추느라 애를 먹었지만 결국 어떻게든 해냈다. 그리고 TMW 교육 내용을 스펀지처럼 빨아들였다.

"TMW는 내게 아이, 그러니까 아들 마커스와 주파수 맞추는 법을 가르쳐 줬어요. 아이가 바닥에 앉아서 장난감 피아노를 가지고 놀고 있으면 난 휴대전화가 됐든 컴퓨터가 됐든 TV가 됐든 전자 기기를 전부 끄고 바닥으로 내려가서 주파수를 맞춰야 하죠. 아이한테 B 플랫은 이거, C 샤프는 이거…… 하면서 키를 눌러서 보여 줘요. 아이가 북을 치면 나도 같이 바닥에 앉아서 북을 치죠. 주파수 맞추기 덕분에 난 아이가 관심을 보이는 것에 함께 관심을 보이는 법을 배웠고, 아이에 관해서 훨씬 많이 알게 됐어요. 스스로 배우는 것도 많았고요. 아이의 두뇌 발달을 도울 수 있다는 건 참 멋진 일 같아요. 마커스가 옹알이를 하거나, 가끔은 진짜 단어를 말하거나, 내가 읽어 주는 소리를 비슷하게 따라 하거나, 장난감 피아노로 함께 놀 때 집중력을 보여 주거나, 내가 설명하는 뭔가를 바라보고 손으로 짚으면서 '아빠가 말하는 게 이거예요?'라는 듯이 나를 쳐다보면…… 정말이지…… 날아갈 것 같아요."

물론 나는 제임스를 잘 알았기에 그의 말이 그다지 놀랍지 않았다. 내가 놀랍게 여겼던 것은 뼛속까지 "쿨한 남자"인 제임스가 거의 처음부터 적극적이고 의욕적으로 "입소문을 내기" 시작했다는 점이었다.

제임스가 처음으로 모집해 온 회원은 에런이었다.

"남동생 에런한테 TMW 얘길 했어요. 처음에 내가 마커스와 집에 있을 때 휴대전화를 포함해서 전자 기기를 전부 끈다고 했더니 에런은 전혀 믿지 않는 것 같더라고요. 그래서 늘 하던 대로 아이와 바닥에 같이 앉아서 주파수 맞추는 모습을 보여 줬죠. 에런의 표정이 완전히 달라지더군요. 마커스가 하고 싶은 대로 두고 내가 주파수를 맞추는 광경이 그 자체로 분명한 증거가 된 거죠. 에런은 순식간에 설득됐어요. 그때부터 에런은 TMW 교육에 함께 오게 되었고, 지금은 자기가 배운 걸 자기 아들한테 실천하고 있죠."

"난 어린 자녀가 있는 친구가 많아요. 그 친구들한테 TMW에서 내가 배운 것……, 주파수 맞추기, 번갈아 하기, 더 많이 말하기 같은 개념을 전부 얘기했어요. 내가 배운 걸 그대로 가르쳐 줬더니 이제는 친구들도 도형이나 숫자 관련 이야기하기 같은 방법을 잘 써먹고 있죠. 조지아에 사는 친구 모라와는 영상 통화를 자주 해요. 모라한테 3가지 T, 그러니까 더 많이 말하기, 번갈아 하기, 주파수 맞추기를 가르쳐 줬죠. 이제 모라는 자기 어린 아들한테 그 방법을 쓰더라고요. 인디애나폴리스에는 친구 지니가 있어요. 이 친구하고도 영상 통화를 하거든요. 걔한테 똑같은 걸 가르쳐 줬어요. 지니도 자기 딸한테 그 방법을 활용하면서 뭐든 자세히 해설해 주고 단어를 다양하게 쓰게 됐어요. 일단 프로그램에 관해 알게 된 친구들은 더 많이 알고 싶어서 안달하면서 나랑 똑같은 걸 배우지 못해서 아쉬워하더라고요. 그래서 난 이렇게 말했죠. 내가 뭔가를 배울 때마다 영상 통화로 가르쳐 주겠다고요."

제임스의 전파 대상은 친구들만이 아니었다.

"마커스 어린이집 선생님한테도 TMW 얘길 했어요. 어느 정도는 이미 알고 있었지만 주파수 맞추기나 TV를 보면서 배운 단어는 오래 가지 않는다는 사실은 모르더라고요. 그래서 난 새로운 걸 배울 때마다 선생님한테 알려 줬고, 선생님은 그 방법을 어린이집에서 활용해요. 애들한테 낮잠 시간 전이나 밥 먹을 때 책을 읽어 주고, 애들을 데리고 자연 관찰을 나갔다가 아이 하나가 나뭇잎이나 뭐 그런 걸 집어 들면 그 잎을 자세히 묘사해 주고 그 잎이 어디서 왔는지 알려 준다거나 애들이 관심을 보일 만한 이야기를 해 준대요."

"TMW, 그리고 부모의 말이 지닌 영향력을 전파하는 게 중요하다고 생각해요. 내가 한 친구에게 말하고, 이 친구가 다른 친구에게 말하고, 그 친구가 다시 여러 사람에게 말하면 도미노 효과가 일어나는 거잖아요. 그럼 머지않아 우린 온통 똑똑한 아기들로 가득한 세상에서 살게 되겠죠."

제임스는 원래부터 아들을 사랑했지만, 교육 과정을 거치면서 마커스를 더 잘 보살피게 되었다는 자신감을 얻었다. 이와 더불어 부모로서 자부심과 확신까지 느끼게 되었다. 내가 보기에 다른 이들에게 전해진 것은 바로 이 자신감이었다.

제임스의 이야기는 부모들이 자기 아이의 미래에 자신이 어떤 영향을 끼치는지 이해하면 어떤 일이 일어나는지 낱낱이 보여 준다. 또한 지원을 원하고 필요로 하는 부모가 도움을 얻었을 때 얼마나 달라질 수 있는지 알려 주는 본보기다.

제임스는 좋은 부모일 뿐 아니라 해결책의 필수 요인으로 부모를 포용하는 일을 비롯한 우리 목표의 중요성을 고스란히 보여 주는 산 증인이다.

가장 중요한 일을 하자

미국은 자원이 풍부한 나라다. 하지만 또한 문제, 특히 인도적으로나 실용적으로나 심각한 문제가 있는 나라다. 수많은 아이가 잠재력을 실현하지 못할 미래를 앞두고 있기 때문이다. 이 문제는 아이 자신뿐 아니라 나라 전체, 아이들이 살아갈 이 세상에 악영향을 미칠 것이다.

우리는 문제가 무엇인지, 해결책이 무엇인지 안다. 당장 무엇을 해야 하는지도 안다.

이 나라의 거의 모든 부모는 아이의 두뇌가 잠재력의 한계까지 발달하는 데 필요한 언어 환경을 마련해 줄 수 있다.

이 나라에서 자기 잠재력을 최대한 발휘하게끔 두뇌를 발달시키는 데 필요한 언어 환경을 얻지 못하는 아이는 한 명도 없어야 한다.

온 세상의 모든 부모가 영유아에게 전하는 단어 하나는 그냥 단어가 아니다. 두뇌를 건축하는 벽돌이자 안정되고 공감할 줄 알고 지적인 성인을 키워 내는 양분이다. 모든 부모가 이 사실을 이해하고 언어 환경을 만드는 데 필요한 지원을 얻는다면 세상이 얼마나 달라질지 생각해 보라.

잠재력을 실현하고 싶은 나라라면 당연히 국민이 잠재력을 펼칠 수 있도록 뒷받침해야 한다. 이 목적을 이루려면 안정되고 안전한 주거, 취업 기회, 적절한 의료 제도, 그리고 당연히 잘 설계된 유아 교육 프로그램 등을 비롯한 아동, 부모, 공동체 지원이 반드시 필요하다.

우리 아이들을 위해, 우리 사회를 위해, 우리가 사는 세상을 위해 우리는 이 일을 기필코 해내야 한다.

그리고 함께라면 우리는 얼마든지 해낼 수 있다.

박차고 일어나기

미시간호의 수평선 너머에서 2미터에 가까운 파도가 솟아올랐다. 우리 세 아이는 호숫가 모래밭에서 놀고 있었고, 내 남편이자 아이들 아빠인 돈 리우는 그 모습을 지켜보고 있었다.

호숫가에 서 있던 남편은 문득 멀리 파도가 몰아치는 곳에서 거친 물살에 허우적대고 있는 어린 소년 2명을 발견했다. 그는 땅을 박차고 호수로 뛰어들었고, 우리 작은딸은 애타게 소리쳤다.

"아빠, 가지 마!"

그게 우리 딸이 아빠에게 한 마지막 말이 되었다. 두 남자아이는 살아 돌아왔다. 언제나 서슴없이 나서서 남을 도왔던 남편은 격렬하게 들이닥치는 파도와 발목을 잡아끄는 저류에 휩쓸려 세상을 떠났다. 그는 내 가장 친한 친구이자 가장 든든한 지원군, 진정한 사랑이었다.

호숫가에 서 있다가 위험에 빠진 두 아이를 발견한 순간 돈에게는 아무런 고민도 망설임도 없었다. 소아 외과 의사였던 돈은 자기 분야의 선도자였고, 환자를 향한 그의 헌신에는 일말의 의심도 없었다. 도움이 필요한 아이는 반드시 도움을 받아야 했다.

이것은 단순한 좌우명이 아니라 돈이 사는 방식이었다. 남편에게는 두 아이가 목숨이 위험한데 호숫가에 가만히 서 있는다는 선택지는 아예 없었을 것이다. 행동에 나서면 자기 목숨을 잃을지 모른다는 사실을 알았다 한들 그랬을 것이다.

이 땅에는 희박한 기회를 뚫고 뭔가를 성취하려고 애쓰는 아이, 자기 잠재력을 실현하는 삶을 살기 위해 어떤 조건이 갖춰져야 하는지 알지 못하는 채로 세상에 태어나는 아이가 너무나 많다. 이 아이들은 허우적대고 있다. 우리는 호숫가에 뒷짐 지고 서 있어서는 안 된다.

나중에 돈은 영웅으로 칭송받았다. 이제는 우리 모두 영웅이 되어야 할 때다.

의학 박사 돈 리우(1962~2012)에게 이 책을 바친다.

유아 교육 단체 및 프로그램

우리에게 희망을 주는 사람들의 노력

미국 전역에서 현재 활동 중이거나 설립 예정인 수많은 단체가 우리 아이들의 성취도 문제를 해결하기 위해 비상한 노력을 기울이고 있다.

실패 없는 작은 노력

"실패 없는 작은 노력"[1]에서는 "말하고, 읽고, 노래하라"라는 슬로건을 내세우면서 "말하기가 곧 가르침이다"라는 캠페인을 진행한다. 비영리 단체 넥스트 제너레이션Next Generation과 클린턴 재단 Clinton Foundation의 합작 프로그램인 "실패 없는 작은 노력"은 유니비전Univision, 텍스트4베이비Text4baby, 세서미 워크숍, 미국소아과학회 등 유명 TV 프로그램 제작사 및 협력 단체와 함께한다.

"실패 없는 작은 노력"은 텍스트4베이비, 세서미 워크숍과 손잡고 연구 결과를 토대로 신생아에게 말을 걸고 책을 읽어 주고 노래를 불러 주는 것의 중요성에 관한 조언이 담긴 문자 메시지를 새로 부모가 된 이들에게 보내 주는 프로그램을 시작했다. 이 서비스는 전국적으로 약 82만 명의 부모에게 혜택을 주고 있다. 이들은 TV를 창의적으로 활용해 〈오렌지 이즈 더 뉴 블랙Orange Is the New Black〉〈세서미 스트리트〉 같은 인기 TV 프로그램에서도 과학적 근거에 기반을 둔 육아 기법을 소개한 바 있다.

아기와 함께 이야기해요

조지아주 전체에서 시행되는 공공 보건 및 교육 프로젝트 "아기와 함께 이야기해요Talk With My Baby, TWMB"[2]는 더 수준 높은 교육에 필요한 두뇌 발달을 촉진하기 위해 부모와 양육자를 아기의 "대화 파트너"로 바꾸어 놓는 것을 목표로 삼는다. 이 프로젝트는 간호사와 WIC 영양사처럼 이미 부모와 아동을 접하며 일하는 보육 분야 전문가 교육 과정에 "언어 양분" 관련 지식을 중요한 요소로 포함하려고 노력하고 있다.

이 혁신적 노력은 언어 습득이 공공 보건 문제임을 인식한 조지아주 보건부와 조지아주 교육부, 애틀랜타 언어 학교, 에모리대학교 간호대학과 소아과, 애틀랜타 아동 보건소 부설 마커스 자폐 센터, "조지아 주민에게 책 읽히기Get Georgia Reading" "학년에 맞는 독서 캠페인Campaign for Grade-Level Reading"의 협업이 이루어 낸 결과다.

손 내밀어 함께 읽기

"손 내밀어 함께 읽기"[3]는 1989년 창설된 전국 규모의 비영리 프로그램이다. 이 프로그램은 부모가 영유아 검진을 받으러 오면 자녀에게 소리 내어 책을 읽어 주는 것이 중요하다고 조언하고 아이 나이에 맞는 책을 내줄 수 있도록 소아과 의사, 가정의학과 주치의와 간호사를 비롯한 의료인에게 교육과 지원을 제공한다.

"손 내밀어 함께 읽기"에는 50개 주에서 5000여 곳에 달하는 병원, 보건소, 의원이 참여하며, 매년 650만 권의 책이 400만 명 이상의 아동에게 배포된다. 자료를 보면 이 프로그램이 아이들에게 상당한 영향을 미쳤음을 알 수 있다. 프로그램에 참여한 아동은 그렇지 않은 아동과 비교해서 초등학교 취학 전 어휘 시험에서 3~6개월 정도 앞서는 성적을 보였다.[4]

에듀케어

"1온스 예방 기금"에서 창설한 "에듀케어Educare"[5]의 목적은 유아 교육에 필요한 프로그램, 장소, 협력, 플랫폼을 제공하는 데 있다. 학교에서 실패할 위험이 있다고 여겨지는 아동은 태어나서 5년까지 연중 종일반 수업을 제공받는다. 결과는 매우 긍정적이었다. 2년 이상 에듀케어 수업을 받은 아이들은 유치원에 들어갈 무렵 미국 아동 평균 성적을 기준으로 다른 아이들과 비슷한 수준의 성적을 냈다.

에듀케어의 토대는 과학이다. 에듀케어의 교과 과정과 발달 평가 방식은 문서화된 연구 자료를 근거로 삼아 만들어졌다. 프로그램에는 아동의 적절한 발달에 필수인 부모와 자녀의 건전한 관계 형성을 위해 부모를 돕는 것을 목표로 하는 유아 교육 전문가들이 참여한다. 에듀케어의 부모 참여는 출산 전부터 시작되어 아이가 5세가 될 때까지 이어진다. 집중 프로그램에는 아동의 학습과 사회성 발달, 감정 발달을 강화하는 전략이 포함된다. 아이가 학교에 들어가고 나면 에듀케어는 사회복지사와 부모 교육 전문가를 통해 부모들이 공동체와 접촉을 유지하며 자녀 교육에 필요한 자원을 얻을 수 있도록 도움으로써 지원을 이어 간다. 에듀케어에 등록된 부모들은 학교 활동에 참여해서 교사와 이야기하며 자기 아이의 학습 상황을 확인하는 비율이 훨씬 높다고 한다.

만들어지는 마음

"만들어지는 마음Mind In The Making"[6]은 가족 근로 연구소 소장인 엘렌 갤린스키가 이끄는 프로젝트다. 이 프로젝트는 아동의 학습에 관한 과학을 일반 대중, 가족, 전문가와 공유하며 부모가 집행 기능으로서 자기 조절 능력이 얼마나 중요한지 이해하도록 돕는 역할을 해 왔다. 이 프로젝트는 갤린스키가 "모든 아이에게 필요한 삶의 기본 기술 7가지"라고 부르는 자기 조절, 폭넓은 관점, 의사소통, 연결 짓기, 비판적 사고, 도전 정신, 자주적이고 집중적인 학습을 토대로 삼아서 어른들에게 아이의 집행 기능과 인지 능력이 발달하도록 돕는 전략과 기술을 제공한다.

"만들어지는 마음"의 구성 요소에는 15개 공동체와 주에서 시행되고 있는 7가지 기본 기술 학습 모듈, 아동 발달 연구에서 중요한 실험을 보여 주는 42편짜리 DVD 전집, 가족 또는 전문가가 아이의 일상 행동 문제를 기회 삼아 집행 기능을 비롯한 삶의 기술을 길러 주는 데 도움이 되는 요령이 담겨 있으며 다운로드 가능한 "학습 처방전", 100여 권의 아동 도서와 삶의 기술을 키우는 데 도움이 되는 조언을 제공하는 "퍼스트 북First Book"과의 협력 관계 등이 포함된다.

브룸

베이조스 패밀리 재단Bezos Family Foundation에서 자금을 대서 설립한 "브룸Vroom"[7]은 "모든 부모는 아이의 두뇌 발달에 필요한 것을 갖추고 있다"라는 전제에서 출발한다. 브룸에서 제공하는 지원에는 공동체 기반 기관과 단체에서 두뇌 발달을 알기 쉽게 설명하는 데 필요한 도구, 포장지에 두뇌 발달에 도움이 되는 요령이 인쇄된 일반 소비자용 상품, 무료 모바일 앱 등이 있다. 앱을 다운로드한 부모는 아이의 나이를 입력해서 앱을 활성화하면 아이에게 필요한 맞춤 조언을 받을 수 있다. 앱에서 제공되는 정보에는 목욕이나 식사 같은 일상 활동을 두뇌 발달과 집행 기능 강화 시간으로 바꾸는 요령인 "데일리 브룸Daily Vroom"이 포함되어 있다. 브룸 활동은 무엇보다 부모와 아이의 긍정적 상호작용 강화에 초점이 맞춰져 있다.

프로비던스 토크

"프로비던스 토크"[8]는 LENA 기술과 격주 코칭 활용으로 부모가 자녀의 언어 환경을 풍부하게 가꾸도록 돕는 가정 방문 유아 교육 프로그램이다. 이 프로그램은 2012년 블룸버그 자선 재단에서 시 단위로 주최한 공모전에서 대상을 받았다. 프로비던스 토크는 시 전역에서 시행되는 프로그램의 효과를 평가하기 위해 브라운대학교와 협력하고 있다.

보스턴 베이직스 캠페인

매사추세츠주에서 운영되는 프로그램 "보스턴 베이직스 캠페인 Boston Basics Campaign"은 흑인 자선 기금Black Philanthropy Fund이 시 교육 자문 위원회, 하버드대학교 성취도 격차 이니셔티브Achievement Gap Initiative, AGI와 연계해서 창설했다. 이 캠페인은 저명한 연구자들로 구성된 국가 자문 위원회의 지원과 보스턴 유아 교육계의 의견을 받아 하버드대학교 성취도 격차 이니셔티브가 내놓은 연구 논문에서 뽑아낸, 영유아의 육아와 보육에 필요한 5개 조건(보스턴 베이직스)을 중심으로 조직되었다. WBGH 공영 방송국, 비영리 단체인 더들리 스트리트 주민 위원회Dudley Street Neighborhood Initiative, 그 외 많은 유아 교육 및 육아 서비스 제공 기관 등 다양한 단체가 이 캠페인에 협력하면서 보스턴 베이직스를 보스턴 아동 보육의 기본으로 삼으려는 노력을 계속하고 있다.

| 감사의 말 |

 이 책에는 어려움을 겪는 아이들이 성공하도록 우리가 어떻게든 도울 수 있다는 작디작은 아이디어에서 출발해 다층적이고 잘 다듬 어진 연구 프로젝트를 만들어 낸, 놀랍고 멈출 줄 모르며 최고가 아 니면 받아들이지 않는 우리 팀의 모습이 고스란히 담겨 있다. 이 책 은 그들의 노력과 헌신을 상징한다.

 크리스틴 러펠과 이 책의 공저자인 베스 서스킨드는 TMW가 막 시작될 무렵부터 함께했다. 이들의 인류애, 창의성, 명민함, 든든한 지원은 비할 바 없이 귀한 자원이었다. TMW가 성장하면서 가족도 늘어났다. 아일린 그래프, 애슐리 텔먼, 이아라 푸엔마요르, 태라 로 빈슨, 앨리슨 헌더트마크, 레이철 우먼스, 새러 밴 듀센 필립스, 리비 아 가로팔로, 앨리사 애너켄, 마카레나 갈베스는 각각 다른 전문성을 지녔으나 똑같은 창의적이고 지적인 에너지로 TMW에 탁월함을 더 해 주었다. 외부에서 일하지만 TMW 가족이라 할 수 있는 마크 헤르

난데스, 캐런 스칼리츠키, 샐리 태넌바움, 미셸 하블릭, 리디아 폴론스키, 메리 엘렌 네빈스, 섀넌 사폴리치, 데비 호스, 리라 레플링거, 앤드리아 롤핑, 해나 블룸, 캐런 페코도 빠뜨릴 수 없다. 더불어 분주한 실험실이 돌아가게 해 주는 원동력인 학부생과 대학원생 연구 조교들이 있다. 나는 여러분 모두에게 큰 신세를 졌고, 여러분 덕분에 내가 있다!

TMW의 투자자 여러분 또한 진정한 파트너이자 소중한 친구다. 헤메라 재단Hemera Foundation은 처음부터 TMW를 믿고 우리의 비전을 지원해 주었다. 최전선에서 싸우는 우리에게 "마음챙김mindfulness"을 더해 주고 "주파수를 맞춰" 준 캐럴린 폴에게 감사를 표한다. 늘 지원을 아끼지 않는 진정한 파트너 롭 코폴드에게도 감사드린다. 든든한 반석이 되어 주고 늘 내 마음을 가볍게 해 준 릭 화이트, 놀라운 낙천주의를 보여 준 레베카 화이트에게도 감사의 말을 전한다. 기꺼이 하트와 리즐리의 책을 읽어 준 제이 휴스에게도 감사를 표한다. 사실 고맙다는 말만으로는 내 감사의 마음을 다 표현할 수가 없다. TMW가 뿌리를 내리게 된 것, 이만큼 성장한 것 모두 여러분 덕분이다.

PNC 그로 업 그레이트 재단PNC Grow Up Great Foundation, W. F. 켈로그 재단W. K. Kellogg Foundation, 로버트 R. 매코믹 재단Robert R. McCormick Foundation, 하이먼 밀그롬 지원 기구Hyman Milgrom Supporting Organization에 감사의 말을 전한다. 이 혁신적 연구가 계속 이어지게

된 것은 모두 이들 덕분이다.

시카고대학교, 시카고대학교 의과대학, 중개 의학 연구소는 내 마음의 고향이다. 터무니없어 보이는 아이디어를 들고 온 외과의를 열심히, 적극 도와준 모든 분과 학과에 감사드린다. 이 모든 것의 출발점이 된 밑천을 제공한 제프 매튜스에게 감사를 전한다.

감히 수술실 밖으로 나올 마음을 먹은 외과 의사이자 해당 분야에서는 완벽한 초보자인 나를 무시하지 않고 따스하게 바라봐 주는 전문가들의 지원을 받는 것은 정말 놀라운 경험이었다. 이들은 자신의 전문 지식과 명민한 분석을 아낌없이 공유해 주는 훌륭한 길잡이였다. 특히 처음부터 하나하나 가르쳐 준 수전 레바인과 수전 골딘-메도에게 감사를 표한다.

바쁜 스케줄에도 짬을 내서 귀중하고 건설적인 피드백을 제공해 준 코닐리어 그러먼, 리즈 건더슨, 클랜시 블레어, 카비타 카파디아, 데비 레슬리, 셰인 에번스, 스티브 다우, 앤 핸슨, 토니 레이든, 포샤 커넬, 다이애나 라우너, 메건 로버츠, 애리얼 칼릴, 엘렌 갤린스키, 캐시 허시-파섹, 잭 숀코프 외 모든 이에게도 감사드린다.

우리를 믿고 이 아이디어에 딱 맞는 짝을 찾아 준 내 에이전트 카팅카 매트슨, 가능성을 보고 그 가능성이 현실로 이루어지도록 도와준 스티븐 모로에게 감사를 표한다.

내게 너무나 많은 것을 가르쳐 준 우리 대단한 TMW 부모들에게도 감사드린다. 이 책으로 조금이나마 여러분의 힘과 사랑, 헌신을 기릴 수 있기를 바란다. 우리는 아직 갈 길이 멀고, 나는 그 길을 여러분과 함께 걸을 수 있어 참으로 행복하다.

가장 중요하고 소중하며 길이 험할 때도 한 걸음씩 걷는 내 곁을 줄곧 지켜 준 내 가족 마이클, 베스, 시드니, 요나, 데이비드, 레베카, 릴리, 카터, 노아, 에밋, 일라이어스, 세이디에게 고마움을 전한다. 물론 롤라와 니아 역시 빠뜨릴 수 없다. 사랑하는 멋진 부모님, 밥과 레슬리께도. 특히 과정 중심 칭찬 감사드려요! 엄마, 우리는 책을 함께 읽으면서 관계를 돈독히 다졌죠. 주파수 맞추기…… 그리고 번갈아 하기를 실천해 주셔서 정말 고마워요!

그리고 누구보다 소중한 내 아이들, 제너비브, 애셔, 에밀리, 매일 내게 영감을 주는 너희의 도움이 없었다면 엄마는 이 책을 끝내지 못했겠지. 이제 책을 끝냈으니 더 많이 말하겠다고, 그리고 심지어 번갈아 하겠다고 약속할게. 사랑한다.

이 책에 등장하는 모든 사람은 실재 인물이며 이야기 또한 실화지만 프라이버시 보호를 위해 이름을 바꾼 사례가 있음을 밝혀 둔다.

1장

1   National Institutes of Health, *Fact sheet: Newborn hearing screening*, National Institute on Deafness and Other Communication Disorders, 2010, accessed December 16, 2014, http://report.nih.gov/nihfactsheets/Pdfs/ NewbornHearingScreening(NIDCD).pdf.

2   National Institutes of Health, *Fact sheet: Cochlear implants*, National Institute on Deafness and Other Communication Disorders, accessed December 16, 2014, http://report.nih.gov/nihfactsheets/Pdfs/CochlearImplants(NIDCD).pdf.

3   Dimity Dornan, "Hearing loss in babies is a neurological emergency," *Alexander Graham Bell Association for the Deaf and Hard of Hearing* (2009), accessed December 17, 2014, http://www.hearandsayresearchandinnovation.com.au/ UserFiles/files/Publications/Dornan%202009%20Hearing%20loss%20emergency. pdf.

4   Connie Mayer, "What really matters in the early literacy development of deaf children," *Journal of Deaf Studies and Deaf Education* 12.4 (2007): 411-431. 통계는 412쪽에서 인용했다.

5　Joy Lesnick, Robert M. Goerge, Cheryl Smithgall, "Reading on grade level in third grade: How is it related to high school performance and college enrollment," *Chicago: Chapin Hall at the University of Chicago* (2010).

6　"부모는 아동의 뇌 발달에서 매우 커다란 역할을 담당한다." 더불어 토트넘은 부모의 역할이 산소와 약간 비슷하다고 했다. 충분히 얻지 못해 괴로워하는 사람을 보기 전까지는 당연하게 여기기 쉽기 때문이다. 인용문은 다음에서 발췌했다. Jon Hamilton, "Orphans' lonely beginnings reveal how parents shape a child's brain," *Shots: Health News from National Public Radio*, National Public Radio, February 24, 2014.

7　Betty Hart, Todd R. Risley, *Meaningful Differences in the Everyday Experience of Young American Children* (Baltimore: Paul H. Brookes, 1995).

2장

1　Betty Hart, Todd Risley, "The early catastrophe: The 20 million word gap by age 3," *American Education* (Spring 2003): 1, accessed December 19, 2014, http://www.aft.org/sites/default/files/periodicals/TheEarlyCatastrophe.pdf.

2　Betty Hart, Todd Risley, *Meaningful Differences*. 하트와 리즐리의 첫 번째 해결책과 결과 전체 내용은 다음을 참조하라. chap. 1, "Intergenerational transmission of competence," pp. 1-20.

3　T. R. Risley, B. Hart, "Promoting early language development," in *The Crisis in Youth Mental Health: Critical Issues and Effective Programs*, vol. 4, *Early Intervention Programs and Policies*, pp. 83-88, N. F. Watt, C. Ayoub, R. H. Badley, ed. J. E. Puma, W. A. LeBoef ed. (Westport, CT: Praeger, 2006). 다음 오픈소스 기사에서도 확인 가능하다. Todd R. Risley, "The everyday experience of American babies: Discoveries and implications," *Senior Dad*, accessed January 8, 2015, http://srdad.com/SrDad/Early_Childhood_files/Todd%20Risley.pdf.

4　"President Lyndon B. Johnson's Annual Message to the Congress on the State of the Union," January 8, 1964 (상하원 합동 회의 전 연설), *LBJ Presidential Library*, accessed December 19, 2014, http://www.lbjlib.utexas.edu/johnson/archives.hom/speeches.hom/640108.asp.

5　R. V. Hall, R. L. Schiefelbuch, R. K. Hoyt, C. R. Greenwod, "History, mission and organization of the Juniper Gardens Children's Project," *Education and Treatment of Children*, 12.4 (1989): 301-329. C. L. 데이비스 주류판매점에 관한 언

346　부모의 말, 아이의 뇌

급은 306쪽에 나온다.

6 "Spearhead—Juniper Gardens Children's Project," YouTube video, 7:04, "JuniperGardensKU" January 30, 2013, accessed December 19, 2014, http://www.youtube.com/watch?v=bW77QiceqOE.

7 Ibid.

8 Steve Warren, telephone interview with the author, February 20, 2014.

9 Todd R. Risley, interview by David Bouton, December 14, 2004, transcript, *Children of the Code*, accessed December 19, 2014, http://www.childrenofthecode.org/interviews/risley.htm.

10 Marc N. Branch, "Operant conditioning," *Encyclopedia of Human Development*, Neil J. Salkind ed. (Thousand Oaks, CA: Sage Publications, 2005), accessed December 19, 2014, http://www.sage-ereference.com/view/humandevelopment/n458. xml?rskey=t8Ib4Landrow=5.

11 J. Michael Bowers, "Language acquisition device," *Encyclopedia of Human Development*, Neil J. Salkind ed. (Thousand Oaks, CA: Sage Publications, 2005), accessed December 19, 2014, http://www.sage-ereference.com/view/humandevelopment/n371.xml.

12 Noam Chomsky, "Review: Verbal behavior by B. F. Skinner," *Linguistic Society of America* 35.1 (1959): 26-58.

13 보편 문법Universal Grammar에 관한 촘스키의 이론이 영유아기 언어 습득에서 나타나는 사회 격차 관련 연구에 미친 영향에 관해서는 다음 자료의 8쪽을 참조하라. A. Fernald, A. Weisleder, "Early language experience is vital to developing fluency in understanding," *Handbook of Early Literacy Research*, vol. 3, S. Neuman, D. Dickinson ed. (New York: Guildford Publications, 2011), pp. 2-20. 다음 자료 184쪽도 참조하라. A. Fernald, V. A. Marcham, "Causes and consequences of variability in early language learning," *Experience, Variation and Generalization: Learning a First Language*, I. Arnon, E. V. Clark ed. (Philadelphia: John Benjamins, 2011), pp. 181-202.

14 Fernald, Marcham, "Causes and consequences". 중산층 아동에게서 관찰된 발달 패턴을 근거 없이 각계각층의 아동에게 확대 적용하는 문제에 관해서는 이 논문 185쪽을 참조하라.

15 Glen Dunlap, John R. Lutzker, "Todd R. Risley (1937 - 2007)," *Journal of Positive Behaviour Intervention* 10.9 (2008): 148-149, accessed January 8, 2015, http://pbi.sagepub.com/content/10/3/148.full.pdf+html. 인용문은 이 논문 148쪽에 나온다.

16 Ibid.

17 ames A. Sherman, "Todd R. Risley: Friend, colleague, visionary," *Journal of Applied Behavior Analysis* 41.1 (2008): 7-10. 인용문은 이 논문 9쪽에 나온다.

18 Steve Warren, interview with the author, February 20, 2014.

19 B. Hart, T. R. Risley, "American parenting of language-learning in children: Persisting differences in family-child interactions observed in natural home environments," *Developmental Psychology* 28 (1992): 1096-1105.

20 자세한 내용은 다음을 참조하라. chap. 3, "42 American Families," Hart, Risley, *Meaningful Differences*, pp. 53-74.

21 Ibid., p. 24.

22 Ibid., p. 24.

23 Ibid., p. 41

24 Ibid., p. 46.

25 Todd R. Risley, Betty Hart, "Promoting early language development," *The Crisis in Youth Mental Health: Critical Issues and Effective Programs*, vol. 4, *Early Intervention Programs and Policies*, N. F. Watt, C. Ayoub, R. H. Bradley, J. E. Puma, W. A. LeBoeuf ed. (Westport, CT: Praeger, 2006), pp. 83-88, 다음에 동일한 내용이 인용되어 있다. Risley, "Everyday experiences of American babies".

26 Risley, interview.

27 Hart, Risley, *Meaningful Differences*, p. 54.

28 Ibid., pp. 53-54.

29 Ibid., p. 55.

30 Hart, Risley, "The early catastrophe," p. 7.

31 Hart, Risley, *Meaningful Differences*, p. 60.

32 Ibid., pp. 64-66

33 Ibid., p. 132.

34 Ibid., pp. xx, 124, fig. 9.

35 Ibid., pp. 126, 128, fig. 11, fig. 12.

36 Ibid., pp. 66, 176, tab. 5.

37 Ibid., p. 71; Hart, Risley, "The early catastrophe," p. 8.

38 Hart, Risley, *Meaningful Differences*, pp. 197-198; Hart, Risley, "The early catastrophe," p. 8.

39 Hart, Risley, *Meaningful Differences*, pp. 197-198. 이 책 198쪽 도표 19를 참조하라.

40 Hart, Risley, "The early catastrophe," p. 7.

41 Hart, Risley, *Meaningful Differences*, pp. 143-144.

42 Ibid., pp. xx, 144.

43 Ibid., p. 147.

44 Ibid., p. 58.

45 Ibid., p. 59.

46 Dale Walker, Charles Greenwood, Betty Hart, Judith Carta, "Prediction of school outcomes based on early language production and socioeconomic factors," *Child Development* 65 (1994): 606-621.

47 이어지는 내용은 2014년 5월 18일 플라비오 쿠냐와 나눈 개인석 대화가 출서다.

48 Hart, Risley, "The early catastrophe," p. 8.

49 William Julius Wilson, *The Truly Disadvantaged* (Chicago: University of Chicago Press, 2012).

50 S. B. Heath, "The children of Trackton's children: Spoken and written language in social change," *Cultural Psychology: Essays on Comparative Human Development*, J. W. Stilger, R. A. Shweder, G. Herdt (Cambridge: Cambridge University Press, 1990), pp. 496-519, E. Hoff, "How social contexts support and shape language development," *Developmental Review* 26 (2006): 55-88, 인용문은 이 논문 60쪽에 나온다.

51 부모가 자녀에게 하는 말에서 양과 질의 관계는 다음을 참조하라. Hart, Risley, *Meaningful Differences*, chap. 6, "The early experience of 42 typical American children," pp. 119-140.

52 Risley, "Everyday experience of American babies," p. 3.

53 Ibid.

54 Hart, Risley, *Meaningful Differences*, pp. 124-125.

55 Ibid., pp. 125-126.

56 Ibid., p. 126.

57 Hart, Risley, "The early catastrophe," p. 8.

58 Hart, Risley, *Meaningful Differences*, fig. 20. 더 자세한 분석 내용은 이 책 200쪽과 253쪽을 참조하라.

59 Shayne Evans, personal communication, June 9, 2014.

60 Anne Fernald, "Why efficiency in processing language is important," YouTube video, 2:24, posted by "Treeincement," June 11, 2010, accessed December 19, 2014, https://www.youtube.com/watch?v=verqCmPrnY8.

61 Ibid.

62   Ibid.

3장

1   Anne Fernald, Virginia A. Marchman, Adriana Weisleder, "SES differences in language processing skill and vocabulary are evident at 18 months," *Developmental Science* 16.2 (2013): 234-248.

2   National Scientific Council on the Developing Child, "The timing and quality of early experiences combine to shape brain architecture" (working paper 5, Center on the Developing Child at Harvard University, Cambridge, MA, 2007). 인용문은 2쪽에 나온다. accessed January 9, 2015, http://www.developingchild.net.

3   "Toxic Stress Derails Healthy Development," Center on the Developing Child at Harvard University video, 1:53, 2014, accessed January 9, 2015, http://developingchild.harvard.edu/resources/multimedia/videos/three_core_concepts/toxic_stress/.

4   National Scientific Council on the Developing Child, "Timing and quality."

5   Edward Tronick, "Still face experiment: Dr. Edward Tronick," YouTube video, 2:49, posted by "UMass Boston," November 30, 2009, accessed January 14, 2015,, https://www.youtube.com/watch?v=apzXGEbZht0.

6   National Scientific Council on the Developing Child, "Timing and quality," p. 8.

7   "Five numbers to remember about early childhood development," Center on the Developing Child at Harvard University, 2014, accessed January 9, 2015, http://developingchild.harvard.edu/resources/multimedia/interactive_features/five-numbers/.

8   National Scientific Council on the Developing Child, "Timing and quality," pp. 2-3.

9   Martha Constantine-Paton, "Pioneers of cortical plasticity: Six classic papers by Wiesel and Hubel," *Journal of europhysiology* 99.6 (2008): 2741-2744; Joel Davis, "Brain and visual perception: The story of a 25-year collaboration," *Color Research and Application* (2005): 3.

10   Alyssa A. Botelho, "David H. Hubel, Nobel Prize-winning neuroscientist, dies at 87," *The Washington Post*, September 23, 2013, accessed January 9, 2015, http://www.washingtonpost.com/local/obituaries/david-h-hubel-nobel-prize-winning-neuroscientist-dies-at-87/2013/09/23/5a227c2c-7167-11e2-ac36-

3d8d9dcaa2e2_story.html.

11 Ibid.

12 Botelho, "David H. Hubel."

13 Eric R. Kandel, "An introduction to the work of David Hubel and Torsten Wiesel," *Journal of Physiology* 587.12 (2009): 2733-2741. 인용문은 2733쪽에 나온다.

14 Liz Schroeder, S. Petrou, C. Kennedy, D. McCann, C. Law, P. M. Watkin, S. Worsfold, H. M. Yuen, "The economic costs of congenital bilateral permanent childhood hearing impairment," *Pediatrics* 117.4 (2006): 1101-1112.

15 Charlene Chamberlain, Jill P. Morford, Rachel I. Mayberry ed., *Language Acquisition by Eye* (Mahwah, NJ: Lawrence Erlbaum Associates, 2000).

16 Keith E. Stanovich, "Matthew effects in reading: Some consequences of individual differences in the acquisition of literacy," *Reading Research Quarterly* (1986): 360-407.

17 Harry G. Lang, "Higher education for deaf students: Research priorities in the new millennium," *Journal of Deaf Studies and Deaf Education* 7.4 (2002): 267-280. 미국 내 청각장애인의 고등 교육 기관 졸업 통계는 268쪽을 참조하라.

18 C. Reilly, S. Qi, "Snapshot of deaf and hard of hearing people, postsecondary attendance and unemployment," 2011, accessed December 18, 2014, http://research.gallaudet.edu/Demographics/deaf-employment-2011.pdf; Bonnie B. Blanchfield, Jacob J. Feldman, Jennifer L. Dunbar, Eric N. Gardner, "The severely to profoundly hearing-impaired population in the United States: prevalence estimates and demographics," *Journal of the American Academy of Audiology* 12.4 (2001): 183-189; John M. McNeil, "Employment, earnings, and disability" (paper prepared for the 75th Annual Conference of the Western Economic Association, Vancouver, BC, June 29-July 3, 2000), accessed December 18, 2014, http://www.vocecon.com/resources/ftp/Bibliography/mcnempl.pdf.

19 Marcie Sillman, "Brain waves: Peeking under the hood," *KUOW News*, radio, Washington, 2010. January 14, 2015.

20 Meeri Kim, "Babies grasp speech before they utter first word, a study finds," *The Washington Post*, July 19, 2014, accessed January 14, 2015, http://www.washingtonpost.com/national/health-science/babies-grasp-speech-before-they-utter-their-first-word-a-study-finds/2014/07/19/c4854b46-0ea8-11e4-8c9a-923ecc0c7d23_story.html.

21 Patricia Kuhl, "The first year 'computational geniuses'," *National Geographic*,

2015, accessed January 14, 2015, http://ngm.nationalgeographic.com/2015/01/baby-brains/geniuses-video.

22 Christine Moon, Hugo Lagercrantz, Patricia K. Kuhl, "Language experienced in utero affects vowel perception after birth: A two-country study," *Acta Paediatrica* 102.2 (2013): 156-160.

23 Isaac Stone Fish, "Mark Zuckerberg speaks Mandarin like a seven-year-old," *Foreign Policy*, Passport, October 22, 2014, accessed January 14, 2015, http://foreignpolicy.com/2014/10/22/mark-zuckerberg-speaks-mandarin-like-a-seven-year-old/.

24 David Goldman, Sophia Yan, "Zuckerberg, in all-Chinese Q&A, says Facebook has '11 mobile users'," CNN Money, October 23, 2014, accessed January 14, 2015, http://money.cnn.com/2014/10/23/technology/social/zuckerberg-chinese/index.html?hpt=ob_articlefooterandiid=obnetwork.

25 Patricia Kuhl, "The linguistic genius of babies," filmed October 2010, TED video, 10:17, accessed January 14, 2015, https://www.ted.com/speakers/patricia_kuhl.

26 이 이론은 "모국어 자석 이론native language magnet theory"으로 불린다. 더 자세한 내용은 다음을 참조하라. Patricia K. Kuhl, "Psychoacoustics and speech perception: Internal standards, perceptual anchors, and prototypes," *Developmental Psychoacoustics*, Lynne A. Werner, Edwin W. Rubel ed. (Washington, DC: American Psychological Association, 1992); Patricia K. Kuhl, "Learning and representation in speech and language," *Current Opinion in Neurobiology* 4.6 (1994): 812-822. 더 보강된 이 이론의 최신판은 다음을 참조하라. Patricia K. Kuhl, Barbara T. Conboy, Sharon Coffey-Corina, Denise Padden, Maritza Rivera-Gaxiola, Tobey Nelson, "Phonetic learning as a pathway to language: New data and native language magnet theory expanded (NLM-e)," *Philosophical Transactions of the Royal Society B: Biological Sciences* 363.1493 (2008): 979-1000.

27 이 연구에 관한 자세한 내용은 다음을 참조하라. Alison Gopnik, Andrew N. Meltzoff, Patricia K. Kuhl, *The Scientist in the Crib: Minds, Brains, and How Children Learn* (New York: Harper, 1999), pp. 104-110.

28 언어 학습의 사회진화 본질에 관한 자세한 내용은 다음을 참조하라. Ralph Adolphs, "Cognitive neuroscience of human social behaviour," *Nature Reviews Neuroscience* 4.3 (2003): 165-178; Robin I.M. Dunbar, "The social brain hypothesis," *Evolutionary Anthropology* 6 (1998): 178-190; Friedemann Pulvermüller, "Brain mechanisms linking language and action," *Nature Reviews Neuroscience* 6.7

(2005): 576-582.

29 뇌가 의미 있는 소리를 듣고 이해하는 방식에 관한 연구는 다음을 참조하라. Allison J. Doupe, Patricia K. Kuhl, "Birdsong and human speech: common themes and mechanisms," *Annual Review of Neuroscience* 22.1 (1999): 567-631; Cristopher S. Evans, Peter Marler, "Language and animal communication: Parallels and contrasts," *Comparative Approaches to Cognitive Science*, Herbert L. Roitblat, Jean-Arcady Meyer ed. (Cambridge, MA: MIT Press, 1995), pp. 341-382; Peter Marler, "Song-learning behavior: the interface with neuroethology," *Trends in Neurosciences* 14.5 (1991): 199-206.

30 이 연구에 관한 명쾌한 요약은 다음을 참조하라. Kuhl, "Linguistic genius of babies."

31 타카오 헨시 교수의 연구 결과 개요는 다음을 참조하라. Jon Bardin, "Neurodevelopment: Unlocking the brain," *Nature* 487.7405 (2012): 24-26, accessed January 16, 2015, http://www.nature.com/news/neurodevelopment-unlocking-the-brain-1.10925.

32 Ibid.

33 Ibid.

4장

1 Jon Hamilton, "How your brain is like Manhattan," *Shots: Health News from NPR*, National Public Radio, March 29, 2012, accessed January 15, 2015, http://www.npr.org/blogs/health/2012/03/29/149629657/how-your-brain-is-like-manhattan.

2 Sebastian Seung, *Connectome: How the Brain's Wiring Makes Us Who We Are* (Boston: Houghton Mifflin Harcourt, 2012), xv.

3 James Gorman, "Learning how little we know about the brain," *The New York Times*, Science section, November 10, 2014, accessed January 15, 2015, http://www.nytimes.com/2014/11/11/science/learning-how-little-we-know-about-the-brain.html?_r=0.

4 Sebastian Seung, "I am my connectome," filmed February 2010, TED video, 19:25, accessed January 15, 2015, https://www.ted.com/talks/sebastian_seung.

5 Elizabeth Green, "Why do Americans stink at math?," *The New York Times*, July 23, 2014, accessed January 6, 2015, http://www.nytimes.com/2014/07/27/magazine/why-do-americans-stink-at-math.html?_r=0.

6 A. Alfred Taubman, *Threshold Resistance: The Extraordinary Career of a Luxury*

Retailing Pioneer (New York: Harper Business, 2007).

7 Home page, eBroselow.com, 2015, accessed January 6, 2015, www.eBroselow.com.

8 Organisation for Economic Cooperation and evelopment, "Programme for International Student Assessment (PISA) Results from PISA 2012," Country Note: United States, 2012, accessed January 15, 2015, http://www.oecd.org/pisa/keyfindings/PISA-2012-results-US.pdf.

9 Ibid.

10 Stephanie Simon, "PISA results show 'educational stagnation' in U. S.," *Politico*, December 3, 2013, accessed January 15, 2015, http://www.politico.com/story/2013/12/education-international-test-results-100575.html#ixzz3JonddFu.

11 Jae H. Paik, Loes van Gelderen, Manuel Gonzales, Peter F. de Jong, Michael Hayes, "Cultural differences in early math skills among US, Taiwanese, Dutch, and Peruvian preschoolers," *International Journal of Early Years Education* 19.2 (2011): 133-143.

12 예를 들어 Paik et al., "Cultural differences in early math skills"에 인용된 다음 연구를 참조하라. David C. Geary, Liu Fan, and C. Christine Bow-Thomas, "Numerical cognition: Loci of ability differences comparing children from China and the United States," *Psychological Science* 3.3 (1992): 180-185; Robert S. Siegler, Julie L. Booth, "Development of numerical estimation in young children," *Child Development* 75.2 (2004): 428-444; Robert S. Siegler, Yan Mu, "Chinese children excel on novel mathematics problems even before elementary school," *Psychological Science* 19.8 (2008): 759-763.

13 Kevin Miller, Susan M. Major, Hua Shu, Houcan Zhang, "Ordinal knowledge: Number names and number concepts in Chinese and English," *Canadian Journal of Experimental Psychology/Revue canadienne de psychologie expérimentale* 54.2 (2000): 129-140.

14 Xin Zhou, Jin Huang, Zhengke Wang,Bin Wang, Zhenguo Zhao, Lei Yang, Zhengzheng Yang, "Parentchild interaction and children's number learning," *Early Child Development and Care* 176.7 (2006): 763-775.

15 Prentice Starkey, Alice Klein, "Sociocultural influences on young children's mathematical knowledge," *Contemporary Perspectives on Mathematics in Early Childhood Education* (2008): 253-276.

16 David P. Weikart, *The Cognitively Oriented Curriculum: A Framework for*

Preschool Teachers (Washington, DC: National Association for the Education of Young Children, 1971). Starkey, Klein, "Sociocultural influences on young children's mathematical knowledge"에서 인용했다.

17 Richard W. Copeland, *How Children Learn Mathematics: Teaching Implications of Piaget's Research* (New York: Macmillan, 1970), 374. Starkey, Klein, "Sociocultural influences on young children's mathematical knowledge"에서 인용했다.

18 Véronique Izard, Coralie Sann, Elizabeth S. Spelke, Arlette Streri, "Newborn infants perceive abstract numbers," *Proceedings of the National Academy of Sciences* 106.25 (2009): 10382-10385.

19 Ariel Starr, Melissa E. Libertus, Elizabeth M. Brannon, "Number sense in infancy predicts mathematical abilities in childhood," *Proceedings of the National Academy of Sciences* 110.45 (2013): 18116-18120.

20 Hilary Barth, Kristen La Mont, Jennifer Lipton, Elizabeth S. Spelke, "Abstract number and arithmetic in preschool children," *Proceedings of the National Academy of Sciences of the United States of America* 102.39 (2005): 14116-14121; Camilla K. Gilmore, Shannon E. McCarthy, Elizabeth S. Spelke, "Non-symbolic arithmetic abilities and mathematics achievement in the first year of formal schooling," *Cognition* 115.3 (2010): 394-406; Koleen McCrink, Elizabeth S. Spelke, "Core multiplication in childhood," *Cognition* 116.2 (2010): 204-216; Koleen McCrink, Karen Wynn, "Large-number addition and subtraction by 9-month-old infants," *Psychological Science* 15.11 (2004): 776-781.

21 Greg J. Duncan, C. J. Dowsett, A. Claessens, K. Magnuson, A. C. Huston, P. Klebanov, L. S. Pagani et al., "School readiness and later achievement," *Developmental Psychology* 43.6 (2007): 1428-1446.

22 Tyler W. Watts, Greg J. Duncan, Robert S. Siegler, Pamela E. Davis-Kean, "What's past is prologue: Relations between early mathematics knowledge and high school achievement," *Educational Researcher* 43.7 (2014): 352-360.

23 Susan C. Levine, Linda Whealton Suriyakham, Meredith L. Rowe, Janellen Huttenlocher, Elizabeth A. Gunderson, "What counts in the development of young children's number knowledge?," *Developmental Psychology* 46.5 (2010): 1309-1319.

24 Aaron Klug, "From macromolecules to biological assemblies" (Nobel lecture, December 8, 1982), accessed January 15, 2015, http://www.nobelprize.org/nobel_prizes/chemistry/laureates/1982/klug-lecture.pdf.

25 William Harms, "Learning spatial terms improves children's spatial skills," *UChicago-News*, November 9, 2011, accessed January 15, 2015, http://news. uchicago.edu/article/2011/11/09/learning-spatial-terms-improves-childrens-spatial-skills.

26 Alicia Chang, Catherine M. Sandhofer, Christia S. Brown, "Gender biases in early number exposure to preschool-aged children," *Journal of Language and Social Psychology* 30.4 (2011): 440-450.

27 Rebecca Carr, "Women in the Academic Pipeline for Science, Technology, Engineering and Math: Nationally and at AAUDE Institutions," Association of American Universities Data Exchange, April 2013, accessed February 2, 2015, http://aaude.org/system/files/documents/public/reports/report-2013-pipeline. pdf.

28 Pascal Huguet, Isabelle Régner, "Counterstereotypic beliefs in math do not protect school girls from stereotype threat," *Journal of Experimental Social Psychology* 45.4 (2009): 1024-1027; Emmanuelle Neuville, Jean-Claude Croizet, "Can salience of gender identity impair math performance among 7 - 8 years old girls? The moderating role of task difficulty," *European Journal of Psychology of Education* 22.3 (2007): 307-316.

29 성 고정관념이 STEM 과목 성적에 영향을 미치는 방식에 관한 자세한 논의는 다음을 참조하라. Albert Bandura, Claudio Barbaranelli, Gian Vittorio Caprara, Concetta Pastorelli, "Self-efficacy beliefs as shapers of children's aspirations and career trajectories," *Child Development* 72.1 (2001): 187-206; Carol Dweck, *Mindset: The New Psychology of Success* (New York: Ballantine Books, 2006); Peter Häussler, Lore Hoffmann, "An intervention study to enhance girls' interest, selfconcept, and achievement in physics classes," *Journal of Research in Science Teaching* 39.9 (2002): 870-888.

30 Janet S. Hyde, Sara M. Lindberg, Marcia C. Linn, Amy B. Ellis, Caroline C. Williams, "Gender similarities characterize math performance," *Science* 321.5888 (2008): 494-495; Janet S. Hyde and Janet E. Mertz, "Gender, culture, and mathematics performance," *Proceedings of the National Academy of Sciences* 106.22 (2009): 8801-8807.

31 Stephen J. Ceci,Donna K. Ginther, Shulamit Kahn, Wendy M. Williams, "Women in academic science: A changing landscape," *Psychological Science in the Public Interest* 15.3 (2014): 75-141.

32   Pamela M. Frome, Jacquelynne S. Eccles, "Parents' influence on children's achievement related perceptions," *Journal of Personality and Social Psychology* 74.2 (1998): 435-452.

33   Sandra D. Simpkins, Pamela E. Davis-Kean, Jacquelynne S. Eccles, "Math and science motivation: A longitudinal examination of the links between choices and beliefs," *Developmental Psychology* 42.1 (2006): 70-83, http://dx.doi.org/10.1037/0012-1649.42.1.70.

34   Martha M. Bleeker, Janis E. Jacobs, "Achievement in math and science: Do mothers' beliefs matter 12 years later?," *Journal of Educational Psychology* 96.1 (2004): 97-109.

35   Jennifer Herbert, Deborah Stipek, "The emergence of gender differences in children's perceptions of their academic competence," *Journal of Applied Developmental Psychology* 26.3 (2005): 276-295.

36   Sian Beilock, *Choke: What the Secrets of the Brain Reveal About Getting It Right When You Have To* (New York: Free Press, 2010).

37   Sian L. Beilock, Elizabeth A. Gunderson, Gerardo Ramirez, Susan C. Levine, "Female teachers' math anxiety affects girls' math achievement," *Proceedings of the National Academy of Sciences* 107.5 (2010): 1860-1863.

38   Ibid.

39   Ibid.

40   Dweck, *Mindset*.

41   Ibid., p. 51.

42   Nathaniel Branden, *The Psychology of Self-Esteem: A Revolutionary Approach to Self-Understanding That Launched a New Era in Modern Psychology* (San Francisco: Jossey-Bass, 1969).

43   California State Department of Education, Sacramento, "Toward a state of esteem: The final report of the California task force to promote self-esteem and personal and social responsibility" (1990).

44   Ibid.

45   Carol S. Dweck, "Caution—praise can be dangerous," *American Educator* 23.1 (1999): 4-9.

46   연구 결과는 다음을 참조하라. Claudia M. Mueller, Carol S. Dweck, "Praise for intelligence can undermine children's motivation and performance," *Journal of Personality and Social Psychology* 75.1 (1998): 33-52, p. 36.

47 Elizabeth A. Gunderson, Sarah Gripshover, Carissa Romero, Carol S. Dweck, Susan Goldin-Meadow, Susan Cohen Levine, "Parent praise to 1-to 3-year-olds predicts children's motivational frameworks 5 years later," *Child Development* 84.5 (2013): 1526-1541.

48 S. Gripshover, N. Sorhagen, E. A. Gunderson, C. S. Dweck, S. Goldin-Meadow, S. C. Levine, "Parent praise to toddlers predicts fourth grade academic achievement via children's incremental mindsets" (manuscript under review).

49 Geoffrey L. Cohen, Julio Garcia, Nancy Apfel, Allison Master, "Reducing the racial achievement gap: A social-psychological intervention," *Science* 313.5791 (2006): 1307-1310.

50 Walter Mischel, *The Marshmallow Test: Mastering Self-control* (New York: Little, Brown, 2014).

51 Clancy Blair, "Stress and the development of self-regulation in context," *Child Development Perspectives* 4.3 (2010): 181-188; National Institutes of Health, "Stress in poverty may impair learning ability in young children," National Institutes of Health: Turning Discovery into Health, 2013, accessed January 22, 2015, http://www.nih.gov/news/health/aug2012/nichd-28.htm.

52 "Vygotskian approach: Lev Vygotsky," Tools of the Mind, 2015, accessed January 21, 2015, http://www.toolsofthemind.org/philosophy/vygotskian-approach/.

53 언어 지체가 집행 기능 발달에 미치는 영향은 다음을 참조하라. Lucy A. Henry, David J. Messer, Gilly Nash, "Executive functioning in children with specific language impairment," *Journal of Child Psychology and Psychiatry* 53.1 (2012): 37-45. 청각 장애가 집행 기능 발달에 미치는 영향은 다음을 참조하라. B. Figueras, L. Edwards, and D. Langdon, "Executive function and language in deaf children," *Journal of Deaf Studies and Deaf Education* 13.3 (2008): 362-377.

54 Susan Hendler Lederer, "Efficacy of parent-child language group intervention for latetalking toddlers," *Infant-Toddler Intervention: The Transdisciplinary Journal* 11 (2001): 223-235.

55 Michael D. Niles, Arthur J. Reynolds, Dominique Roe-Sepowitz, "Early childhood intervention and early adolescent social and emotional competence: Second-generation evaluation evidence from the Chicago Longitudinal Study," *Educational Research* 50.1 (2008): 55-73.

56 Ibid.

57 Adam Winsler, J. R. De León, B. A. Wallace, M. P. Carlton, A. Willson-Quayle,

"Private speech in preschool children: Developmental stability and change, across-task consistency, and relations with classroom behaviour," *Journal of Child Language* 30.03 (2003): 583-608.

58 Natalie Yvonne Broderick, "An investigation of the relationship between private speech and emotion regulation in preschool-age children," *Dissertation Abstracts International, Section B: The Sciences and Engineering* 61.11 (2001): 6125.

59 Laura E. Berk, Ruth A. Garvin, "Development of private speech among low-income Appalachian children," *Developmental Psychology* 20.2 (1984): 271-286.

60 Clancy Blair, C. Cybele Raver, "Closing the achievement gap through modification of neurocognitive and neuroendocrine function: Results from a cluster randomized controlled trial of an innovative approach to the education of children in kindergarten," *PLOS ONE* 9.11 (2014): e112393, doi:10.1371/journal.pone.0112393.

61 Clancy Blair, interview with the author, January 5, 2015.

62 Brian E. Vaughn, Claire B. Kopp, Joanne B. Krakow, "The emergence and consolidation of self-control from eighteen to thirty months of age: Normative trends and individual differences," *Child Development* (1984): 990-1004.

63 Christopher M. Conway, David B. Pisoni, William G. Kronenberger, "The importance of sound for cognitive sequencing abilities the auditory scaffolding hypothesis," *Current Directions in Psychological Science* 18.5 (2009): 275-279.

64 W. G. Kronenberger, J. Beer, I. Castellanos, D. B. Pisoni, R. T. Miyamoto, "Neurocognitive risk in children with cochlear implants," *JAMA Otolaryngology— Head and Neck Surgery* (2014), doi:10.1001/jamaoto.2014.757; William G. Kronenberger, D. B. Pisoni, S. C. Henning, B. G. Colson, "Executive functioning skills in long-term users of cochlear implants: A case control study," *Journal of Pediatric Psychology* 38.8 (2013): 902-914.

65 Célia Matte-Gagné, Annie Bernier, "Prospective relations between maternal autonomy support and child executive functioning: Investigating the mediating role of child language ability," *Journal of Experimental Child Psychology* 110.4 (2011): 611-625.

66 아동 발달에서 이 주제는 다양한 각도에서 연구되었으며 관련 논문이 많이 나와 있다. 아동의 자제 시도를 어른이 인정해 주는 것과 자기 조절 능력 발달 사이의 관련성을 다룬 전반적인 논의는 다음을 참조하라. Grazyna Kochanska, Nazan

Aksan, "Children's conscience and self-regulation," *Journal of Personality* 74.6 (2006): 1587-1618; Peggy Estrada, William F. Arsenio, Robert D. Hess, Susan D. Holloway, "Affective quality of the mother-child relationship: Longitudinal consequences for children's school-relevant cognitive functioning," *Developmental Psychology* 23.2 (1987): 210-215; Robert C. Pianta, Sheri L. Nimetz, Elizabeth Bennett, "Mother-child relationships, teacher-child relationships, and school outcomes in preschool and kindergarten," *Early Childhood Research Quarterly* 12.3 (1997): 263-280; Robert C. Pianta, Michael S. Steinberg, Kristin B. Rollins, "The first two years of school: Teacher-child relationships and deflections in children's classroom adjustment," *Development and Psychopathology* 7.02 (1995): 295-312.

67 아이가 부모의 말을 자기 조절 목적의 혼잣말로 활용하는 방식에 관해서는 다음을 참조하라. Rafael M. Diaz, A. Winsler, D. J. Atencio, K. Harbers, "Mediation of self-regulation through the use of private speech," *International Journal of Cognitive Education and Mediated Learning* 2.2 (1992): 155-167; Adam Winsler, "Parent-child interaction and private speech in boys with ADHD," *Applied Developmental Science* 2.1 (1998): 17-39; Adam Winsler, Rafael M. Diaz, Ignacio Montero, "The role of private speech in the transition from collaborative to independent task performance in young children," *Early Childhood Research Quarterly* 12.1 (1997): 59-79.

68 더 자세한 내용은 다음을 참조하라. Annemiek Karreman, C. V. Tuijl, and A. G. Marcel, "Parenting, co-parenting, and effortful control in preschoolers," *Journal of Family Psychology* 22.1 (2008): 30-40; Grazyna Kochanska, Amy Knaack, "Effortful control as a personality characteristic of young children: Antecedents, correlates, and consequences," *Journal of Personality* 71.6 (2003): 1087-1112.

69 Susan H. Landry, K. E. Smith, P. R. Swank, C. L. Miller-Loncar, "Early maternal and child influences on children's later independent cognitive and social functioning," *Child Development* 71.2 (2000): 358-375.

70 Alfred L. Baldwin, *Behavior and Development in Childhood* (Fort Worth, TX: Dryden Press, 1955); Claire B. Kopp, "Antecedents of self-regulation: A developmental perspective," *Developmental Psychology* 18.2 (1982): 199-214.

71 더 자세한 내용은 다음을 참조하라. Jay Belsky, Michael Pluess, "Beyond diathesis stress: Differential susceptibility to environmental influences," *Psychological Bulletin* 135.6 (2009): 885-908; W. Thomas Boyce, Bruce J. Ellis, "Biological

sensitivity to context: I. An evolutionary-developmental theory of the origins and functions of stress reactivity," *Development and Psychopathology* 17.02 (2005): 271-301.

72 "Cognitive advantages of bilingualism," *Wikipedia*, Wikipedia Foundation, June 9, 2014, accessed January 22, 2015, http://en.wikipedia.org/wiki/Cognitive_advantages_of_bilingualism.

73 Elizabeth Peal, Wallace E. Lambert, "The relation of bilingualism to intelligence," *Psychological Monographs: General and Applied* 76.27 (1962): 1-23.

74 Alexandra Ossola, "Are bilinguals really smarter?: Despite what you may have read, it's not so cut and dry," *Science Line*, July 29, 2014, accessed January 22, 2015, http://scienceline.org/2014/07/are-bilinguals-really-smarter/에서 인용했다.

75 이 분야에서 호프 교수가 폭넓게 진행한 연구에 관해서는 다음을 참조하라. Erika Hoff, R. Rumiche, A. Burridge, K. M. Ribot, S. N. Welsh, "Expressive vocabulary development in children from bilingual and monolingual homes: A longitudinal study from two to four years," *Early Childhood Research Quarterly* 29.4 (2014): 433-444; Silvia Place, Erika Hoff, "Properties of dual language exposure that influence 2-year-olds' bilingual proficiency," *Child Development* 82.6 (2011): 1834-1849.

76 비모국어가 인지 발달에 미치는 부정적 영향은 생후 24개월에 실시한 베일리 영유아 발달 검사Bayley Scales에서 낮은 지능 점수로 나타났다. Adam Winsler, Margaret R. Burchinal, Hsiao-Chuan Tien, Ellen Peisner-Feinberg, Linda Espinosa, Dina C. Castro, Doré R. LaForett, Yoon Kyong Kim, Jessica De Feyter, "Early development among dual language learners: The roles of language use at home, maternal immigration, country of origin, and socio-demographic variables," *Early Childhood Research Quarterly* (2014): 750-764.

77 Adam Grant, *Give and Take: A Revolutionary Approach to Success* (New York: Viking, 2013).

78 Adam Grant, "Raising a moral child," *The New York Times*, April 11, 2014, accessed January 22, 2015, http://www.nytimes.com/2014/04/12/opinion/sunday/raising-a-moral-child.html?_r=0.

79 Ibid.

80 Ibid.

5장

1 G. Hollich, K. Hirsh-Pasek, R. M. Golinkoff, "Breaking the language barrier: An emergentist coalition model for the origins of word learning," *Monographs of the Society for Research in Child Development* 65.3, serial no. 262 (2000).

2 Anne Fernald, Patricia Kuhl, "Acoustic determinants of infant preference for motherese speech," *Infant Behavior and Development* 10 (1987): 279-293; A. Fernald, T. Taeschner, J. Dunn, M. Papousek, B. de Boysson-Bardies, I. Fukui, "A cross-language study of prosodic modifications in mothers' and fathers' speech to preverbal infants," *Journal of Child Language* 16.3 (1989): 477-501; A. Kelkar, "Marathi baby talk," *Word* 20 (1965): 40-54; P.B. Meegaskumbura, "Tondol: Sinhala baby talk," *Word* 31.3 (1980): 287-309; Nobuo Masataka, "Motherese in a signed language," *Infant Behavior and Development* 15.4 (1992): 453-460.

3 P. W. Jusczyk, E. A. Hohne, "Infants' memory for spoken words," *Science* 277.5334 (1997): 1984-1986.

4 이 과정에 관해서는 다음을 참조하라. Engle, Ricciuti, "Psychosocial aspects of care and nutrition"; C. M. Heinicke, N. R. Fineman, G. Ruth, S. L. Recchia, D. Guthrie, C. Rodning, "Relationship-based intervention with at-risk mothers: outcomes in the first year of life," *Infant Mental Health Journal* 20 (1999): 249-274; N. Eshel, B. Daelmans, M. Cabral de Mello, J. Martines, "Responsive parenting: interventions and outcomes," *Bulletin of the World Health Organization* 84 (2006): 992-999.

5 C. S. Tamis-LeMonda, M. H. Bornstein, "Habituation and maternal encouragement of attention in infancy as predictors of toddler language, play, and representational competence," *Child Development* 60 (1989): 738-751.

6 부모의 효과적 반응에 관해서는 다음을 참조하라. J. P. Shonkoff, D. A. Phillips ed., *From Neurons to Neighborhoods: The Science of Early Child Development* (Washington, DC: National Academy Press, 2000); L. Richter, *The Importance of Caregiver-Child Interactions for the Survival and Health Development of Young Children: A Review* (Geneva: World Health Organization, 2004); P. L. Engle, H. N. Riccituti, "Psychological aspects of care and nutrition," *Food and Nutrition Bulletin* 16 (1995): 356-377.

7 G. Miller, E. Chen "Unfavorable socioeconomic conditions in early life presage expression of proinflammatory phenotype in adolescence," *Psychosomatic Medicine* 69.5 (2007): 402-409.

8 R. Paul, *Language Disorders from Infancy Through Adolescence*, 2nd ed. (St. Louis, MO: Mosby, 2001).

9 LENA Research Foundation, "Our story," accessed February 26, 2015, http://www.lenafoundation.org/about-us/founders-story/.

10 Hart, Risley, *Meaningful Differences*.

11 L. Baker, R. Serpell, and S. Sonnenschein, "Opportunities for literacy learning in the homes of urban preschoolers," *Family Literacy Connections in Schools and Communities*, L. Morrow ed. (Newark, NJ: IRA, 1995), 236-252; C. Snow, P. Tabors, "Intergenerational transfer of literacy," *Family Literacy: Directions in Research and Implications for Practice*, L. A. Benjamin, J. Lord ed. (Washington, DC: Office of Education Research and Improvement, U.S. Department of Education, 1996).

12 S. B. Piasta, L. M. Justice, A. S. McGinty, J. N. Kaderavek, "Increasing young children's contact with print during shared reading: Longitudinal effects on literacy achievement," *Child Development* 83.3 (2012): 810-820.

13 C. Peterson, B. Jesso, A. McCabe, "Encouraging narratives in preschoolers: An intervention study," *Journal of Child Language* 26.1 (1999): 49-67.

14 S. Franceschini, S. Gori, M. Ruffino, K. Pedrolli, A. Facoetti, "A causal link between visual spatial attention and reading acquisition," *Current Biology* 22.9 (2012): 814-819; Jonathan Wai, David Lubinski, Camilla P. Benbow, "Spatial ability for STEM domains: Aligning over 50 years of cumulative psychological knowledge solidifies its importance," *Journal of Educational Psychology* 101.4 (2009): 817-835.

15 Deborah Stipek, "Q&A with Deborah Stipek: building early math skills," Stanford University Graduate School of Education, https://ed.stanford.edu/in-the-media/qa-deborah-stipek-building-early-math-skills, accessed March 4, 2015.

16 상상 놀이에 관한 더 자세한 내용은 다음을 참조하라. G. S. Ashiabi, "Play in the preschool classroom: Its socioemotional significance and the teacher's role in play," *Early Childhood Education Journal* 35 (2007): 199-207; L. E. Berk, T. D. Mann, A. T. Ogan, "Make-believe play: Wellspring for development of self-regulation," *Play = Learning: How Play Motivates and Enhances Children's Cognitive and Social-Emotional Growth*, D. Singer, R. M. Golinkoff, Hirsh-Pasek ed. (New York: Oxford University Press, 2006); J. F. Jent, L. N. Niec, S. E. Baker, "Play and interpersonal processes," *Play in Clinical Practice: Evidence-Based Approaches*, S. W. Russ, L. N. Niec ed. (New York: Guilford Press, 2011); S. W. Russ,

Play in Child Development and Psychotherapy (Mahwah, NJ: Lawrence Erlbaum Associates, 2004); A. L. Seja, S. W. Russ, "Children's fantasy play and emotional understanding," *Journal of Clinical Child Psychology* 28 (1999): 269-277.

17 R. Barr, H. Hayne, "Developmental changes in imitation from television during infancy," *Child Development* 70.5 (1999): 1067-1081.

6장

1   Sean F. Reardon, "No rich child left behind," *The New York Times*, April 27, 2013, accessed February 17, 2015, http://opinionator.blogs.nytimes.com/2013/04/27/no-rich-child-left-behind/.

2   S. F. Reardon, "The widening academic achievement gap between the rich and the poor: New evidence and possible explanations," *Whither Opportunity? Rising Inequality, Schools, and Children's Life Chances*, Greg J. Duncan, Richard J. Murnane ed. (New York: Russell Sage Foundation, 2011).

3   Steve Dow, personal interview with the author, February 9, 2015.

4   Greg J. Duncan, Richard J. Murnane, "Introduction: The American dream, then and now," Duncan and Murnane, *Whither Opportunity?*, pp. 3-26.

5   Annette Lareau, *Unequal Childhoods: Class, Race and Family Life* (Berkeley: University of California Press, 2003).

6   Ibid., p. 343.

7   Annette Lareau, "Question and Answers: Annette Lareau, Unequal Childhoods: Class, Race, and Family Life; University of California Press," 2003, p. 1, accessed February 13, 2015, https://sociology.sas.upenn.edu/sites/sociology.sas.upenn.edu/files/Lareau_Question&Answers.pdf.

8   Lareau, *Unequal Childhoods*, p. 9, 라로는 다음 책을 인용했다. Ariel Hochschild, Anne Machung, *The Second Shift: Working Parents and the Revolution at Home* (New York: Avon, 1989).

9   Ibid.

10 Lareau, "Question and Answers," p. 1.

11 Ibid.

12 Lareau, *Unequal Childhoods*, p. 5.

13 Ibid.

14 다음에서 라로의 《불평등한 어린 시절》 요약을 인용했다. Linda Quirke, "Concerted

Cultivation / Natural Growth," *Sociology of Education: An A-to-Z Guide*, James Ainsworth ed. (Los Angeles: Sage Publications, 2013), pp. 143-145.

15 Ibid.

16 Lareau, *Unequal Childhoods*, p. 3.

17 Ibid., p. 147.

18 Ibid., p. 386.

19 A. Lareau, "Cultural knowledge and social inequality," *American Sociological Review* 80,1 (2015): 1-27.

20 Elizabeth A. Moorman, Eva M. Pomerantz, "Ability mindsets influence the quality of mothers' involvement in children's learning: An experimental investigation," *Developmental Psychology* 46,5 (2010): 1354-1462.

21 Ibid.

22 Portia Kennel, personal communication, January 16, 2015.

23 "The other Wes Moore? Expectations matter," *Idea Festival*, accessed February 13, 2015, http://www.ideafestival.com/index.php?ption=com_contentandview=articl eandid=10692:who-is-the-other-wes-moorandcatid=39:if-blog.

24 A. Kalil, "Inequality begins at home: The role of parenting in the diverging destinies of rich and poor children," *Diverging Destinies: Families in an Era of Increasing Inequality*, P. Amato, A. Booth, S. McHale, J. Van Hook ed. (New York: Springer, 2014), pp. 63-82.

25 Ron Haskins, "Social programs that work," *The New York Times*, December 31, 2014, accessed March 3, 2015, http://www.nytimes.com/2015/01/01/opinion/social-programs-that-work.html?_r=0.

26 Center for High Impact Philanthropy, University of Pennsylvania, "Investing in Early Childhood Innovation: Q&A with Dr. Jack P. Shonkoff," March 30, 2015, accessed March 3, 2015, http://www.impact.upenn.edu/2015/03/investing-in-early-childhood-innovation-qa-with-dr-jack-p-shonkoff/.

27 Ellen Galinsky, personal communication, January 29, 2015.

28 P. Lindsay Chase-Lansdale, Jeanne Brooks-Gunn, "Two-generation programs in the twenty-first century," *Future of Children* 24,1 (2014): 13-39, accessed February 18, 2015, http://futureofchildren.org/futureofchildren/publications/docs/24_01_FullJournal.pdf.

29 Carolyn J. Heinrich, "Parents' employment and children's wellbeing," *Future of Children* 24,1 (2014): 121-146, accessed February 18, 2015, http://

futureofchildren.org/futureofchildren/publications/docs/24_01_FullJournal.pdf.

30 "공동체 행동 프로젝트"에 관해서는 웹사이트에서 더 자세히 알 수 있다. accessed March 3, 2015, https://captulsa.org/.

7장

1 Atul Gawande, "Slow ideas," *The New Yorker*, July 29, 2013, accessed March 4, 2015, http://www.newyorker.com/magazine/2013/07/29/slow-ideas.

2 Tamara Halle, Nicole Forry, Elizabeth Hair, Kate Perper, Laura Wandner, Julia Wessel, Jessica Vick, "Disparities in early learning and development: Lessons from the early childhood longitudinal study—birth cohort (ECLS-B)," *Child Trends* (2009), accessed February 23, 2015, http://www.childtrends.org/wp-content/uploads/2013/05/2009-52DisparitiesELExecSumm.pdf.

3 US Energy Information Administration, "United States leads world in coal reserves," *Today in Energy* (2011), accessed February 18, 2015, http://www.eia.gov/todayinenergy/detail.cfm?id=2930.

4 IMF(국제통화기금)에 따르면 2014년 말까지 세계 최대 경제국은 미국이었다. 하지만 이후 중국 경제 규모가 17.6조 달러로 미국의 17.4조 달러를 추월했다. 다음을 참조하라. Ben Carter, "Is China's economy really the largest in the world?," *BBC News Magazine*, 2014, accessed February 18, 2015, http://www.bbc.com/news/magazine-30483762.

5 Yang Jiang, Mercedes Ekono, Curtis Skinner, "Basic facts about low-income children: Children under 18 Years, 2013," National Center for Children in Poverty, Mailman School of Public Health, Columbia University, January 1, 2015, accessed March 4, 2015, http://www.nccp.org/publications/pdf/text_1100.pdf.

6 James J. Heckman, "The economics of inequality: The value of early childhood education," *American Educator* (2011), accessed February 18, 2015, https://www.aft.org//sites/default/files/periodicals/Heckman.pdf.

7 콘퍼런스 결과 개요와 참가 단체 및 기관 목록은 "언어 격차 메우기Bridge the Word Gap" 웹사이트를 참조하라. https://bridgethewordgap.wordpress.com.

8 Richard Thaler, "Public Policies, Made to Fit People," *The New York Times*, August 24, 2013, accessed March 4, 2015, http://www.nytimes.com/2013/08/25/business/public-policies-made-to-fit-people.html?_r=0⟩.

9 "2012-2013 Mayors Challenge," Bloomberg Philanthropies: Mayors Challenge,

accessed March 4, 2015, http://mayorschallenge.bloomberg.org/index. cfm?objectid=7E9F3B30-1A4F-11E3-8975000C29C7CA2F.

10 Dana Suskind, Patricia Kuhl, Kristin R. Leffel, Susan Landry, Flávio Cunha, Kathryn M. Nevkerman, "Bridging the early word gap: A plan for scaling up" (white paper prepared for the White House meeting on Bridging the Thirty-Million-Word Gap), September 2013.

11 Dr. Perri Klass, Personal communication, February 19, 2015.

12 Carol Peckham, "Number of patient visits per week," slide 17, *Medscape Pediatrician Compensation Report* 2014 (2014), accessed February 18, 2015, http://www.medscape.com/features/slideshow/compensation/2014/pediatrics#17.

13 Noshir S. Contractor, Leslie A. DeChurch, "Integrating social networks and human social motives to achieve social influence at scale," *Proceedings of the National Academy of Sciences of the United States of America* 111.4 (2014): 13650-13657.

14 Ibid., p. 13650.

15 Ibid.

16 Ibid., p. 13655.

유아 교육 단체 및 프로그램

1 http://toosmall.org/.

2 http://www.talkwithmebaby.org/.

3 http://www.reachoutandread.org/.

4 "Research Findings," Reach Out and Read, accessed February 23, 2015, http://www.reachoutandread.org/why-we-work/research-findings/. 이 링크에서는 "손 내밀어 함께 읽기"에서 시행하고 발표한 모든 연구 결과 목록을 제공한다.

5 http://www.educareschools.org/locations/chicago.php.

6 http://www.mindinthemaking.org/.

7 http://www.joinvroom.org/.

8 http://www.providencetalks.org/.